주말이 기다려지는 행복한 산행

월간 MOUNTAIN 글 · 사진

터치아트

일러두기

1 이 책에 실린 산 52곳은 등산잡지 『월간 MOUNTAIN』에 2002년 11월부터 연재하고 있는 〈100 명산을 가다〉에 소개된 곳이다. '한국의 100대 명산'은 지난 2002년 '세계 산의 해'를 맞아 산림청에서 선정하였으며, 그중 52곳을 엮어 이 책에 소개하였다.

2 지도에 표시한 등산로 중 실선은 이 책에서 안내하고 있는 코스를 나타내고, 점선은 그 밖의 다른 등산로를 표시한 것이다. 책에서 안내하는 등산로는 대부분 각 산의 여러 코스 중에서도 잘 알려진 등산로지만, 때로는 사람들이 많이 다니지 않는 코스를 소개하기도 하였다. 또한 이 책에 표시한 주요 등산로 외에도 실제 산에는 더 많은 등산로가 있다.

3 등산로 설명과 함께 표시한 소요시간은 일반적인 산행 시간이다. 쉬는 시간이나 문화재 답사 시간 등은 포함하지 않았으며, 사람에 따라 차이가 있을 수 있다. 소요시간 앞에 표시한 높이는 각 산 정상의 높이를 나타낸다.

4 소요시간 옆에 표시한 ★은 산행 난이도를 나타내는 것으로 개수가 많을수록 어려운 코스다. 그리고 ●는 산행 들머리의 접근성을 나타내며 개수가 많을수록 대중교통으로 접근하기가 어려운 곳이다.

5 지도에 표시된 기호 중 ㉕는 고속국도, 22는 국도, 12는 지방도를 뜻한다.

6 이 책에 제시한 교통 및 숙박과 먹거리 정보는 2007년 11월 현재 기준이다. 수시로 바뀔 수 있으니 떠나기 전에 미리 확인하는 것이 좋다.

책머리에

우리 곁에 산이 있어 참 좋습니다

산은 다양한 표정을 지녔습니다. 멀리서 보아도 알아챌 수 있게 철따라 빛깔을 바꾸는 것은 물론이고 같은 계절이라도 곁에서 보는 산과 그 품으로 들어가서 느끼는 산이 다릅니다. 그 때문일까요. 산의 유혹은 강렬합니다. 산에 가보기 전에는 알 수 없지만 산을 한 번 맛 본 사람은 그 맛을 결코 잊지 못합니다. 그래서 어떤 사람은 산을 향한 상사병을 못 이겨 주말마다 배낭을 꾸리기도 합니다.

아마 많은 사람들이 산을 오르내리며 마주치는 사람들과 인사를 주고받은 적이 있을 겁니다. 그 전에 한 번도 본 적 없는 사람, 처음 스쳐가는 사람과 "안녕하세요?" "얼마나 남았나요?" "조금만 더 힘내세요." 이런 인사를 자연스럽게 나눌 수 있는 것은 그곳이 산이기 때문입니다. 산에서 만나는 사람들은 모두 산을 닮기 때문입니다. 일상에 지치고 여유를 잃은 사람도 산에서는 넉넉한 마음을 되찾기 때문입니다. 그래서 우리는 산에 갑니다.

그런 산이 우리 곁에 있어 참 좋습니다. 산에는 또한 맑은 공기와 아름다운 풍경이 있습니다. 땀 흘려 정상에 오른 뒤에 맞이하는 시원한 바람이 있습니다. 한겨울 눈길도 기꺼이 헤치며 앞으로 나아가게 하는 열정이 있습니다. 그리고 산에는 저마다 이야기가 있습니다.

우리는 이 책에 산의 이야기를 담았습니다. 책을 만들면서 산행에 도움이 되는 여러 가지 정보를 제공하는 것에 그치지 않고 산이 지닌 이야기를 많은 사람들에게 들려주고 싶었습니다. 산에 오르기 전, 아니면 산에 다녀온 뒤에라도 이 책에 실린 이야기를 읽어보세요. 산이 들려주는 이야기는 사람마다 다르겠지만 그 속에는 작은 공통점도 들어 있을 것이고, 산의 이야기에 귀 기울이다 보면 더 깊이 산을 느낄 수 있을지도 모릅니다.

이 책에는 서너 시간이면 다녀올 수 있는 짧은 코스부터 2박 3일간의 종주코스까지 다양한 산길이 소개되어 있습니다. 자신의 체력과 시간에 맞는 곳부터 또는 가까운 곳이나 낮고 유순한 산부터 오르다가 나중에는 '지리산 종주'라는 거부할 수 없는 유혹에도 과감히 몸을 맡겨 보세요. 반드시 정상에 오르지 않아도, 반드시 이 책에 소개된 길로 가지 않아도 좋습니다. 그저 산에 오르는 사람이 즐거우면 되고, 그래서 다음 주말에도 또 산에 가고 싶다는 생각이 든다면 그것이 진정한 주말 산행의 묘미일 것입니다.

이 책은 터치아트에서 기획하고 등산잡지 『월간 MOUNTAIN』의 도움을 얻어 만들었습니다. 책을 만들 수 있도록 소중한 글과 사진을 모아주고, 예전에 다녀온 곳의 정보가 바뀌지는 않았는지 일일이 확인하며 수정하는 일을 기꺼이 해주신 기자 여러분께 고마움을 전합니다. 아울러 멀리 있는 산들이 더 많은 사람에게 '실현할 수 있는 산'이 되는 데 이 책이 도움이 되었으면 좋겠습니다.

2007년 11월, 터치아트 편집부

차례

여름 • 푸른 산그늘에 들면 여기가 무릉이라오

가을 • 능선 따라 억새물결 일렁이는 하늘바다

겨울 • 북서풍이 불어와 능선을 두드리는 겨울 산

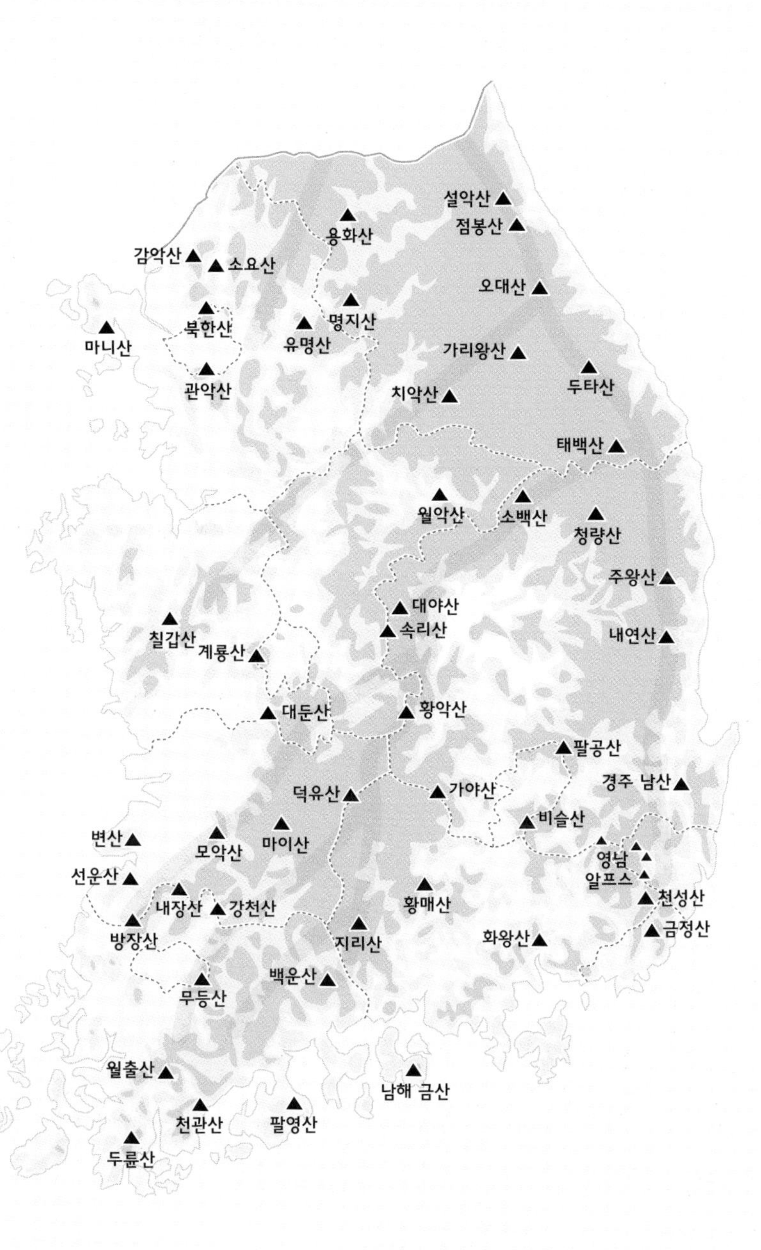
설악산
점봉산
용화산
감악산
소요산
오대산
명지산
북한산
마니산
유명산
가리왕산
두타산
관악산
치악산
태백산
월악산
소백산
청량산
주왕산
대야산
속리산
칠갑산
내연산
계룡산
대둔산
황악산
팔공산
경주 남산
덕유산
가야산
비슬산
변산
모악산
마이산
영남
알프스
선운산
황매산
천성산
내장산
강천산
금정산
방장산
지리산
화왕산
백운산
무등산
월출산
남해 금산
천관산
팔영산
두륜산
한라산

봄

오월 바람 스친 자리마다 꽃이 피는 곳

11
06
04
09
05
08
07
01
10
02
03

01 황매산

오월 바람 스친 자리마다 꽃이 피는 곳

1,108미터 고지 위에 펼쳐진 초원과 초원을 에두르고 있는 암봉들이 만들어내는 모습이 마치 매화 꽃잎 같은 산. 경남 산청 · 합천 · 거창 3개 군에 걸쳐 산자락을 펼쳐놓는황매산은 5월이 되면 능선을 가득 채우는 분홍빛 철쭉으로 커다란 한 송이 꽃처럼 화사해진다. 그 많은 철쭉과 진달래를 모두 피워내는 산의 지력(地力)은 산자락 끝까지 왕성해 구석구석 약초들을 살찌운다. 작은 산들이 겹겹이 에워싸고 있는 그 안쪽, 산은 어머니처럼 포근한 모습으로 거기에 있다. 어머니 품 같은 그 산에서 1년에 한 번 성대한 봄의 축제가 벌어진다. 사람이 준비하고 사람이 주관하는 것이 아니어서 축제는 밤과 낮이 없다.

자연의 냄새가 물씬 풍겨오는 산길

산마루에 넓게 펼쳐진 초원지대 위에는 목장이 있다. 그 목장 때문에 생긴 도로를 따라 산을 넘는다. 산을 넘으면 또 산이 나온다. 도로를 따라 차를 타고 간다고 해서 차가 지나가는 그 길이 도로이기만 한 것은 아니다. 신록으로 물든 사방 천지에 오롯이 나 있는 도로는 더 이상 도로가 아니라 차로 가는 산길이다. 사람이 사는 마

▲ 황매산의 5월, 철쭉꽃으로 가득 찬 능선 위로 해가 떠오른다.
◀◀ 수리덤에서 신촌마을 쪽을 바라보면 기암괴석들이 열병해 있는 것을 볼 수 있다.
◀ 철쭉꽃이 핀 초원. 황매산의 초원지대는 넓고 완만하다.

을도 첩첩산중에서는 자연의 냄새와 기운을 베어 문다. 황매산의 어느 들머리에 서더라도 산들은 눈 아래로만 보인다. 그만큼 산 속의 마을은 이미 높고 산은 그 높은 곳에서 시작된다. 내려다 보이는 산들은 칼 같은 능선을 갖추고 있으나 정작 그 깊은 산중에 높이 솟아있는 황매산의 산마루는 넓고 평평한 초원이다.

삶에 지친 사람들에게 요양지가 되어주는 산

산은 깊고 깊은 산중에 버티고 있으면서도 넓은 길을 열어두었다. 산을 오를 힘이 없을 만큼 지쳐 있는 사람에게, 이제는 늙어 오를 수 없지만 유년을 일깨우는 산 풍경이 그리운 사람에게, 병들어 아픈 사람에게. 또한 산은 예로부터 그 품안에 영험하다는 많은 약초를 품고 있어 몸이 아픈 사람들의 요양지가 되었다. 산이 요양지가 되는 것은 다만 약초가 나기 때문만은 아닐 것이다. 주위 풍경이 발아래로 보이는 고지의 해방감, 사람의 마음을 감싸는 포근한 산마루, 깊은 산중의 청명한 공기가 어우러진 조화가 뿌리 깊은 병조차 흔들어 놓는 것일 테다.

봄바람에 만개하는 흐드러진 철쭉꽃

5월이면 능선으로 향하는 길에는 허리춤에 오는 키 작은 철쭉나무들이 금세라도 터져 나올 것 같은 꽃망울들을 애써 누르고 있다. 능선에 올라서기 직전에 산 오르는 것을 싫어하는 애인의 눈을, 호기심 가득한 아이의 눈을 슬며시 가려보라. 그리고 능선 위에 올라섰을 때 펼쳐 보여주는 것이다. 그러면 산의 '맛'을 몰랐던 그네들은 눈앞에 펼쳐진 풍경에 할 말을 잃거나 자지러지게 웃음을 터뜨릴 것이다. 온 초원을 뒤덮고 있는 철쭉나무. 평화롭기만 하던 완만

높이 1108m, 5시간 40분

★★☆ ●●○

신천마을

신천마을 → 배내미봉
신천마을 쪽에서 배내미봉을 바라보면 황매산은 여지없는 돌산으로 보이고 오르기도 매우 힘들 것 같지만 막상 들머리로 올라서면 등산로가 비교적 잘 나 있어 예상 외로 길이 순하다.

40분

배내미봉

배내미봉 → 천황재
배내미봉에서 능선을 따라 북쪽으로 걸어간다. 1시간쯤 걸어가면 천황재에 이르게 된다.

1시간 20분

천황재

천황재 → 수리덤
천황재에서 10분쯤 걸어가면 기암괴석이 소복이 모여 있는 곳이 나온다. 이곳이 수리덤이다. 예부터 독수리들이 둥지를 틀고 살았다고 해서 수리덤이라고 불린다. 그러나 지금은 독수리의 모습이 보이지 않는다.

30분

수리덤

수리덤 → 황매봉
수리덤을 지나 15분쯤 가면 키 작은 떡갈나무가 군락을 이루고 있는 곳이 나온다. 이 떡갈나무 군락을 지나면 저만치 평원이 보이고 평원 저편에 봉우리가 뿔처럼 솟아 있다. 황소의 뿔 같은 이 암봉은 제법 가파르다. 넓은 평원 위에 솟아 있어 그다지 높아 보이지 않지만 막상 올라가 보면 10분은 가야 봉우리 꼭대기에 올라갈 수 있다. 계단을 설치해두어 위험하지 않다. 봉우리 정상에 올라서면 그 뒤로 암봉으로 이어진 능선이 보인다. 그 첫 번째 봉우리에서 15분쯤 가면 정상인 황매봉이다.

1시간 10분

황매봉

황매봉 → 둔내리
황매봉에서 쌍둥이 같은 세 개의 봉우리가 잇대어진 곳이 보인다. 세 개의 봉우리르 ㄹ차례로 지나고 삼봉에서 둔내리 쪽으로 하산한다.

2시간

둔내리

한 능선 위는 일순간에 붉은 철쭉꽃으로 뒤덮이고 온갖 생명들이 꽃의 색과 향에 취해 날아든다. 5월의 바람이 스쳐 지나간 자리가 그대로 붉은빛으로 물든다.
나무들은 봄바람에 안으로 살을 찌워가고 소들은 지천에 깔린 꼴을 뜯으며 흐드러진 철쭉꽃 사이를 유유히 거닌다. 그리고 이내 절정을 이룬 철쭉꽃은 소의 뿔처럼 솟아 있는 봉우리를 따라 암봉들이 줄을 잇는 능선 속을 가득 채운다. 산은 거대한 꽃다발이 된다. 철쭉꽃이 일제히 터져 나오는 이 때 산의 치유력은 약동하는 봄기운을 받아 한껏 왕성해진다.

봄의 향연을 느낄 사람은 황매산으로 가라

오래 전부터 계속되어 온 이 축제를 알고 있는 사람들도 자연 속에 슬그머니 엉덩이 디밀며 한 자리를 차지한다. 산중의 축제는 어느새 입 소문을 타고 퍼져 이제는 먼 곳에서도 사람들이 찾아온다. 굳이 산의 치유력을 들먹이지 않더라도 축제는 그 자체로 충분히 매력적이다.
5월 초입에 쏟아지는 봄볕 속에 철쭉과 땅이 함께 만드는 봄의 향연을 느낄 사람은 이 고원 위에 있는 나지막한 평원으로 찾아가라. 봄의 축제가 도시의 삶에 지친 사람의 몸과 마음을 어루만져줄 것이다.

황매봉 정상에서 일몰을 본다. 산 사이로 해가 뜨고 진다.

산자락 굽이치며 새로이 태어나는 자연

산마루에서 바라보면 도시는 산자락에 가려 보이지 않는다. 유일하게 남는 흔적은 초원 저편에 보이는 목장뿐이다. 여기까지 들어와 무엇인가를 만들고 남겼을까 싶지 않은 깊은 산 속. 넓은 초원과 소가 풀을 뜯는 한적한 풍경을 보고 있으면 고풍스러운 사찰이나 사람의 기원을 담은 그 무엇이 있을 것 같지 않다. 그저 깊은 산중에 있을 법한 전설 하나 정도면 이곳의 사람 흔적은 그것으로 됐다, 싶다.

산은 인간의 오랜 흔적이 아니라 산마루의 태평스러움과 5월에 피어나는 꽃의 축제, 그 자연의 경쾌함으로만 바라 보아야한다. 사계의 주기에 따라 끊임없이 새롭게 갱신되는 자연으로 산은 늘 새롭다. 산으로 이어진 이곳에 산과 산 사이 경계가 덧없는 것처럼 산자락의 정서는 계곡을 따라 흐른다. 그 정서의 중앙에 높지만 포근한 산, 황매산이 있다.

황매산은 산마루에 넓게 펼쳐진 초원지대 때문에 옛날부터 목장이 있었다. 그 목장 때문에 생긴 도로가 지금은 등산로가 되었다. 산자락을 타고 굽이치는 편도 1차선 도로를 가다보면 어느새 산중에 들어와 있다. 산의 모양새 따라 착하게 에두르는 도로는 어느 유명한 산의 번잡한 등산로보다 한적하고 평화롭다. 합천 쪽에서 오르는 길도 능선 아래까지 차를 타고 오를 수 있다. 차를 타고 오르다보면 주차장이 있어 그곳에 주차를 하고 올라도 되고 목장 옆에 주차를 하고 걸어 올라가도 된다.

❶ 영화 〈단적비연수〉를 찍었던 세트장 옆 주차장에 차를 세워두고 이곳에서부터 산마루까지 초원을 거닐 듯 오른다.

❷ 차황면 쪽에서는 신촌·만암·상법마을 등에서 주능선으로 오르는 등산로가 있다.

❸ 황매산에서 가장 이름 난 등산로 중 하나는 영암사지에서 모산재를 넘어 주능선으로 오르는 길이다. 영암사에서 올려다보면 뒷편으로 보이는 바위 풍경이 만만찮아 보이지만 어린아이라도 오를 수 있을 만큼 등산로가 잘 나 있다.

대중교통

서울에서 산청까지는 서울 남부터미널에서 08:30부터 19:40까지 1시간마다 버스가 있으며 산청군내에서 신촌마을까지 들어가는 버스는 08:30 12:20 15:30 17:10에 있다. 차황면까지 들어가는 버스는 1시간마다 1대씩 있다.

자가용

대전에서 대전-진주간고속도로를 타고 산청 나들목으로 나온 뒤, 59번 지방도를 타고 차황면 방향으로 가면 된다.

숙박과 먹거리

차황면과 신촌마을 입구에는 민박집이 한두 곳 있지만 비수기에는 영업을 하지 않는다. 먹을 음식을 준비해 가지 않았을 경우에는 산청에서 숙박하는 것이 좋다. 산청읍내 군청 근처 춘산식당에서는 반찬 20여 가지 정도의 풍성한 한정식을 즐길 수 있다. 산청 토종1등급 쌀로 밥을 하고 반찬은 '리필'이 가능하다.

합천 영암사지 영암사지는 웅장한 암산인 황매산 중복의 좁은 대지에 자리 잡았다. 사지 주변에는 부락이나 민가가 없으며 30여 호로 된 덕만부락을 동북쪽으로 멀리 바라보는 위치에 있다. 사지의 주요부분은 중앙부가 돌출한 2단의 장대석으로 쌓아 올린 축대로 계단 모양의 대지에 있다. 하단 축대 위에는 중앙 돌출부에 중간지가 있고 그 좌우로 회랑으로 보이는 초석들이 몇 남아 있으며, 중간지 앞은 계단지가 반파되어 석재가 노출되어 있다. 상단 위는 금당지로 보이며 금당 기단은 비교적 잘 남아 있고 기단 상면에는 원위치를 유지하고 있는 것으로 보이는 초석이 약간 남아 있다.

모산재 황매산군립공원 안에 자리 잡은 모산재는 삼라만상형의 기암괴석으로 형성되어 어느 방면에서 보아도 아름다운 바위산의 절경에 도취하게 한다. 서쪽 상봉에서 동쪽으로 연이어 솟은 봉우리들을 따라 하늘선이 두 눈 가득 들어오며 정상의 '무지개터'는 우리나라 제일의 명당으로 알려져 있다. 북서쪽 능선 정상을 휘돌면 수만 평에 걸친 황매산 고산 철쭉군락이 황매평정을 뒤덮어 고산 화원을 이루고, 통일신라시대의 고찰인 영암사지를 품에 안고 있는 등산로가 개설되어 등산애호가의 발길이 끊이지 않는다. 무지개터, 황매산성 순결바위, 국사당을 잇는 산행코스는 쳐다보기만 해도 가고 싶은 충동이 인다. 합천8경 중 제 8경에 속한다.

영화주제공원 황매산 영화주제공원은 황매산 남쪽 기슭에 조성된 영화 촬영장이다. 이곳에서 〈단적비연수〉라는 영화를 찍었는데, 영화가 그리 큰 빛을 보지 못해 황매산 영화주제공원도 당시에 그리 큰 인기를 끌지는 못했다. 그후 산청군은 이 자리에 영화와 관련된 캐릭터 및 관련 자료 등을 모아 영화주제공원으로 꾸몄다. 영화에 이용되었던 원시부족마을이 그대로 남아 있어 대장간, 봉화대, 가옥 30채, 풍차 등을 볼 수 있다. 황매산 중턱에 자리하고 있어, 주변 경관이 아름다운 것도 매력이다. 영화주제공원을 지나는 길이 황매산 등산로 중의 하나여서 주말이면 산행을 즐기는 사람들이 많이 들른다.

합천 영암사지. 무너진 절터에 보물이 많다.

황매산 등산로 중 하나인 영화주제공원.

02 화왕산

태고의 불길이 당기는 '꽃불'

봄이면 벼랑에 매달려 산을 움켜쥔 진달래 꽃잎 위로, 산이 후끈 달아오른다. 그래서 해마다 수십만 평에 이르는 진달래 군락으로 인해 '火旺'이 아닌 '花旺'의 산으로 거듭난다. 그 열기 식혀주라고 바람은 서둘러 억새를 키우고, 길게 키 자란 억새들은 머리채 풀어 뜨거운 산마루를 쓰다듬는다. 봄이면 바위 골골이 뿌리를 묻고 산정에 불을 지르는 진달래, 또 철따라 초록과 황금 옷을 갈아입고 바람을 희롱하는 억새밭. 화왕산에서는 철따라 진달래와 억새에 취한 사람들 또한 스스로 산줄기를 타고 넘는 바람이 된다.

꽃불 핀 산에서 봄을 담는다

창녕군 창녕읍과 고암면의 경계를 이루는 화왕산은 평탄한 동쪽 줄기를 제외하고 대부분 급경사를 이룬 화강암 줄기가 담대한 얼굴로 서 있다. 이 거대한 화강암 줄기는 백악기 말의 화산활동 끝에 땅 속에서 솟구친 것이다. 땅 속 깊이 흐르던 마그마가 연약한 지각을 꿰뚫고 올라와 솟구친 '뜨거운 산'이 화왕산이다. 이름대로 풀자면 '불의 기운이 왕성한 산'. 그래서일까. 봄이면 저를 움켜 쥔 진달래 가지 위로 뜨거운 꽃불을 당긴다. 꽃불 가득한 화왕산에서는 서두를 것 없이 넉넉한 마음으로 배낭 가득 봄을 담을 수 있다.

산을 오르며 배우는 교훈

자하곡 매표소에서 산림욕장으로 들면서 제일 먼저 만나는 것은 잘생긴 소나무들이다. 바위 턱을 힘겹게 넘어서고 팔을 뻗어 몸을 의지하고 싶을 때마다 고개 들어보면 어디에나 소나무가 있다. 이곳 적송군락지는 송이를 길러내는 재원이기도 해서 옥천리 쪽에는 송이요릿집이 많다. 산림욕장을 지나면 정상까지 '환장고개'라 불리는 가파른 오르막길이다. '환장할 지경으로 숨이 찬다'고 해서 붙여진 이름이라고 한다. 힘에 부치는 대신 정상으로 가는 최단거리 코스다. 숨이 찰 때는 붉어진 얼굴로 고개만 숙이고 있을 게 아니라 뒤를 돌아보라. 고도를 높일수록 넓게 조망되는 창녕 시가지가 눈을 즐겁게 한다. 산

◀ 관룡산에서 화왕산 정상으로 이어지는 완만한 능선을 따라 진달래가 지천이다.

높이 756.6m, 3시간 40분 ★☆☆ ●○○

자하곡매표소

자하곡 매표소 → 산림욕장
자하곡 매표소에서 산림욕장으로 들면 적송군락지를 제일 먼저 만나게 된다.
10분

산림욕장

산림욕장 → 화왕산성
산림욕장을 지나면 환장고개라 불리는 가파른 오르막길이 나온다.
50분

화왕산성

화왕산성 → 화왕산 정상
환장고개 끝에서 화왕산성 서문으로 들면 억새밭이 나온다. 이곳에서 산성을 따라 북쪽으로 10여 분만 가면 정상이다.
10분

화왕산 정상

화왕산 정상 → 진달래능선
화왕산 정상에서 동쪽으로 화왕산성 성곽을 따라 관룡산 정상으로 이어지는 능선은 온통 진달래밭이다. 동쪽으로 이어지는 진달래꽃길은 화왕산과 관룡산 경계를 이루는 안부에서 올라오는 임도와 만난다. 계곡 쪽 평탄한 곳에는 MBC 드라마 〈허준〉 촬영을 위해 쓰였던 너와집·굴피집·움막 등이 있다.
40분

진달래능선

진달래능선 → 관룡산
진달래능선을 따라가다가 부곡온천으로 이어지는 등산로 안내표지판을 지나면 곧 관룡산 정상이다.
40분

관룡산

관룡산 → 관룡사
관룡산 정상에서는 용선대와 청룡암으로 가는 두 갈래 길이 있는데, 모두 관룡사에서 만난다. 용선대와 청룡암 모두 관룡사에서 20여 분 거리에 있다. 두 곳 모두 들러 보는 것도 좋다.용선대에서 관룡사로 이어지는 소나무 숲 오솔길은 굵은 가지들을 낮게 뻗고 있어 그 밑으로 조용히 고개 숙여 걷는 맛도 즐겁다.
1시간 10분

관룡사

을 오르면서 배운다. 앞만 보고 달려가는 사람은 속도를 얻는 만큼 많이 잃는다. 뒤를 돌아보며 숨을 고를 때 비로소 일상에서 미처 보지 못한 풍경을 볼 수 있기 때문이다. 환장고개를 오르면 쉬엄쉬엄 뒤돌아보며 가라고 산이 말을 걸어온다.

진달래 꽃놀이에 취하는 능선길

환장고개 끝에서 화왕산성 서문으로 들면 가파른 오르막 끝에 성곽으로 둘러싸인 광대한 억새밭에 선다. 어느 곳으로든 화왕산 정상에 오르려면 억새평원으로 유명한 화왕산성과 만나야 한다. 이곳에서 산성을 따라 북쪽으로 10여 분만 가면 정상이고, 남쪽으로는 배바위가 있다. 산성을 한 바퀴 돌면서 배바위와 정상 모두 둘러보아야 이 산의 얼굴을 제대로 볼 수 있다. 배바위는 커다란 바위벽 사이로 좁은 틈이 있어 몸을 옆으로 해야만 통과할 수 있다. 예부터 바위틈에 배를 묶는 고리가 있어 배바위라 불렸다는데 사람들은 바위에 배가 닿아야 지날 수 있다 해서 이렇게 부르기도 한다.
화왕산 정상에서 동쪽으로 화왕산성 성곽을 따라 관룡산 정상으로 이어지는 6.5킬로미터 능선이 바로 진달래밭이다. 세상 시름 잠시 잊고 한껏 꽃에 취할 수 있는 길이다. 화전 부쳐 먹고 꽃노래 부르며 꽃놀

관룡사에는 대웅전 · 약사전 · 석조여래좌상 등의 보물이 있다. 오른쪽으로 병풍바위 능선이 펼쳐진다.

이 즐기던 옛사람들에게는 이곳 산성만한 놀이터도 없었을 것이다.

화왕산의 옥과 진주를 모두 보자

관룡산 정상에서 관룡사로 이어지는 길은 용선대와 청룡암 길로 나뉜다. 용선대에 오르면 바위꼭대기 위에서 사람의 마을을 내려다보고 있는 석조석가여래좌상을 만난다. 소원을 딱 한 가지씩은 꼭 들어준다하여 기도객들이 줄을 잇는다는데 정 한 가지 소원만 고르기가 힘들다면 그 잘 생긴 미소를 따라 한번 빙긋 웃어보는 것만으로도 족하다. 관룡사의 한 스님은 용선대가 화왕산의 옥이라면 청룡암은 진주라며 옥과 진주 모두 보기를 권한다. 덧붙여 청룡암의 암반사이에서 흘러나오는 약수는 '송장도 벌떡 일어날 정도로 기가 막힌' 물맛이라 귀띔한다. 용선대와 청룡암 모두 관룡사에서 20여 분 거리에 있으므로 어느 쪽으로 내려오든 관룡사 툇마루에서 숨을 고르며 대웅전 동쪽 아름다운 병풍바위를 감상하고 두 곳 모두 들러보면 좋겠다.

화왕산은 평탄한 동쪽 줄기를 제외하고 대부분 급경사를 이룬 화강암 줄기가 담대한 얼굴로 서 있다. 화왕산 들머리는 창녕읍 말흘리 자하곡매표소와 옥천리 옥천매표소 두 곳이다. 화왕산 등산로는 3시간에서 최장 5시간 정도의 가벼운 산행 코스이기 때문에 창녕 읍내의 문화 유적과 우포늪 생태관광을 함께 해도 좋다.

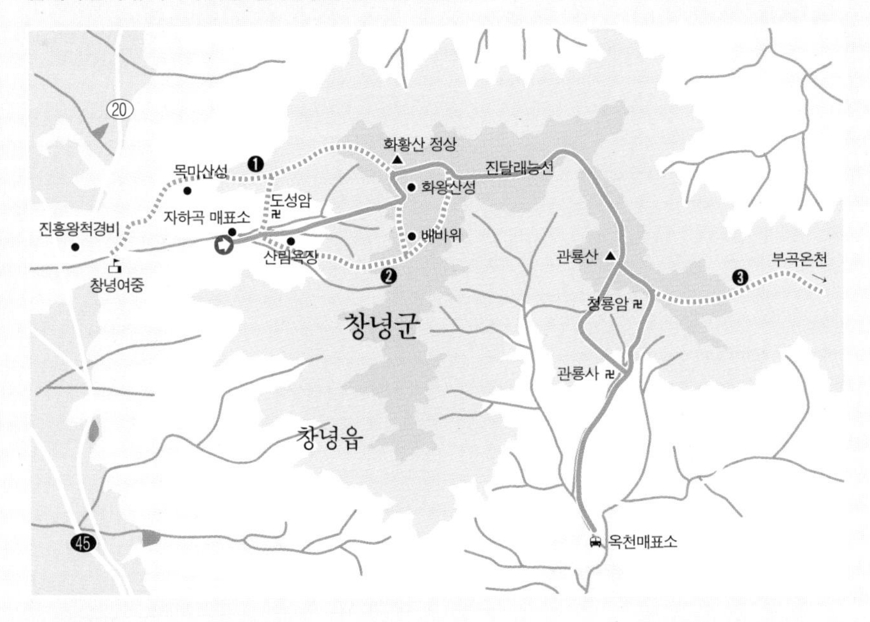

대중교통

서울 남부터미널에서 창녕까지 하루 5회 운행하며 4시간이 걸린다. 부산은 사상터미널에서 40분 간격으로 운행하며 1시간 10분 정도 걸린다. 마산, 대구에서는 20~30분마다 창녕 가는 버스가 있다. 창녕에서 화왕산 등산로 입구까지는 창녕터미널에서 걸어서 3분 거리인 영신버스터미널에서 시내버스를 이용한다. 옥천매표소까지 가는 버스는 하루 6번(07:00 09:40 12:00 14:10 15:50 18:00) 있고, 자하곡매표소는 창녕 읍내에서 걸어서 10분 거리다.

자가용

구마고속도로를 타고 창녕 나들목으로 나가면 바로 창녕읍이다. 읍내에서 자하곡매표소까지는 차로 5분 거리다.

숙박과 먹거리

창녕읍내 여관이나 자하곡매표소, 옥천매표소 입구에서 민박할 수 있다. 자하곡매표소 쪽은 배바우산장에서 민박과 식사가 가능하다. 자하곡매표소에서 가장 가까운 읍내 비사벌여관은 목욕탕을 겸하고 있어 산행객의 피로를 풀기 좋다. 이곳에서 자하곡매표소로 가는 길목에는 창녕 석빙고 바로 옆 24시간 진국명국설렁탕집도 있어 산행 전 간단한 요기를 하기 편하다. 옥천매표소 주변 식당에서는 화왕산에서 나는 송이요리를 맛볼 수 있다.

❶ 자하곡매표소를 지나 도성암 쪽으로 가면 목마산성에 들렀다가 정상에 오를 수 있다. 또는 창녕읍에서 목마산성 쪽으로 바로 오를 수도 있다.

❷ 자하곡산림욕장에서 전망대와 배바위를 거쳐 화왕산성에 도착한 후 정상으로 오를 수도 있다.

❸ 화왕산에서 부곡온천까지 길이 이어지기 때문에 온천욕으로 산행을 마무리 할 수도 있다. 자하곡매표소에서 정상을 거쳐 부곡온천까지 10시간 정도 걸린다.

더 알찬 여행 만들기

화왕산성 분화구를 중심으로 형성된 평원에는 둘레만 십 리에 이른다는 억새군락이 장관을 이루고 경계면을 따라 가야시대 때 축성한 것으로 추정되는 화왕산성이 있다. 천연의 요새인 기암절벽을 이용하여 조성한 화왕산성은 임진왜란 때 크게 명성을 떨친 홍의장군 망우당 곽재우장군과 의병들의 활동무대였던 호국영산이기도 하다. 성내에는 잡목이 없이 억새만 자라고 있어 가을철에는 억새제와 3년마다 윤년 초봄에는 억새태우기 행사가 열린다.

진흥왕 척경비 진흥왕이 가야를 영향권에 두고 신라 군대를 주둔시킨 것을 전하는 이 비는 신라의 한강 유역과 함경도 해안지방 진출을 기념한 북한산비·황초령비·마운령비 등과 함께 삼국시대상을 전하는 귀중한 자료다. 비석이라 하지만 반듯한 형태가 아니라 암각의 한 면을 깎아 글자를 새긴 것이기에 자칫 산기슭에 영영 묻혀버렸을 수도 있었다. 현재 이 척경비는 창녕읍 만옥정 공원 내 비각 안에 옮겨져 있다.

우포늪 생태공원 우포늪은 1997년 7월 26일 생태계보전지역 중 생태계특별보호구역으로 지정되었으며 국제적으로도 1998년 3월 2일 람사협약 보존습지로 지정되었다. 국내 최대규모 습지로 온갖 풀, 나무, 곤충, 물고기, 새 그리고 인간을 품에 안은 자애로운 곳이자 원시적 저층늪을 그대로 간직한 마지막 자연늪이다. 우포늪은 '생태계 박물관' 바로 그 자체다.

관룡사 약사전 관룡사 약사전은 조선 전기의 건물로 추정하며, 건물 안에는 중생의 병을 고쳐 준다는 약사여래를 모시고 있다. 규모는 앞면 1칸 · 옆면 1칸으로 매우 작은 불당이다. 지붕은 옆면에서 볼 때 사람 인(人)자 모양을 한 맞배지붕으로, 옆면 지붕이 크기에 비해 길게 뻗어 나왔는데도 무게와 균형을 잘 이루고 있어 건물에 안정감을 주고 있다. 몇 안되는 조선 전기 건축 양식의 특징을 잘 보존하고 있는 건물로, 작은 규모에도 짜임새가 훌륭하여 건축사 연구에 중요한 자료로 평가받고 있다.

화왕산은 불의 산이다. 화황산 억새태우기.

고요함 속에 생명력이 가득한 우포늪. 사진 양원.

03 월출산

남도 사람의 마음을 담고 있는 바위 명산

월출산에서는 수없이 많은 바위들이 산행하는 사람의 발걸음을 따라 등뒤에서 모양을 바꾼다. 그래서 자꾸만 뒤돌아보게 된다. 능선길을 걸으며 그런 바위들의 모습을 발견하고 나면 왜 이 산의 달이 그토록 유명한지, 왜 '월출'이라는 이름을 얻었는지 다시 한 번 생각하게 된다. 월출산의 하늘로 떠오르는 보름달은 지평선 너머로 떠오르는 것이 아니라 산의 능선 위로 둥실 떠오른다. 그 달은 은은하기보다 형형하고, 애환을 담고 있기보다 지상의 사람에게 강력한 자기장을 내뿜는 '끌림의 달'이다. 달빛을 보며 이 산에 무수히 많은 바위를 떠올려본다. 그 바위들이 형형한 달빛을 낳는 것은 아닐까. 어디 산을 이루는 작은 바위만 바위랴. 산은 그 자체로 하나의 거대한 바위이고 그 바위 안에 작고 큰 바위들이 모여 살고 있다.

온 몸에 스미는 산의 기운

천황사 들머리에서 오르는 길은 가파르고 험하다. 사람들이 산길의 험악한 모퉁이마다 조형물을 만들어 위태위태한 길을 힘들이지 않고 지날 수 있게 해놓았어

▲ 기암괴석이 가장 많이 모여 있는 광암터. 멀리 천황봉의 모습이 보인다.

◀ 능선위로 달이 뜬다. 달 아래 솟아오른 봉우리가 향로봉, 그 옆의 큰 봉우리가 천황봉이다.

도 천황사 들머리에서 천황봉으로 오르는 종주코스의 초입은 금세 허벅지가 묵직해지는 길이다. 마음먹고 빠르게 올라간다면 불과 한 시간만에 천황봉에 닿을 수 있겠지만 굳이 그럴 필요는 없다.

바람폭포에서 식수를 채우며 사방으로 솟아오른 봉우리들을 둘러보는 것 또한 놓칠 수 없는 즐거움, 바람폭포에서만 볼 수 있는 풍경이다. 길은 가파르고 험한데 바람폭포에서 물을 뜨는 사람의 마음은 되려 포근하고 편안해진다. 물 한 모금 마시고 든든하게 물통을 채울 때 즈음 목덜미에 슬몃 베어 나온 땀방울이 산바람에 시원하게 식어간다. 산 속 깊이 가라앉은 등산로, 물 귀한 계곡으로 난 등산로를 따라 올라 가다보면 발길을 옮기는 사람의 몸 안으로 산의 기운이 스며든다. 산의 기운 안에 몸을 담그고 있는 것이 산림욕이라면 이보다 더 좋은 산림욕은 없을 것이다. 옷을 입고 있어도 그 기운은 물이 스미듯 몸으로 스며든다.

장난꾸러기 도깨비 닮은 바위 사이로

천황봉에 올라 산 아래 한없이 낮아 보이는 평지를 내려다보며, 그 위에서 살아가고 있는 사람들에 대해 생각한다. 그러나 우뚝 솟은 봉우리가 천황인 이유는 산의 안쪽으로 눈길을 돌렸을 때 비로소 느낄 수 있다. 천황봉 안쪽에는 수없이 많은 기암괴석들, 오랜 세월의 흔적과 풍화를 통해 이제는 생명마저 얻은 듯한 갖가지 기묘한 형상의 바위들이 가득 들어차 있다. 일일이 눈 마주치기도 힘든 수많은 바위, 그 기묘하고 아름다운 풍경과 마주치는 순간 산행을 하는 사람은 입을 열지 못한다. 그 바위들은 그냥 바위로 보이지 않는다. 서

높이 812.7m, 4시간

★☆☆
●●●

천황사

천황사 → 바람폭포

천황사 들머리에서 천황봉으로 올라가는 길은 두 갈래다. 한쪽은 바람골을 따라 바람폭포를 지나 천황봉으로 올라가는 길이고 다른 한쪽은 시루봉을 지나 구름다리로 가는 길이다. 어느 길목으로 가나 천황사에서 월출산의 주봉으로 가는 이 길목은 비수처럼 날카로운 비경이 펼쳐진다. 이 산행에서는 바람폭포 쪽으로 간다.

20분

바람폭포

바람폭포 → 천황봉

바람골을 따라 올라가다 바람폭포에 이르면 식수를 보충해두는 것이 좋다. 이곳을 지나고 나면 도갑사에 이를 때까지 식수를 구할 수 없기 때문이다. 천황봉까지 가는 길은 험악하지만 짧다. 천황봉으로 이르는 관문인 통천문을 지나 얼마간 발길을 재촉하다 보면 드디어 정상에 닿게 된다.

40분

천황봉

천황봉 → 바람재

천황봉을 지나 구정봉으로 향한다. 구정봉을 앞두고 부드러운 능선길이 드러나며 산세는 암질에서 토질로 바뀐다. 그 중앙에 월남리로 통하는 금릉경포대 계곡길과 마애여래좌상을 볼 수 있는 길, 그리고 종주길의 세 갈래로 길이 나뉘어지는 곳이 있다. 이곳이 바로 바람재다.

1시간

바람재

바람재 → 도갑사

바람재에서 종주길 능선을 따라 조금 더 가면 구정봉 아래 음굴(베틀굴)을 만난다. 이어서 미왕재를 지나면 능선길이 끝나고 도갑사로 이어지는 제법 긴 하산길로 접어든다. 이 길은 느린 걸음으로 내려오는 흙길이다. 제법 가파른 구간도 있지만 이내 나지막하게 눕는 계곡길이 된다. 계곡을 따라 한 시간 즈음 내려가면 도갑사 미륵전과 마주친다.

2시간

도갑사

로 다른 바위가 몸을 기대어 하나의 형상을 만들기도 하고 하나였던 바위가 수평과 수직으로 갈라져 각기 다른 모습으로 변하기도 한다.
물구나무를 서고 있는 바위, 그 위에 태평스레 누운 바위, 남자의 성기를 흉내내고 있는 바위, 동물인 척하는 바위, 새인 척하는 바위, 흉내내기가 지겨워 제멋대로 모양을 만든 바위. 바위는 장난기 넘치고 흉내내기 좋아하는 어린 도깨비처럼 그렇게 만 가지 형상을 하고 있다.

바위와 숨바꼭질하는 산행

능선길을 따라 가다가 유심히 보았던 바위가 있어 다시 한 번 돌아보면 보아두었던 그 바위를 찾을 수 없다. 바위들은 보는 방향에 따라 모양과 빛깔을 달리 하기 때문이다. 그래서 천황봉에서 바라본 풍경과 바람재에서 바라본 풍경은 전혀 다르다. 지금이라도 당장 무너질 것처럼 아슬아슬하게 서로 몸을 기대고 있는 바위 옆을 지나기도 하고 때로는 평원 같은 능선을 지나기도 한다. 바위는 가까이 다가왔다가 멀리 물러나고 다시 눈앞에 우뚝 솟아오른다. 바위를 피해서라면 눈 둘 곳을 찾기 힘들만큼 바위는 모든 풍경을 가득 메우고 있다. 마치 바위가 산행을 하는 사람의 등 뒤에서 스르르 움직이고 있는 것

영암 망호뜰. 영암사람들은 논에서 집에서 늘 월출산의 능선을 바라보며 살아간다.

같고, 그 많은 바위들이 살아서 산행하는 사람을 의식하고 있는 것 같기도 하다. 그래서 월출산 종주길은 빠른 걸음으로 다섯 시간이면 족한 거리지만 서둘러서 휭하니 지나가면 안 된다. 바위들과 숨바꼭질 하면서 여유롭게 가야 한다.

산과 사람이 동화되어 살아가는 곳

국립공원 중 면적이 가장 작은 월출산은 넘치도록 풍성하게 남도인의 마음을 담고 있는 바위명산이다. 사람들은 경외심을 안고 바위 사이로 산을 오르고 산의 품안에서 살아간다. 오랜 세월 거친 산자락 아래서 산과 함께 살고 있는 사람들은 저마다의 유전자 속에 산을 담는다. 그러는 동안 사람과 산은 점점 닮아갔으며, 산자락에는 암자가 생겨나고 바위에는 부처가 새겨졌다. 산과 사람이 동화되어 살아가는 이곳에서 사람들은 늘 두 눈 가득 산을 담고 산다.

월출산의 대표적인 들머리로는 천황사, 금릉경포대 계곡, 도갑사가 있다. 영암군에서 월출산국립공원을 중심으로 관광단지를 관리하고 있지만 아직은 대중교통이 불편한 편이어서 세 들머리 모두 접근하기가 쉽지는 않다. 전체적으로 물이 귀한 산인데, 월남리에서 구정봉으로 올라가는 코스는 월출산에서 유일하게 산행 내내 맑은 물을 볼 수 있는 코스다.

❶ 천황사와 도갑사를 잇는 종주코스가 월출산의 대표 등산로인데, 도갑사 대신 천황사와 무위사를 이어도 된다.

❷ 천황사 들머리 일주코스는 가파르고 험하지만 구름다리에서 바라보는 풍경이 일품이다.

❸ 금릉경포대 계곡길에서 바람재로 이어지는 코스는 계곡물이 맑고 수풀이 무성해 가족산행에 알맞다. 그리고 주능선으로 가는 가장 가까운 길이다.

대중교통

광주나 목포에서 영암으로 가는 버스가 자주 있다. 영암터미널에서 들머리인 천황사, 도갑사, 구림마을로 가는 버스가 있지만 운행횟수가 매우 적다. 택시를 타면 영암터미널 기준으로 천황사까지 약 4000원, 도갑사까지 10000원 정도 나온다.

자가용

호남고속도로 광산 나들목으로 빠져나와 13번 국도를 타고 영산포를 거쳐 영암에 이른다. 또는 서해안고속도로를 타고 목포 나들목에서 2번 국도에 오른 다음, 819번 지방도를 타고 독천을 지나 영암에 가는 방법이 있다.

숙박과 먹거리

도갑리 쪽에 월출산산장호텔, 개신리 쪽에 월출콘도, 천황탐방지원센터 입구 쪽에 월출산민박집 등이 있다. 영암의 유명한 음식으로는 갈낙탕을 들 수 있다. 전라도 한우와 개펄에서 잡은 낙지로 만든 탕인데, 영암의 별미로 꼽힌다. 갈낙탕으로 유명한 집은 독천식당, 영명식당 등이 있다. 도갑리에 있는 하늘타리가든에서는 교통과 음식, 숙박을 연계한 서비스를 제공하고 있다. 미리 연락을 하면 소형버스를 이용해 원하는 들머리까지 태워주고 산행이 끝나는 지점에 대기했다가 숙소로 데려오기도 한다.

도갑사 해탈문 도갑사에는 국보 제50호로 지정된 해탈문이 있다. 해탈문을 특히 눈여겨보아야 하는 까닭은 조선 초의 양식을 그대로 간직하고 있으면서 조성 연대가 분명하여 한국 건축사에서 대단히 중요한 가치를 지니고 있는 귀중한 문화유산이기 때문이다. 앞쪽 좌우 칸에는 '금강역사'가 모셔져 있다.

마애여래좌상 옛날 월출산 인근 마을에 오누이가 살고 있었는데, 누나는 착하기 이를 데 없었으나, 동생은 안하무인격의 우월감에 사로잡혀 자기 자신이 세상에서 최고라 여기고 있었다. 이를 지켜 본 누이가 동생의 성격을 바로잡기 위해 월출산의 산기슭에 누가 먼저 우아하고 멋진 불상을 조각하는지 내기를 제안했다. 누이는 하루 저녁에 불상뿐만 아니라 불상 밑에 작은 동자상까지 조각했는데 동생은 그제야 겨우 조각을 완성했다. 그리고 누이가 조각한 불상을 보고는 자기가 최고가 아니라는 생각을 하고 그때서야 뉘우쳤다는 전설이 있다. 이때 누이가 조각한 불상이 국보 제144호인 마애여래좌상이고 동생이 조각한 불상이 월곡리마애여래좌상이라 한다.

왕인박사 유적지 왕인은 백제의 학자로 일본 응신천황의 초청을 받고 일본으로 건너가 유학을 전해주었다. 일본 학문의 시조로서 아스카 문화를 꽃피우게 한 왕인은 일본 땅에서 생을 마감했으며 묘지는 일본에 있다(오사카 사적 제13호). 우리나라에서는 왕인박사의 탄생지인 성기동에 유적지를 조성하여 위패와 영정을 봉안하고 있다. 사당 입구인 백제문을 거쳐 들어가면 왕인박사의 탄생과 수학, 도일 학문전수도 등 기록화가 보관된 전시관과 기념정화비가 있다. 안쪽으로 학이문을 거쳐 들어가면 사당 왕인묘가 있다. 영암에서는 매년 4월 초에 한 · 일 양국의 왕인 후예들이 모여 왕인박사 추모제를 겸한 축제를 벌인다.

도갑사 해탈문. 소박하면서도 당당한 자태.

왕인박사 사당의 입구인 백제문.

04 소백산

'사람이 살 만한 산' 거기, 생명의 바람이 분다

풍수에 조예가 깊었다는 조선 중기의 학자 격암 남사고(格庵 南師古, 1509~1571)가 '사람이 살 만한 산'이라고 해서 넙죽 절하고 갔다는 옛 이야기처럼 소백산의 능선은 유순하고, 그 속은 비옥하고 풍성하다. 사람 살 만한 그 산에 기대 스님들은 불도에 정진했고 선비들은 풍류를 즐겼다. 산의 봉우리는 비로봉 · 도솔봉 · 연화봉 같은 불심 가득 깃든 이름으로 불렸다. 봉우리의 이름에 걸맞게 산자락 구석구석에는 수많은 사찰과 불교문화재가 있다. 유순함과 비옥함에 기대어 불심이 자라난 영남의 진산. 소백산에는 언제나 마음의 화기마저 식혀주는 생명의 바람이 분다.

숲의 주인들과 나누는 호흡이 바람이 된다

소백산은 거대한 숲이다. 등산로는 그 숲 사이로 난 오솔길이다. 그래서 산마루로 향하는 길목은 내내 하늘을 열어 보여주지 않는다. 숲의 터널 안쪽으로는 서늘한 바람이 분다. 지상의 낮은 곳에서는 미풍조차 맞을 수 없는 날에도 이 숲의 터널에는 바람이 분다. 이끼의 향내와 솔숲의 청명함이 진하게 배어 있는 바람. 소백산 숲의 터널에서는 옅은 바람이 몸 안으로 스며든다. 스며든 바람은 오랫동안 몸 안

▲ 초원 같은 능선 위로 꽃이 핀다. 소백산에는 안개가 끼는 날이 많다.
◀◀ 소백산 굽이치는 능선에 안개가 내려앉는다. 신록을 덮은 안개 밑으로 생명의 서늘한 바람이 분다.
◀ 촉촉한 아침 안개가 산길을 적시는 연화봉 능선길 옆에서 자라는 박새.

에 남아 사람의 몸 안에서 분다.

숲의 터널에서 부는 바람은 기온의 차이로 인해 발생하는 공기의 흐름이 아니다. 그것은 울울창창한 숲 속의 주인들이 뱉어내는 여리지만 깊은 호흡이다. 바위 위에 앉은 두터운 돌이끼와 그 이끼 위에 뿌리를 내린 야생화에서부터 하늘을 향해 곧게 뻗은 나무와 그 나무를 휘감은 덩굴식물까지 숲의 주인들이 뱉어내는 호흡. 사람이 뱉어내는 호흡을 나무들이 들이마시고 나무들은 사람에게 더 깊이 호흡하라고 산소로 충만한 깊은 입김을 불어넣는다. 바로 이 두 가지 공기, 땅과 식물의 호흡이 숲의 터널에 부는 바람이 되는 것이다. 그래서 숲의 바람은 땀을 식히는 바람만은 아니며 오롯이 몸으로 투과되는 숲의 향기다.

산마루로 올라서면 신록의 풀이 자라는 봉우리와 만나게 된다. 산마루에 올라 바람을 맞는다. 길게 이어진 유순한 능선은 하늘을 찌르는 빌딩 풍경에 지친 사람의 눈을 어루만져주고 씻어준다.

소백산에서는 산을 오르는 걸음 자체가 의미가 되고 목적이 된다. 그리고 숲의 터널에 머문 시간이 길다면 메마른 도시로 돌아오는 그 순간에도 사람의 몸 속에서는 숲의 바람이 안으로 맴돌고 있을 것이다. 숲의 바람은 오랫동안 있는 듯 없는 듯 사람의 몸을 식혀줄 것이다.

신록의 숲에는 별이 두 번 뜬다

연화봉에 올라서면 그곳에서부터 소백산이 시작된다. 연화봉에서 비로봉을 향해 발을 내딛는 순간부터 수풀의 진한 향내와 땅 내음이 오감을 휘감는다. 땅 위로 겹겹이 포갠 손을 내미는 것 같은 박새와 보라색 고개를 숙이고 있는

높이 1439.5m, 5시간 10분 ★★☆

희방매표소

희방매표소 → 희방사
희방매표소를 지나 야생화단지가 끝나는 지점에서 갈림길이 나온다. 왼쪽으로 시멘트 포장이 되어 있는 길은 희방사 스님이 이용하는 차량출입로이고, 우측으로 난 길이 탐방로 입구다. 돌계단을 지나 계곡과 맞닿을 때쯤 왼쪽으로 희방폭포가 있다. 희방폭포 옆으로 계단을 올라서면 희방사의 모습이 보이기 시작한다. 희방사 경내에 연꽃모양의 음수대가 있어 목을 축일 수 있는데, 이 곳이 식수를 얻을 수 있는 마지막 음수대이므로 앞으로의 산행에 필요한 물을 충분히 확보하는 것이 좋다.

40분

희방사

희방사 → 제1연화봉
희방사 오른쪽으로 난 산길을 따라 오른다. 많은 사람들이 찾는 길이어서 비교적 잘 정리되어 있다. 돌깔기식 등산로로 다소 넓고 나름대로 운치가 있는 길이어서 그다지 지루하지 않다.

2시간 10분

제1연화봉

제1연화봉 → 비로봉
제1연화봉에서 보면 비로봉까지 이어진 등산로가 보인다. 자연관찰로를 벗어나 조금 더 가면 내리막길이 한참 나 있다. 능선길을 걷는다고는 하지만 주위가 온통 참나무류를 비롯한 나무들로 둘러싸여 경관을 볼 수는 없다. 걷다보면 천동갈림길에 이르러 비로봉으로 오르는 계단을 만난다. 이 계단을 오르면 바로 비로봉이다.

1시간 20분

비로봉

비로봉 → 비로사
비로봉에서 비로사로 가는 길은 남동능선을 따라 약 30분쯤 내려간 갈림길에서 우측 급경사로 내려가는 계곡길과 능선으로 곧장 내려가는 두 길이 있다. 한 가지 길을 선택하여 하산하면 된다. 비로사에서는 포장된 길을 따라 내려가면 매표소에 닿는다.

2시간

비로사

현호색과 이름 모를 야생화들이 등산로의 비옥하고 울창한 수풀 속에서 자란다. 저마다의 색으로 피어 있는 온갖 야생화들은 마치 땅 위에 뜬 작은 별 같다. 하늘의 별빛이 미명에 모습을 감춘 직후 땅이 뱉어내는 숨결 같은 옅은 안개 속에서 꽃들은 희미하게 빛을 낸다. 이곳 소백산에서는 그렇게 별이 두 번 뜬다.
능선길 곳곳에 철쭉과 진달래가 피어 있고 땅에서는 야생화가 자라고 어느 곳에 이르러서는 꽃봉우리 같은 암릉을 만나게 된다. 연화봉에서 1시간 30분쯤 걸으면 비로소 소백산의 주봉인 비로봉에 도착하게 된다. 완만하게 경사진 넓은 산마루에는 살아 천 년 죽어 천 년 간다는 주목들이 넓은 군락을 이루고 있다. 이곳 산마루 위에는 주목 군락지 감시초소가 있다. 비로봉 정상에서 보면 말 그대로 '초원 위의 작은 집'이다. 이곳에서 보면 소백산을 둘러싸고 있는 겹겹한 산자락의 실루엣이 마치 한폭의 동양화처럼 아름답다.

생명의 기운을 기꺼이 나누는 산

비로봉에서 비로사로 내려가는 길은 제법 가파르다. 하지만 하산길로는 그 가파름이 아무런 장애도 되지 못한다. 비로봉에서 비로사로 가는 이 길은 소백산 등산로 중에 가장 아름다운 오솔길이다. 사람 한

제2연화봉에서 바라본 제1연화봉. 봉우리 뒤로 천체관측소 건물이 보인다.

명이 지나가면 꼭 맞는 오솔길은 나무 계단을 따라 급하게 떨어지는 내리막 과 완만한 곡선을 그리며 돌아드는 길이 반복된다. 오솔길 옆에 앉아 있는 바위 위에는 두터운 이끼들이 파랗게 자란다. 간혹 그 이끼 위로 야생화들이 뿌리를 내리고 있는 것도 볼 수 있다.

머리 위로 산새의 울음소리가 들린다. 키 큰 나무들이 오솔길에 그늘을 드리우면 오솔길은 나무와 풀이 뿜어내는 산소로 가득 찬다. 그리고 아침 이슬을 머금은 땅과 수풀의 그늘과 이파리에서 흩어져 나오는 수분으로 길은 서늘하고 아름답다. 그 길에는 작은 생명들이 가득하다. 오솔길을 가는 동안 자주 옆을 보라. 간혹 이끼 낀 바위 위에 쉬고 있으면 작은 생명들은 그 기운을 사람에게도 나누어준다.

소백산의 능선은 유순하지만 장대한 산이 가로막고 있어 길은 산에서도 낮은 곳, 즉 제2연화봉과 도솔봉 사이에 있는 죽령으로 모아진다. 죽령매표소 앞쪽부터 연화봉 정상에 이르기까지는 콘크리트 길이 이어진다. 걸음걸이가 빠른 사람은 2시간, 느린 사람은 2시간 30분 정도면 연화봉에 닿을 수 있다. 천동계곡 들머리도 죽령 들머리처럼 매표소부터 콘크리트 길이 이어진다. 그러나 연화봉에서부터는 울창하고 깊은 숲길을 걸을 수 있다.

❶ 죽령이나 천동계곡 들머리로 들어서면 콘크리트길을 오래 걸어야 한다.

❷ 삼가매표소에서 시작하는 길은 소백산의 주봉인 비로봉을 오르는 가장 짧은 탐방로다.

❸ 국망봉에서 상월봉까지의 구간은 소백산에서는 보기 드문 작은 암릉이 군데군데 있다.

❹ 늦은맥이재에서 어의곡리로 내려가는 길은 비가 오면 등산로가 물길이 될 뿐 아니라 길이 불분명하게 나 있으므로 조심해야 한다.

대중교통

동서울터미널에서 영주 행 버스는 06:15부터 20:45까지 운행하며 2시간 30분 걸린다. 영주 시외버스터미널에 희방사 행 버스가 있다.
철도를 이용할 경우 중앙선 풍기역에 내리면 된다.
풍기에서 희방사까지는 20분 거리로 6시 30분부터 약 45분 간격으로 12회 버스가 운행한다. 버스 승차장은 풍기호텔 건너편, 풍기역 앞, 풍기역 앞에 있다.

자가용

중앙고속도로 풍기 나들목을 이용한다. 나들목에서 제천 방향으로 가다가 죽령검문소에서 희방사 방향으로 진입하면 된다.

숙박과 먹거리

자가용을 가지고 온 경우 영주와 단양에서 숙박을 해도 좋다. 희방사 쪽에는 2010 모텔이 있으며 풍기 쪽에는 풍기호텔과 성신장여관 등 10여 개의 숙박업체가 있다. 삼가리 쪽에도 민박집이 있다. 부석사 쪽에는 코리아나호텔이 있다. 풍기역 앞에 식당이 많이 있다.

더 알찬 여행 만들기

구인사 구인사는 대한불교 천태종의 총본산이다. 1945년에 건립되었으며 1966년에 현대식 콘크리트 구조로 건물을 지었다. 건물의 규모가 여느 사찰보다 크고 2층 이상인 건물도 여럿 있다. 현대적인 절집 건물이 이색적이고 웅장한 반면, 오래된 절집에서 느낄 수 있는 고풍스런 맛은 없다. 단양이나 풍기에서 구인사로 가는 직행버스를 탈 수 있다.

부석사 국보 제18호로 지정돼 있으며, 봉황산에 의상조사가 왕명을 받들어 창건한 사찰로 고려, 조선조의 중건과 중수를 거쳐 현재에 이르고 있다. 우리나라 목조건물중 가장 오래된 것으로 알려진 무량수전과 신라 때의 유물인 석단, 당간지주, 석등, 3층석탑 등과 고려 때의 건축물 조사당의 벽화가 있다. 풍기에서 부석사 가는 버스는 약 1시간 간격(06:30~19:40)으로 있다.

죽계구곡 소백산맥의 영봉과 국망봉으로부터 흘러나온 개울이 순흥 땅을 감돌아 흐르며 아름드리 소나무와 산림이 하늘을 뒤덮고 옥이 구르는 듯한 물소리를 내며, 백운동으로 흘러 사천으로 이어지는 계곡이 바로 죽계천이다. 이황은 이 계곡의 아홉 구비에 1곡은 백운동 취한대, 2곡은 금성반석, 3곡은 백우담, 4곡은 이화동, 5곡은 목욕담, 6곡은 청련동애, 7곡은 용추비폭, 8곡은 금당반석, 그리고 9곡은 중봉합류라 하여 죽계구곡이라 명명하였다.

등불 환하게 밝힌 구인사.

어의계곡 맑은 계류가 흐르는 국망천 상류는 굵은 화강암 바위가 군데군데 물길을 막거나 그로 인해 이곳저곳 깊은 소를 형성케한 시원한 골짜기다. 폭류, 폭포도 심심치 않게 있는 계류와 시원한 숲이 이어져 여름에 등반하기에 적합하다. 이 능선길은 여름엔 철쭉류 등이 무성한 관목숲을 이루고 있어서 길을 벗어날 수도 없지만 일단 길을 잃어버리면 찾기도 어렵다. 계곡 길을 올라가면 수서식물과 맑은 계류의 조화 안에서 싱싱하게 삶을 펼치는 식물의 보고를 볼 수 있다.

어의계곡의 시원한 물소리가 들리는 듯하다.

05 계룡산

계곡을 굽이치는 순수한 힘

오전의 영롱한 햇살을 받아 계룡산의 신비스런 자태가 빛을 발한다. 산길을 따라 걷다보면 차례로 만나는 암자들. 계룡산은 많은 암자를 품고 있다. 이마에 땀방울이 송글송글 맺히고 등줄기에도 땀이 주루룩 흘러내릴 즈음 계룡산은 고맙게도 한 줄의 물줄기를 흘려보내 준다. 바위 한 켠에 자리를 잡고 시원한 계곡물에 목을 축이고 얼굴도 식힌다. 그리고 물통을 채운다. 계곡물에는 쌀개능선이 빠져있어 쌀개릉도 함께 물통에 담아본다. 그러고 나서 고개를 들어 능선을 쳐다본다. 방아 허리를 받치는 도구인 '쌀개'라는 이름이 너무나도 잘 어울리는 능선이다. 닭의 볏을 쓴 용의 모습을 했다고 이름 붙여진 계룡산(鷄龍山), 아마도 이 능선의 모습 때문에 계룡산이라는 이름이 붙여졌는지도 모를 일이다.

세속의 번뇌 씻고 산문을 지나다

신원사 쪽 등산로는 계룡산을 오르는 여느 산길에 비해 조용한 편이다. 그 때문인지 신원사 근처에서는 산행객을 찾아보기가 힘들다. 한적한 길을 걸어 일주문을 지난다. 일주문에는 신성한 가람에 들어서기 전에 세속의 번뇌를 씻고 일심으로 진리의 세계로 향하라는 가르침이 담겨 있다. 산에 들 때도 마찬가지다. 한 발 두 발 산에 들면 세속의 번뇌는 저절로 씻기게 마련이다.

관음봉으로 통하는 계룡의 산길

연천봉 고갯마루에 서면 골짝을 타고 기어오른 시원한 미풍이 땀방울을 녹여준다. 연천봉에 오르면 서쪽의 논산벌이 한눈에 들어온다. 그리고 저 멀리 향적산에서부터 용천령 · 천황봉 · 관음봉을 거치고 금잔디고개와 수정봉을 지나 방향을 틀어 저 아래 널티로 이어지는 금남정맥의 계룡산 쪽 파노라마가 가슴 시원하게 펼쳐진다. 다시 연천봉 고갯마루로 내려와 관음봉을 향해 30여 분 숲길을 거닐면 이내 관음봉에 설 수 있다. 쌀개봉과 정상인 천황봉이 통제 구간이라 오를 수 없는 곳이다 보니 이곳은 계룡산의 실질적인 정상이나

◀ 관음봉 쪽에서 바라본 삼불봉. 삼불이란 부처 셋이 나란히 서 있는 모습을 닮았다하여 붙여진 이름이다.

높이 766m, 7시간 30분

★★☆
●○○

구간	소요시간	설명
신원사 → 연천봉	1시간 30분	신원사 주차장을 출발해 신원사에 다다른다. 신원사를 따라 소림원, 금룡암 등을 거치면 본격적인 산행길이다. 비교적 완만한 길이 이어져 있으나 연천봉삼거리 하단 구간에서는 충분한 휴식 후 오르는 것이 좋다.
연천봉 → 관음봉	30분	연천봉을 지나 관음봉과 대자암으로 나눠는 갈림길에서 관음봉 방향으로 가면 된다.
관음봉 → 삼불봉	1시간 10분	관음봉에서 서쪽으로는 갑사지구와 계룡 저수지가 보이며, 왼쪽으로 100m내려가면 동학사로 갈 수 있다.
삼불봉 → 신선봉	2시간	삼불봉을 거쳐 동학사 방향으로 300m 내려가면 남매탑이 있다. 왼쪽 길이 신선봉 방향이다. 큰배재를 지나 신선봉에 다다를 때까지 조망이 막혀있어 조금은 답답한 느낌이 든다.
신선봉 → 장군봉	1시간 50분	신선봉에서는 관음봉과 천황봉 경관을 감상할 수 있다. 신선봉에서 1.2km 정도 가면 두 갈래 길이 나온다. 왼쪽으로 가면 갓바위를 지나 장군봉이 나온다. 장군봉에서는 계룡산의 주봉인 천황봉과 관음봉 방면, 하신리 마을의 모습을 볼 수 있다.
장군봉 → 병사골 매표소	30분	장군봉은 해발 500m의 높지 않은 봉우리지만 병사골매표소로 내려가는 탐방로가 생각보다 가파르니 조심해야 한다.

다름없다. 관음봉에 오르면 올라오는 동안 볼 수 없었던 산행객들을 여럿 만나게 된다. 관음봉은 신원사에서, 갑사에서 그리고 동학사에서 올라온 이들이 모두 모여들어 계룡산 산길의 중심이 된다.

자연성릉의 등줄기를 따라

가파른 철계단을 내딛으며 삼불봉으로 향하면 관음봉과 삼불봉을 잇는 능선길인 자연성릉을 만나게 된다. 계룡산이 가지고 있는 수려한 경관의 백미라 할 수 있는 이 길은 눈썰미 없는 이가 보더라도 그 이름이 지어진 연유를 단박에 알아차릴 수 있는 모습을 하고 있다. 땅과 하늘과 비와 바람이 조각해놓은 이 성벽은 그 어떤 인공구조물로도 흉내 낼 수 없는, 실로 경이로운 모습을 보여준다. 자연성릉의 등줄기를 따라 능선 곳곳에 솟아있는 작은 암봉들, 옆으로 우회로가 잘 나 있지만 놓치지 않고 하나하나 암봉 정수리를 밟으며 긴 심호흡으로 가슴 한가득 산을 담는다. 자연성릉에선 갈 곳을 보아도, 온 길을 되짚어 보아도 아름답기 그지없다. 앞쪽으로는 암봉군을 이루며 신비로운 모습으로 우뚝 선 삼불봉이 지척에 다가와 있고, 뒤쪽으로는 관음봉으로 오르는 철계단이 흡사 하늘 오르는 길처럼 높아만 보여 관음봉의 신비스러움을 더해주고 그 뒤엔 쌀

자연성릉을 따라 삼불봉으로 향하는 길.

개능선이 우락부락한 몸짓을 자랑한다.

삼불봉 아래로 설치된 가파른 철계단을 따라 5분 정도 내려오면 삼불봉고개다. "반갑습니다" "얼마나 가면 되나요?" "물 한 모금 드세요" 등 수 없이 많은 인사말들이 오가는 이곳은 계룡산의 사랑방이 다. 갑사에서 금잔디고개를 거쳐 온 이들, 동학사에서 올라온 이들, 관음봉에서 삼불봉을 넘어온 이들, 모두가 이곳에서 쉬어가기 때문이다.

큰배재를 지나고 신선봉에 다다를 때까지 암릉과 솔밭을 차례대로 지나면서 목적지인 장군봉을 향하여 가다보면 걷는 재미에 푹 빠지게 된다. 큰 바위봉우리를 올랐다 내려서길 서너 번 반복하면 어느새 장군봉에 이른다. 잠시 배낭을 내리고 지나온 길을 되돌아보면 임금봉 · 신선봉 너머 바라보이는 서쪽의 계룡산이 멀고도 아득하게 보인다.

계룡산은 조용한 산줄기 곳곳에 암봉, 기암절벽, 울창한 수림과 층암절벽 등이 있어 경관이 수려하다. 뿐만 아니라 아름다운 자태와 더불어 고찰과 충절을 기리는 사당을 지닌 것으로도 이름 높다. 계룡산은 사계절 산행지로 봄에는 동학사 진입로변의 벚꽃터널, 여름에는 동학사 계곡의 신록, 가을에는 갑사와 용문폭포 주위의 단풍, 겨울에는 삼불봉과 자연성릉의 설경이 장관을 이룬다. 주봉인 천황봉의 일출은 계룡산 최고의 비경으로 꼽히지만 등산객의 접근이 쉽지않다 .

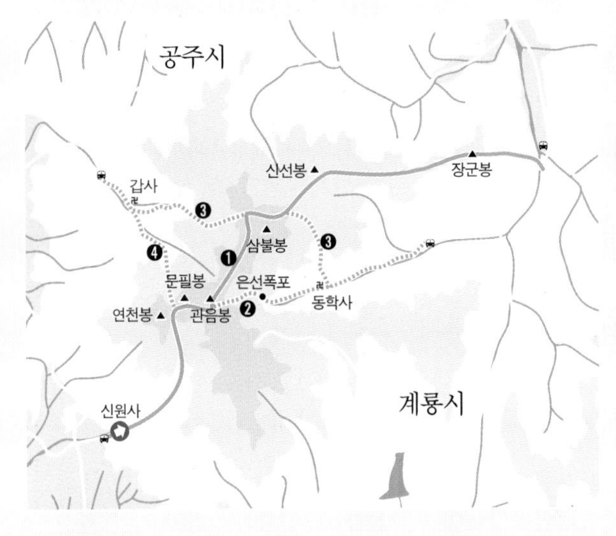

❶ 관음봉에서 삼불봉으로 이어지는 자연성릉 구간은 암릉미가 뛰어난 계룡산의 대표 능선이다.

❷ 산행 도중 힘들면 관음봉에서 은선폭포를 거쳐 동학사로 하산할 수 있다.

❸ 갑사와 동학사를 잇는 이 코스는 계룡산에서 가장 고전적인 코스로 손꼽힌다.

❹ 갑사에서 연천봉과 문필봉 사이에서 발원한 계곡을 타고 연천봉으로 오르는 산길이다.

대중교통

대전에는 동학사와 갑사로 가는 버스가 자주 있고, 공주에는 갑사와 신원사 행 버스가 많다. 대전 고속버스터미널과 대전역에서 102번 시내버스를 타면 동학사까지 1시간 정도 걸린다. 공주에서는 시내버스터미널에서 2번을 타면 갑사, 10번을 타면 신원사로 갈 수 있다.

자가용

호남고속도로 유성 나들목으로 나와 32번 국도를 타고 공주 방향으로 간다. 이어 논산 방면 23번 국도를 갈아타고 697번 지방도를 이용해 신원사로 갈 수 있다. 동학사 쪽은 유성 나들목에서 바로 찾아갈 수 있다.

숙박과 먹거리

갑사나 동학사 쪽에는 음식점과 숙박업소가 많이 모여있기 때문에 걱정하지 않아도 된다. 하지만 신원사가 있는 양화리 쪽에는 편의시설이 많지 않다. 신원사 쪽에서 숙박한다면 신원장여관을 이용할 수 있다. 공주시내에도 숙박업소와 음식점이 많이 있다. 공주의 남강일식은 20년 넘게 일식을 주력으로 운영하고 있는데, 푸짐한 부식과 함께 저렴한 가격으로 회를 먹을 수 있다.

갑사 갑사에는 볼거리가 많다. 삼신불괘불탱(국보298호)은 비로자나불을 중심으로 석가와 노사나불 등 삼신불이 진리를 설법하고 있는 장면을 그린 괘불이다. 괘불이란 절에서 큰 법회나 의식을 행하기 위해 법당 앞뜰에 걸어놓고 예배를 드리던 대형 불교그림을 말한다. 팔상전에는 석가모니불과 팔상탱화, 신중탱화를 모시고 있다. 팔상탱화는 석가여래의 일대기를 8부분으로 나누어 그린 그림이며, 신중탱화는 불교의 호법신을 묘사한 그림으로 호법신은 대개 우리나라 전통의 신들이다. 건물 규모는 작지만 지붕 처마를 받치기 위해 장식하여 만든 공포가 기둥 위와 기둥 사이에도 있는 다포 양식으로 꾸며져 격식을 갖추고 있다. 갑사 경내 대웅전 왼편으로 떨어진 자리에 놓인 삼성각은 도교·불교·무속의 접점이다. 사찰에서는 불교 밖에서 수용한 종교에 '전' 대신 '각'이라는 이름을 붙인다.

공산성 공주 시내 산성동에 있는 공산성(사적 제12호)은 백제가 한산성에서 웅진으로 천도하였다가 다시 부여로 천도하기까지 5대, 64년간 백제의 도읍지였던 공주를 수호하기 위해 축조한 성이다. 원래 백제 때는 토성이었는데 조선시대 때 석성으로 다시 쌓은 것이 지금까지 남아 있다. 성 안에는 백제시대 연못 2개소, 고려 때 창건한 영은사, 조선시대 인조대왕이 이괄의 난을 피해 머물렀던 쌍수정과 사적비 등이 있다. 성곽을 따라 산책하기 좋으며 주변의 울창한 숲과 유유히 흐르는 금강의 풍경 또한 절경이다.

갑사 삼성각은 도교 · 불교 · 무속의 접점이다.

신원사 백제 의자왕 11년(651)에 고구려 보덕화상이 연개소문의 도교 장려로 인한 불교 박해를 피하기 위해 백제에 들어와 창건한 후 조선 초 무학대사가 중건하였다고 전한다. 고려 말 이성계는 전국의 오악을 다니며 산신기도를 했는데 지금까지 유일하게 남아있는 곳이 바로 신원사의 중악단이다. 대웅전과 담 하나를 사이에 두고 동남쪽에 자리한 중악단에서는 지금도 일 년에 한 번씩 국가와 백성의 무사안위를 기원하는 산신제를 올린다.

이성계가 산신기도를 하던 곳, 신원사.

06 월악산

달의 정기를 품은 여신의 산

어두운 산길의 적요 속으로 걸어 들어가면 스스로 빛을 내지 못하는 창백한 달빛이 잠자는 바위를 흔들어 깨운다. 월악산 영봉에 걸린 달은 잠 못 드는 사람들의 마음을 뒤흔든다. 차고 이우는 것을 반복하는 달은 삶의 이정표. 사람들은 달의 순환에 따라 시절을 읽고 밭을 갈았다. 그 달의 움직임을 고스란히 몸 안에 품고 사는 것이 세상의 어미들이다. 그녀들의 달거리는 달을 따라 움직이는 우주의 생명시계다. 한수면 수산리 쪽에서 영봉을 바라보면 마치 누워 있는 여인의 모습처럼 보인다고 한다. 그래서일까. 옛사람들은 이 험한 바위산을 음기가 센 여신의 산이라 믿었다.

고드름이 거꾸로 자라는 보덕굴

송계2교를 건너 통나무집 휴게소 뒤로 난 산길 대신 수산1리를 들머리로 택하면 30여 분쯤 시간을 단축할 수 있다. 마을 안길을 지나 보덕암 바로 아랫녘까지 최근에 포장했다는 2킬로미터 넘는 거리를 자동차로 갈 수 있기 때문이다. 하지만 자동차에서 내려 보덕암까지 걷는 20분의 시멘트 길은 매서운 겨울바람이 불 때도 진땀이 배어날 만큼 가파르다.

이 길에 접어들어 잠시 뒤에 보이는 절 오른쪽 뒤로 야트막한 고개를 살짝 넘어 100미터쯤 내려가면 사람 키보다 큰 입을 쩍 벌린 자연동굴이 나온다. 보덕굴이다. 보덕굴은 거꾸로 자라는 고드름으로 유명한 곳이다. 한겨울이면 천장에서 떨어진 물이 얼어붙어 석순(石筍)인 양 땅위에서 거꾸로 자라는 것이다. 이른 봄은 절기 상으로 봄이라 해도 산 속에는 여전히 겨울이 숨어 있어서 운이 좋으면 이 진기한 풍경을 볼 수 있다. 진기한 풍경이 연출되는 곳이다 보니 동굴 입구를 들어서면 컴컴한 구석에 수도하던 스님들의 흔적이 다 타버린 초와 함께 나뒹굴고 있게 마련이다. 보덕굴 주변은 여름이면 모감주나무 군락에 노란 꽃이 무더기로 피어나 장관을 이루고, 가을 단풍도 제법 빛깔이 곱다.

◀ 영봉과 마애불 사이에서 본 만수리지. 1,000m 조금 못 미치는 봉우리가 여러 개 이어져 아기자기한 코스지만 입산금지 구간이어서 그저 바라만 볼 뿐. 이른 봄의 산자락에는 아직도 겨울이 머물러 있다.

높이 1094m, 4시간 30분

★☆☆
●●○

수산1리

수산1리 → 하봉
수산1리에서 곧바로 가파른 시멘트 길을 올라가다 절 오른쪽 뒤로 야트막한 고개를 넘어 100m쯤 내려서면 자연동굴 보덕암이 나온다. 보덕암에서 다시 나와 산길을 오르면 곧 철계단이 나온다. 하봉까지 경사가 급하다.

50분

하봉

하봉 → 중봉
하봉을 오른쪽 길로 우회하여 중봉 바위능선에 올라선다.

30분

중봉

중봉 → 영봉
중봉은 조심스럽게 바위사면을 올라야 한다. 울퉁불퉁한 바위면을 아무데나 붙잡고 어렵지 않게 넘어설 수 있는 구간이지만 능선 오른쪽 깎아지른 벼랑이 있어 고정로프에 의지해야 한다. 영봉에 이르러서는 가파르고 낙석이 심해 직등은 불가능하다. 천상 4km나 되는 둘레를 반 바퀴쯤 빙 돌아 꿋꿋하게 놓인 철계단으로 150m 아무 생각 없이 올라야 정상에 가닿을 수 있다. 영봉 꼭대기까지 철계단이 이어져 있다.

40분

영봉

영봉 → 덕주사
영봉에서 덕주사까지는 계속 남향이라 오후 볕이 좋다. 영봉과 마애불 사이에서는 만수리지를 볼 수 있다. 봉우리 여러 개가 이어져 아기자기한 코스지만 지금은 입산이 금지되어 있다.

마애불과 960봉 사이에는 오르내리는 사람들이 서로 불편하지 않도록 상행계단과 하행계단을 분리시켜 놓았다. 마애불을 지나 덕주사로 하산한다.

2시간 30분

덕주사

멀어질수록 넓고 깊어지는 시선

왔던 길을 되짚어 보덕암 앞을 가로질러 오래도록 사람이 드나든 흔적이 없는 빈 매표소를 지난다. 비탈에 선 화장실을 비껴 본격적인 등산로에 들어서면 등 뒤로 잠깐 충주호가 펼쳐진다. 하봉, 중봉을 거쳐 영봉으로 향하는 오름짓은 충주호와 점점 멀어져가는 과정이지만 고도와 함께 아스라이 높아지는 시선은 더 넓고 깊게 세상을 껴안는 법이다. 이 코스는 일반 등산객들이 잘 오지 않아 늘 한적하다. 충주호를 내려다보며 이런저런 생각에 잠기기에 안성맞춤. 날이 갈수록 인공계단이 늘어 예전처럼 호젓한 맛은 많이 사라져가고 있지만 그만큼 월악산이 깊고 험한 산이라는 것을 반증하는 셈이다. 간간이 놓인 철계단을 올라선다. 가파른 경사길을 오르고 오르다보면 어느새 하봉이다.

월악의 독립 암봉 하봉·중봉·영봉 중에서 맨 먼저 육중한 몸을 드러낸 하봉을 오른쪽 길로 우회한다. 조심스레 하봉을 통과해 나아가다보면 바로 앞에 보이던 중봉까지의 길이 생각보다 멀리 보이게 마련이다. 드디어 중봉 바위능선에 올라선다. 정면의 영봉, 능선 오른쪽 벼랑 아래 송계계곡, 뒤돌아서면 하봉 뒤로 한눈에 펼쳐진 충주호까지……. 높아질수록 깊어지는 시선을 느낄 수 있다.

마의태자와 덕주공주의 전설이 서린 마애불.

천년 전설이 저무는 자리

신령스런 산이라 하여 붙여진 이름 영봉. 국사봉이라고도 불리는 해발 1,097미터 정상은 그 자체보다는 전체를 조망하는 데 더 큰 의미를 지녔다. 거칠 것 없이 탁 트인 정상에서 다시 시선을 좁히면 이번엔 남쪽의 긴 능선이 눈에 들어온다. 960봉에서 만수봉까지 1,000미터 조금 못 미치는 여러 봉우리가 키 재듯 이어지는 아기자기한 바위능선, 만수리지다. 바위맛을 좋아하는 사람에게는 무척이나 안타깝게도 지금은 입산이 금지되어 있다.

마애불을 지나 덕주사로 내려온다. 월악산 기슭에 덕주사를 짓고 남향의 13미터 바위에 마애불을 세운 덕주공주. 누이를 그리며 마애불을 마주보도록 하늘재 아래 북향으로 미륵불을 세웠다는 마의태자. 긴장했던 마음을 잠시 풀어놓는 사이, 그들의 천년 전설도 뉘엿뉘엿 서산으로 저물어간다.

월악산은 충주호가 있는 북쪽에서부터 백두대간이 지나는 남쪽으로 길게 능선이 이어진다. 이 능선을 중심으로 서쪽인 한수면 일대 송계계곡을 끼고 야영장과 집단시설지구가 밀집되어 있다. 또한 이 일대 덕주사와 미륵사지, 하늘재, 사자빈신사지 등의 문화유적과 송계8경을 관람할 수 있는 코스들이 몰려 있어 사람들이 많이 찾는다. 주능선 동쪽의 용하9곡은 교통이 불편하지만 한적하고 청정한 원시림을 자랑한다.

❶ 보덕암 들머리에서 월악2교를 지나 올라가면 석회암 동굴에 불상을 모신 보덕굴과 모감주나무 군락지를 지나 보덕암에 오를 수 있다.

❷ 단체 산행객의 경우 정상을 오르는 가장 짧은 코스인 동창교 매표소를 많이 이용한다.

❸ 신륵사에서 절골을 거쳐 오르는 길이 가장 편안하고, 월악산 영봉과 정상부 암릉의 색다른 모습을 감상할 수 있다. 그러나 신륵사 쪽은 교통이 불편하고 식당이나 숙박 시설이 거의 없다.

대중교통

동서울터미널에서 충주로 가는 버스가 06:40 08:40 10:40 12:40 14:40 15:40 16:40 17:40 18:40에 출발한다. 경기고속 월악산 행 버스를 이용할 수도 있다. www.cj100.net에서 충주 교통정보를 확인할 수 있다.

자가용

중부내륙고속도로 괴산 나들목에서 19번이나 3번 국도를 이용해 수안보(충주) 방향으로 진행한 다음 사과탑을 지나 수안보 휴게소 앞에서 좌회전한다. 이어 36번 국도 단양 방면으로 접어들어 월악나루 삼거리에서 한수읍 송계리 쪽으로 진입하면 된다. 영동고속도로 남제천 나들목에서 수산면과 덕산면 방향으로 찾아가면 청풍문화재단지를 거쳐 충주 쪽과는 다른 월악산의 산세를 감상할 수 있다.

숙박과 먹거리

송계계곡 주변에 국립공원사무소에서 관리하는 닷돈재야영장과 덕주야영장, 오토캠핑장이 있다. 야영장은 소나무 숲 속에 있고, 오토캠핑장은 해가림이 없는 길가에 있다. 야영장과 캠핑장을 이용하려면 반드시 사전 문의를 해야한다. 그밖에 덕주사 쪽에 있는 아란야 민박과 식당, 송계계곡 앞 월악펜션빌, 월악나루 선착장 인근 월악유스호스텔 등이 있고, 보덕암 들머리에 음식점이 많다.

더 알찬 여행 만들기

하늘재 역사 · 자연관찰로 하늘재 유래비에서 시작하여 하늘재를 향해 약 1.5km 구간을 돌아 내려오면서 역사와 자연생태를 공부할 수 있는 코스다. 자연관찰로에는 월악산의 역사와 주변 문화재에 대한 설명을 곳곳에 배치해 두었다. 월악산 특유의 동식물을 볼 수 있는 2km의 만수계곡 자연관찰로는 완만한 계곡을 따라 이어진 탐방로에 150여 종 20만 본 정도의 야생화가 철마다 피어난다. 또한 어류, 조류 등 다양한 동물들과 소나무, 참나무류 군락 및 덩굴식물 등도 관찰할 수 있다. 역사·자연해설 프로그램은 월악산국립공원사무소에서 직접 해설가를 파견해 운영하고 있다. 월요일부터 토요일까지 오전 10시에 자연해설, 오후 2시에 역사해설이 있다.

청풍문화재단지 청풍문화재단지는 충주댐 건설로 수몰위기에 놓인 각종 문화재들을 1983년부터 3년에 걸쳐 한곳에 모아 1985년 12월 개장하게 되었다.예부터 청풍명월의 고장이었던 제천은 남한강을 끼고 수운이 발달하고, 자연경관이 수려하여 문물이 번성했던 곳으로 고려 충숙왕 때는 군으로 승격되고 조선 현종 원년에는 도호부로 승격되어 많은 문화유산이 간직 된 곳이다.

하늘재가 시작되는 곳. 사진 양원.

충주 중앙탑공원 우리나라의 중앙에 있다고 해서 일명 중앙탑이라 불리는 탑이 있다. 중원 탑평리 칠층석탑이 그것인데, 이 탑이 있는 곳이 중앙탑공원이다. 공원 안에는 충주박물관과 세계술문화박물관이 있고 넓은 야외에 갖가지 조각작품이 전시되어 있다. 푸른 진디밭이 있는 호숫가를 거닐면서 조각작품들을 구경하는 맛이 좋다.

중원 탑평리 칠층석탑. 일명 중앙탑이라 불린다.

07 선운산

염불보다는 육자배기 가락이 어울리는 산

눈을 씻고 찾아봐도 선운산에 선운(禪雲)이라는 지명은 없다. 하나 있다면 선운사뿐이다. 선운산의 본래 이름은 도솔산(兜率山)이다. 그래서 일주문 현판에 걸린 글자는 '도솔산 선운사'다. 그런데 대동여지도에는 선운산이라고 표기되어 있고 지금도 누구나 선운산이라고 부른다. 그 이름이 도솔에서 선운으로 변한 까닭은 도솔보다 선운의 뜻이 깊거나 멋들어져서가 아니라 선운사가 처음 바탕부터 사람들의 삶 속에서 뒹굴며 자라왔기 때문이 아닐까. 그래서 선운산에는 '구름밥 먹고 무지개똥 싸는' 우아한 염불보다 흙투성이 촌로의 육자배기 가락이 더 어울린다.

가난해서 송곳 꽂을 땅이 없으나

선운사 경내를 조금 지나면 차밭이다. 조선시대 동백기름으로 곤궁한 절 살림을 해결할 요량으로 심은 선운사 동백나무처럼 이곳 차밭도 선운사에서 관리하는 절의 재원이다. 층층이 이어지는 차밭을 한눈에 내려다 볼 수 있는 곳, 차가 다닐 수 있는 길이 끝나는 곳에는 입적을 앞둔 노스님들이 기거하는 절이 있다. 여기, 사바세계에선 불법만으로 모든 것이 해결되지는 않기에 이런 절집에 사는 승려

▲▲ 사자바위. 사자의 등줄기를 타고 내려가면 유명한 선운사 암벽등반지인 투구바위로 이어진다. 갑오년 세상의 개벽을 꿈꾸던 사람들에게 희망을 준 도솔암 마애불을 바라보며 걸을 수 있다.
◀ 참당선원으로 가는 길의 차밭. 선운사 녹차는 장어와 복분자 술과 함께 '고창 삼미(三味)'로 불린다.
▲ 청룡산에서 쥐바위 가는 길. 등 뒤로 펼쳐진 마을이 해리면이다.

들의 노후를 행복하다 할 수 있다. 오늘 대부분의 승려들은 노후에 대한 불안감을 안고 있지만, 그렇다고 도시에 십자가가 넘쳐나는 것처럼 '송곳 꽂을 땅'을 차지하겠다고 산자락마다 너도나도 암자를 지을 수도 없는 노릇이니 말이다. 선운사 부도 밭 한가운데 있는 백파선사의 비문에는 "가난해서 송곳을 꽂을 땅은 없으나 그 기운은 수미산을 삼킬만하다"는 추사의 글귀가 있다. 모든 이들이 그렇게 아름답게 떠날 수 있다면 얼마나 좋으랴.

씨앗 하나하나에 우주가 담겨 있다

도솔산에서 개이빨산으로 가는 길에 참당선원으로 우회할 수 있는 길이 있고, 길목 갈림길에는 차밭이 숨어 있다. 구석구석 살림살이가 알찬 절이다. 차나무 가지 아래서 은행 알만한 갈색 열매를 줍는다. 차나무 씨앗이다. 아무런 사전 정보 없이 이 작은 알갱이 속에서 녹차의 맑은 기운을 상상할 수 있을까. 씨앗 없는 생명이란 존재하지 않는 것을 맛난 열매와 화려한 꽃에만 눈이 멀

높이 336m, 7시간 50분 ★★☆ ●○○

선운사	**선운사 → 도솔봉** 산을 오르기 전 선운사 일주문 지나 오른쪽 울창한 숲 속에 있는 부도전으로 들어가 추사 김정희가 쓴 백파선사 비문을 보기를 권한다. 추사의 글씨는 비석 뒤쪽에 있다. 숲에서 나오면 곧바로 선운사 경내로 들어간다. 선운사 경내와 부도밭 사이로 석상암까지는 널따란 흙길을 따라 걷는다. 석상암에서 잔돌무더기로 이어진 숲길을 거슬러 오르면 오래지 않아 마이재에서 숨을 고를 수 있다.
1시간	
도솔봉	**도솔봉 → 개이빨산** 도솔산에서 개이빨산까지 중간에 참당선원으로 우회할 수 있는 길이 있다. 소리재와 낙조대 사이에도 용문굴과 도솔암, 마애불에서 올라오는 사잇길들이 있으므로 굳이 능선을 따른 종주를 고집하지 않는다면 곳곳의 명소를 들러보는 것도 좋다.
1시간	
개이빨산	**개이빨산 → 낙조대** 개이빨산에서 소리재 가는 길에 대숲 터널을 지난다. 이어서 천상봉을 지나고 산등성이를 따라 더 가야 낙조대다.
50분	
낙조대	**낙조대 → 사자바위** 낙조대를 내려서서 안부를 지나면 다시 암릉이 시작되고 로프가 매여 있다. 낙조대에서 보면 급경사에 하얀 로프만 덩그러니 매달린 위험한 능선처럼 보이지만, 발디딜 곳에는 홈을 파서 미끄러지는 것을 방지하는 조치를 해두었다. 낙조대 지나 배맨바위 가는 길에는 철계단이 곧추 서 있다. 배맨바위, 쥐바위를 지나 사자바위가 나온다.
3시간	
사자바위	**사자바위 → 선운사** 사자바위의 등줄기를 타고 내려가면 유명한 선운사 암벽등반지인 투구바위로 이어진다. 투구바위를 지나 선운사 계곡을 따라 하산하는 길은 호젓한 산길이다.
2시간	
선운사	

어 종종 그 근원을 잊고 산다. 씨앗 하나하나가 모두 저마다의 작은 우주를 담고 있는데도 말이다.

해넘이가 아름다운 낙조대

개이빨산의 정상은 이름과 달리 봉수대가 있던 돌무더기 흔적이 남아 있는 밋밋한 평지다. 멀리서 개이빨 모양처럼 보이던 날카로운 바위 봉우리는 정상 아래쪽 벽에 송곳니처럼 박혀 있다. 정상에 서면 소리재 지나 천상봉에서 낙조대로 가는 산등성이에서부터 도솔계곡을 감싸고 있는 선운산의 산줄기들이 한눈에 내려다보인다. 해넘이가 아름답기로 유명한 낙조대는 드라마 〈대장금〉의 최상궁 자살 장소라는 푯말을 달고 사람들을 기다린다. 삶의 애환이 묻어나는 오랜 이야기보다 반짝 유명세를 탄 스타의 흔적이 더 도드라지는 곳이 늘어난다. 소소리바람 속이라도 옷깃을 여미고 해가 떨어질 때까지 이곳에 고즈넉이 앉아 기다리고 싶은 마음을, 더는 갖기 어려운 게 아닐까 괜한 걱정이다.

일하는 부처가 배웅하는 하산길

사자바위 정수리에 오르고 나면 이제 하산길로 접어든다. 사자바위에서는 도솔암 위쪽에 있는 마애불이 새겨진 절벽이

◀ 거친 손가락 못생긴 얼굴의 도솔암 마애불은 영락없는 '일하는 부처'의 모습이다. 그리고 그 시대를 살았던 사람들의 자화상이기도 하다.

▶ 배맨바위. 무장읍지에는 이 바위에 배를 맨 흔적이 있다고 전한다. 옛날에는 이곳 산마루까지 바다가 밀려들어왔다고 한다.

곧장 마주보인다. 그런데 이렇게 야위고 못 생긴 부처를 본 적이 있나. 어떤 이들은 그것이 척박한 땅에 자비행을 베풀었던 검단선사의 초상이라고 말한다. 하지만 유독 손바닥이 굵직한 이 미륵은 분명 일하는 부처의 모습이다. 필경 그 해에는 흉년이 들었을 것이다. 그래서 마애불을 새기던 비쩍 마른 민초의 눈에는 살찐 부처가 보이지 않았으리라. 56억 7천만 년 후에 세상에 나와 중생을 구한다는 미륵은 배고픈 사람들에게 막연한 희망처럼 그곳에 새겨졌을 것이다. 미륵이 세상에 오는 날이 언제인지는 알 길이 없으나 도솔암의 못 생긴 천년 마애불은 늘 염화미소로 세인을 배웅한다.

선운산은 높지 않지만 아기자기한 암릉과 울창한 수림과 계곡이 있어 부담 없는 산행을 즐길 수 있다. 선운산 주변에는 경수산(444m)이 솟아 있지만 주봉인 도솔산(336m)과 개이빨산(345m), 청룡산(314m), 비학산(307m) 등 300m를 조금 넘는 산들이 모여 있다. 경수산에서 시작해서 삼인자연학습원으로 내려오는 U자형 능선종주는 산과 봉우리만 15개 정도는 되는 산맥을 형성하고 있다. 중간에 내려올 수 있는 길이 많으므로 상황에 따라 코스를 정하면 된다. 산길이 단순하고 표지시설이 잘 되어있어 길을 잃을 염려는 없지만 바위산인 만큼 중간에 암릉 구간이 있어 주의해야 한다. 암릉 구간에는 고정 로프 등 안전시설이 되어있다.

❶ 도솔암마애불을 가까이에서 보려면 천상봉에서 도솔계곡으로 내려가야 한다.

❷ 청룡산과 국기봉까지 종주가 부담스럽다면 중간에 참당계곡 길로 접어들어 하산할 수 있다.

❸ 사자바위는 굵은 로프가 설치되어 있는 가파른 바윗길이다. 해빙기 바위가 젖어 있을 경우 미끄러우므로 주의해야 한다.

대중교통

서울 센트럴시티터미널에서 고창까지 간다. 고창 행 버스는 07:00부터 19:00까지 약 1시간 간격으로 있고, 3시간 40분이 걸린다. 고창터미널에서는 선운사 행 시내버스를 갈아타야 한다. 시내버스는 06:20부터 20:15까지 30~40분 간격으로 운행된다. 집단시설지구가 있는 선운사 앞에서는 각 방면으로 가는 버스가 수시로 있다. 고창 행 버스는 07:00부터 20:50까지 22회 운행한다.

자가용

서해안고속도로 선운사 나들목으로 빠져나오면 된다. 호남고속도로를 이용할 경우 정읍 나들목으로 나와 22번 국도를 따르면 흥덕면을 지나 선운산 도립공원으로 진입할 수 있다.

숙박과 먹거리

선운산 집단시설지구에 음식점과 숙박시설이 많다. 선운산관광호텔과 선운산유스호스텔이나 동백호텔(아침식사 가능)을 이용할 수도 있다. 민박은 다정민박, 선운사의 추억 등 10여 개가 집단시설지구 내에 있다. 유스호스텔 맞은편 야영장에서 야영도 가능하다. 선운산 야영장은 캠프사이트와 수도, 화장실 등의 시설이 되어있고 무료로 이용할 수 있다.

선운사 전북 고창, 선운산 북쪽 기슭에 자리한 선운사(禪雲寺)는 조계종 제24교구 본사로 조선 후기 조사선의 본연사상을 임제삼구에 입각하여 해결해 보려고 시도한 불교학자 긍선이 처음 입산수도한 절이다.
선운사는 주변의 동백나무숲으로도 유명하다. 5천여 평에 이르는 선운사 동백숲은 수령이 약 500년으로 천연기념물 184호이다. 매년 3~4월이면 붉고 탐스러운 동백꽃을 보기 위해 많은 사람들이 선운사를 찾고 있다. 이곳 선운사 인근에는 동백꽃 못지않게 아름다운 꽃이 있는데, 바로 상사화다. 상사화는 석산 또는 꽃무릇이라 불리기도 하는 수선화과의 꽃으로 그 붉기가 동백꽃에 뒤지지 않는다.

고창 고인돌군 1994년 9월 27일 사적 제391호로 지정된 고창 고인돌군은 고창읍 죽림리와 아산면 상갑리 일대의 매산(梅山)마을을 중심으로 동서에 걸쳐 표고 15~50m 내에서 군락을 이룬다. B.C.400~B.C.100년경(청동기시대 말~초기철기시대)까지 이 지역을 지배한 청동기시대 족장의 가족묘역이다. 1984년 전북대를 비롯해 1990년 원광대가 조사한 바로는 약 85개소 이상에서 2,000기 이상의 고인돌이 분포하고 있는 것으로 알려졌다. 고인돌이 이처럼 한 군데에 밀집된 지역은 전 세계에서도 찾아볼 수 없다고 한다.

삼인리의 장사송 1988년 4월 30일 천연기념물 제354호로 지정되었으며 선운사에서 소유, 고창군에서 관리하고 있다. 수령 600년으로 추정되는 노거수로 나무높이 23m, 가슴높이 줄기둘레 2.95m, 가지퍼짐은 동서쪽 16.8m, 남북쪽 16.7m다. 지상 2.2m 높이에서 줄기가 크게 2갈래로 갈라지고 그 위에서 다시 8갈래로 갈라진다. 이 8개의 가지는 한국의 8도를 가리킨다고 한다. 주민들이 장사송으로 이름 짓고 나무에 얽힌 전설을 비석에 새겨놓았다.

선운사 동백숲 앞.

청동기 시대 족장의 가족묘역, 고창 고인돌군.

08 **비슬산**

차가운 돌 위에 핀 뜨거운 꽃

비슬산은 대구의 남쪽을 에두른 천연 성벽으로 북쪽 팔공산 줄기와 마주보면서 대구분지를 만들었다. 금호강을 사이에 두고 남북으로 갈라져 세를 불린 팔공산과 비슬산은 대구 사람들의 자랑이자 든든한 울타리다.

이렇게 믿음직한 모습으로 대구를 지키는 비슬산은 참꽃의 산이기도 하다. 산이 있는 달성군에서는 참꽃축제라는 이름으로 사람들을 불러 모은 지 10년이 넘는다. 꽃에 취한 사람들 가슴엔 불길이 당겨지기도 쉬워서 무르익은 봄날 비슬산을 오르려면 마음 단도리부터 해야 한다. 수만 년을 견뎌온 진중한 세월의 무게 앞에 서면 꽃이 피고 지는 것은 한 순간이고, 우리의 봄은 그렇게 길지도 않음을 실감하게 된다.

팔공산과 마주보며 낙동강을 기른다

비슬산 산줄기는 정상인 대견봉 북쪽으로 청룡산을 지나 대구 앞산까지 남북으로 길게 이어져 있는데, 그 뿌리를 찾으려면 멀리 헐티재를 지나 계속 뻗어 올라가야한다. 비슬산이 뻗어온 산줄기는 낙동정맥 위의 사룡산과 만난다. 낙동정맥의 자식들이 모두 낙동강의 젖줄을 불리는 한 형제들인 것처럼 비슬산도 낙동강을 기른 수많은 어머니들 가운데 하나다. 비슬산의 젖무덤에서 동북쪽으로 뻗어 내려간 유선(乳腺)은 오산천, 용계천, 신천을 거쳐 금호강까지 에돌아 낙동강과 만나고, 서쪽 비탈의 젖줄은 곧바로 강물에 가닿는다. 그래서 비슬산 산마루에 오르면 발아래 해가 떨어지는 쪽으로 낙동강 물굽이가 손에 잡힐 듯 가깝다.

돌밭 위로 운무가 흐르는 장관

대견봉에서 조화봉까지 동쪽 산마루가 펑퍼짐한 진달래 꽃밭을 이루는 것과 달리 산의 서쪽은 깎아지른 절벽이다. 그 벼랑 아래는 구석구석 거대한 돌무더기들이 멀리 낙동강을 향해 흘러내려가는 모양으로 산비탈에 박혀있다. 마

◀ 2003년 천연기념물로 지정된 비슬산 암괴류에서 올려다본 대견사지 석탑. 암괴류는 중생대 백악기의 화강암 거석들로 자연휴양림에서 대견사지까지 길이 2km, 최대 너비 80m에 이른다.

높이 1084m, 4시간 50분 ★☆☆ ●●○

유가사 | **유가사 → 도통바위**
유가사 주차장 앞 일주문을 지나 시멘트 포장길을 따라 50m쯤 가면 수도암이 있고 여기서 도성암 가는 길 중간에 도로 왼쪽으로 비슬산 정상가는 길 표지판이 나온다. 도성암에서 바로 도통바위 위쪽으로 오르는 길은 절에서 막아 놓았다. 따라서 표지판을 따라 가파른 길을 올라야 한다.

40분

도통바위 | **도통바위 → 대견봉**
도통바위 위쪽 안부에 오르면 시야가 트인다. 산등성이에서부터 서서히 진달래 꽃밭이 모습을 드러낸다. 정상으로 오르는 주 능선의 갈림길에선 앞산까지 7시간이란 표지판이 눈에 띈다. 대견봉까지는 지척이다.

1시간

대견봉 | **대견봉 → 대견사지**
대견봉에서 조화봉까지는 완만한 능선을 따라 진달래와 억새 군락이 이어진다. 조화봉 아래 대견사 터는 자리가 넓고 조망이 뛰어나 많은 사람들이 쉬어가는 곳이다. 산길은 천연기념물인 암괴류 옆으로 이어지는데 군데군데 나뭇가지 사이로 시야가 트이는 곳으로 들어가면 거대한 돌무더기들을 올려다 볼 수 있다. 돌무더기들이 하늘과 맞닿는 곳에 대견사 석탑이 보인다.

1시간 30분

대견사지 | **대견사지 → 비슬산자연휴양림**
비슬산 암괴류 옆으로 난 산길을 따라 비슬산자연휴양림까지 하산할 수 있다. 대견사 터에서 용봉동 석불 입상을 거쳐 휴양림의 임도로 내려가는 길도 있다.

1시간 40분

비슬산자연휴양림

지막 빙하기에 서서히 흐르던 돌들이 멈춰 선 것이라는데 길게는 2킬로미터 이상 이어져 있어 보는 사람을 압도한다. 청도에서 구름이 산을 넘어오면 이 거대한 돌밭 위로 운무가 폭포처럼 흘러내려가는 모습 또한 장관이다. 한나절만에 오를 수 있는 산이 이렇게 깊은 멋을 낸다.

세상을 통 크게 바라보는 대견사 터

따사롭게 해가 드는 남쪽 비탈을 내려가 높은 바위 벼랑 끝에 아슬아슬하게 서 있는 대견사 삼층석탑 앞에 서면 하늘이 말갛게 열린다. 맑은 저녁하늘. 산에서는 양지바른 폐사지만한 좋은 쉼터가 따로 없다. 대견사 너른 터 역시 도시락을 풀고 정담을 나누는 등산객들로 북적이게 마련이다. 대견사 터는 임도가 뚫려 있으면서도 막걸리 같은 것을 파는 노점들이 보이지 않아 한적하다.

높은 벼랑 위에 탑을 세워놓은 것은 설악산 봉정암의 석가사리탑이나 경주 남산의 용장사터 삼층석탑 등도 마찬가지지만 이곳의 정취는 특별하다. 발아래 낙동강 물굽이가 멀지 않고 대견봉 아래 낭떠러지인 병품듬과 조화봉 주변 만물상 같은 바위 군상들이 호위하는 모습 또한 일품이다. 그리고 무엇보다 산비탈이 쏟아질 듯 흘러내린 거대한 테일러스(崖錐) 지형은

비슬산 조화봉 아래 있는 대견사 터. 참꽃을 찾아 비슬산을 오르는 사람들이 휴양림에서부터 원점회귀 코스로 가장 많이 찾는 곳이다.

규모 면에서 흔치 않은 풍경을 보여주고 있다. 이런 곳에 서면 마음을 열고 세상을 '크게 볼' 수밖에 없겠다는 생각이 절로 든다.

자연의 탑과 인간의 탑

산길은 천연기념물인 암괴류 옆으로 이어지는데 군데군데 나뭇가지 사이로 시야가 트이는 곳으로 들어가면 거대한 돌무더기들을 올려다 볼 수 있다. 돌무더기들이 하늘과 맞닿는 곳에 대견사 석탑이 보인다. 자연은 낮은 데로 낮은 데로 몸을 낮추어 무너져 내리고, 인간은 자꾸 높고 먼 곳으로 탑을 쌓아 올린다. 옛날 저 벼랑에 탑을 세운 사람들의 뜻은 무엇이었을까. 낮은 데로 무너져 내리는 인간의 의지를 높고 선한 곳으로 끌어 올리고 싶은 마음이었을까. 깊은 산 속에 숨어 살며 스스로 높아지려던 사람들은 모두 전설이 되었다. 우리는 어차피 낮은 데로 돌아가 배낭을 풀어야 할 사람들이다.

비슬산 들머리는 크게 동서로 나뉘는데 대구시와 접한 산의 서쪽이 대중교통 이용이 편리해 많은 사람들이 찾는다. 외지에서 비슬산을 찾는 사람들은 달성군 옥포면의 용연사와 유가면의 유가사, 비슬산자연휴양림 등을 통해 산을 오른다. 달성군에서는 참꽃 축제와 함께 다양한 행사를 여는데, 이때 비슬산자연휴양림을 기점으로 대견사지까지 올라갔다 되돌아오는 원점회귀 산행을 하는 사람들이 많아 이 부근이 혼잡하다. 휴양림의 버스정류장에서 도로 왼쪽 아래편에 있는 비슬산자연휴양림 대형 주차장은 무료다. 단 휴양림 입구에 있는 주차장은 상가에서 운영하는 사설주차장이어서 요금을 받는다.

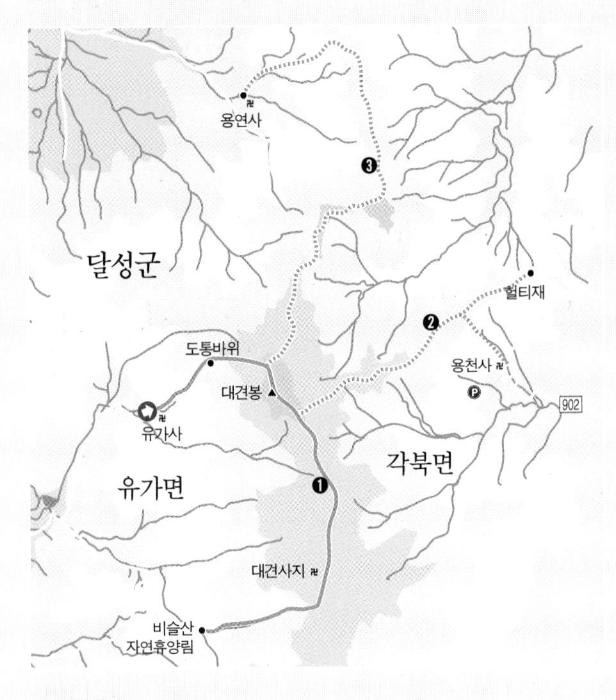

❶ 정상부의 주 능선 상에는 그늘이 없기 때문에 여름철 산행은 힘이 든다. 가을에는 활엽수들의 단풍과 억새군락이 아름답다.

❷ 대구와 경상북도 청도군을 나누는 기점인 헐티재와 용천사 등에서 비슬산 주 능선으로 올라갈 수도 있다.

❸ 용연사 입구의 벚꽃 길을 따라 산으로 들어와 북쪽에서 남쪽으로 길게 산행을 한다면 저물녘 대견사지에서 낙동강의 낙조를 감상할 수도 있다.

대중교통

시내버스는 달성군 현풍 읍내에서 출발한다. 대구 시내버스정류장에서 현풍 행 버스 600번을 이용한다. 단 600번 버스는 주말에만 유가사로 운행한다.
현풍으로 직접 가는 버스는 동서울터미널에서 09:00 13:00 15:00에 있고, 3시간 30분 걸린다. 부산에서는 서부시외버스터미널에서 1일 15회 운행한다. 대구 시티투어 버스를 이용하는 방법도 있다.

자가용

대구에서 현풍 방면 5번 국도 혹은 구마고속도로를 이용해 현풍 나들목에서 유가면소재지로 들어와 유가사나 비슬산자연휴양림 등으로 갈 수 있다.

숙박과 먹거리

숙박시설과 식당은 휴양림 입구에 가장 많다. 산의 동쪽 헐티재 주변은 비슬골먹거리촌이 형성돼 있고 펜션이나 찜질방 시설이 많다. 그밖에 휴양림 입구의 보리밥집 목산촌가든, 유가사 입구의 참나무숯불바베큐 와우산성 등이 있다.

남평 문씨 세거지 인흥마을 문익점의 후손들이 대구로 와서 비슬산 서쪽 고려 인흥사 터에 자리를 잡고 정전법(井田法) 구도로 마을을 이루어 산 곳이다. 지금도 200년 이상 된 전통 가옥에서 후손들이 생활하고 있다. 어른 키를 넘는 토담길을 따라 마을 입구 문중 자제들을 공부시키던 광거당과 수봉정사 그리고 2만여 권의 장서를 보관하고 있는 문중문고인 인수문고 등을 둘러 볼 수 있다. 구석구석 세심한 곳까지 한껏 멋을 부린 전통 목조건축의 아름다움을 만끽할 수 있다. 광거당에서는 추사가 쓴 편액과 함께 당대 교류하던 문사들의 편액들을 두루 감상 할 수 있다. 주변에 인흥서원이 있고, 세거지 주위를 울타리처럼 두르고 있는 천연보호림인 소나무 숲도 아름답다.

도동서원 조선의 오현(伍賢)의 하나로 손꼽히는 유학자 한훤당 김굉필의 학문을 추모하는 서원으로, 원래 비슬산 기슭 쌍계리에 있던 서원이, 임진왜란 이후 낙동강이 내려다보이는 현재 도동리로 옮겨왔다. 특히 서원 앞에 400년 이상 된 웅장한 은행나무 노거수와 토담으로는 전국에서 최초로 보물로 지정된 담, 마치 돌로 만든 조각보처럼 다양한 크기의 돌이 맞물려져 날씨에 따라 색깔이 변하는 중정당의 기단이 아름답다. 또한 의도적으로 작게 만들어 옷깃을 여미고 건물 안으로 들어오게 만든 '내 마음의 주인이 되라'는 뜻의 환주문과 수월루에서 바라보는 낙동강의 물굽이 또한 아름답다. 구마고속도로 현풍나들목에서 오른쪽으로 난 1093번 도로를 따라 구지 쪽으로 가다 18번 도로를 따라가면 만난다.

용천사 비슬산 동쪽 헐티재 아래 있는 절로 원래 신라 의상이 옥천사로 세운 절이 고려 때 일연에 의해 불일사로 이름이 바뀌었다가 용천사가 되었다. 끊임없이 솟아오르는 석간수 때문에 용천이란 이름이 붙은 곳으로 절 앞마당에 있는 샘물이 달다. 대웅전 앞 배롱나무 꽃이 필 무렵이면 절의 정취가 더욱 아름답다.

문익점의 후손들이 모여 인흥마을을 만들었다.

용천사에 배롱나무 꽃이 피면 더 아름답다.

09 대야산

세속에 흔들리지 않는 풍류의 산

예부터 선유동(仙遊洞)하면 풍류의 공간이 아니었을까. 전각 전시장마냥 이름난 계곡마다 바위마다 이런저런 글씨들의 흔적이 굽이굽이 남아 있는 것만 보아도 그렇다. 이 나라에 선유동이란 이름 붙은 곳이 하나 둘이 아니지만, 산 하나에 선유동계곡을 안팎으로 품은 산은 대야산뿐이다. 김정호의 대동여지도는 대야산 동서로 양쪽 산자락 밑에 내 · 외선유동을 구분해 적어 놓았다. 백두대간 동쪽 경북 문경시 가은읍 완장리의 선유동은 내선유동, 서쪽 충북 괴산군 청천면은 외선유동이다. 대야산 안팎의 물줄기는 똑같이 선유동이란 이름의 계곡을 따라 신선의 마을에서 사람의 마을로 흘러내려간다.

두 마리 용을 낳은 용추폭포

하트 모양 용추폭포가 여성의 생식기를 닮았다고 하면 모두가 혹 해서 폭포를 다시 한 번 들여다본다고 한다. 흔한 말 중에 음기가 세면 잠자리가 편하지 못하거나 수련에 방해가 된다는 말이 있는데, 다분히 여성 비하적인 발언으로 들린다. 음과 양은 어느 한 쪽이 우월한 개념이 아니라, 생명을 만드는 두 가지 다른 기운 일 뿐, 자연계에서 서로가 없어서는 안 될 필요충분조건이다. 용추폭포는 물줄기가 쏟아지는 매끄러운 암반 위로 두 마리의 용이 승천할 때 용트림 한 것이라 불리는 흔적이 뚜렷하다. 용추폭포는 용을 두 마리나 낳은 어머니의 자궁답게 신성한 곳이어서 예부터 가뭄이 들면, 이곳에 '돼지 피를 뿌리며 기우제를 지내면, 제관들이 산을 다 내려가기 전에 비가 쏟아져 그 피를 말끔히 씻어냈다'고 한다. 그래서일까. 지금도 이곳은 일년 내내 수량이 넉넉하기로 유명하다.

용추폭포를 지나 다래골과 피아골이 만나는 곳의 월영대는 술상바위라 불리는 평평한 반석까지 옆에 끼고 있어, 보름달이 뜰 때 다시 한 번 찾고 싶은 곳이다. 서둘러 높이 오르기 보다는 신발 끈을 풀고 풍류의 속도대로 산을 즐기라고 자꾸 발목을 붙잡는 곳이다. 그래서 실제로 산 아래 용추계곡은 알아도

◀ 문경 선유동의 명물인 용추폭포. 밑에서 올려다보면 하트 모양이다. 드라마 〈태조 왕건〉에서 왕건이 도선국사에게 비기를 전달받던 곳으로 나왔다.

높이 930.7m, 4시간 40분 ★☆☆

벌바위

벌바위 → 용추폭포

벌바위 마을 끄트머리, 산으로부터는 첫 번째 집인 '청주가든' 앞마당에서부터 출발이다. 입담 좋은 이 집 주인이 용추폭포까지 동행하며 구석구석 숨은 이야기들을 들려주길 즐긴다고 하니, 사교성 좋은 사람은 용기 내어볼만 하다.

20분

용추폭포

용추폭포 → 밀재

용추폭포를 지나 다래골과 피아골이 만나는 곳에 월영대가 있다. 다래골 쪽으로 계곡을 건너 키 큰 조릿대 터널을 따라 계속 나아간다. 밀재에 다다르기 직전 사기막골이라 불리던 곳에는 조금만 관심을 가지고 살펴보면 수풀 사이로 도자기 파편들을 찾을 수 있다.

1시간 20분

밀재

밀재 → 대야산 정상

이제부터 백두대간 종주자들이 가장 어렵다고 말하는 대야산 구간이 본격적으로 시작된다. 길이 가팔라진다. 곧이어 본격적인 암릉이 시작되고 사방이 툭 트인다. 기묘하게 생긴 바위들을 볼 수 있고, 집채만 한 바위를 끌어안고 좁은 바위 턱을 건너야 하는 아찔한 구간이 나오기도 한다.

1시간

대야산 정상

대야산 정상 → 벌바위

대야산 정상에서 촛대봉으로 해서 대야산 구간에서 가장 어렵다는 바윗길로 하산하는 길을 택할 수도 있겠지만 전문가가 아닌 이상, 피아골로 발길을 돌리는 것이 좋다. 피아골로 내려오는 길도 만만치 않아서 밀재로 오르던 다래골보다는 가파르다. 험한 바윗길마다 로프가 매어 있지만 방심하면 미끄러질 수 있으니 조심하자. 천천히 벌바위 마을까지 내려온다.

2시간

벌바위

대야산 높은 산마루의 풍경을 제대로 아는사람은 많지 않다. 계곡을 건너 키 큰 조릿대 터널을 따라 고도를 높이면 우거진 조릿대를 통과한 물소리가 잠잠해진다. 이제는 귀를 씻고 산을 오르는 일에 집중해야할 때다.

신선은 계곡에서만 놀지 않았다

밀재에 다다르면 바람이 맵다. 바람이 밀고 올라와서 밀재가 아닐까 싶을 정도다. 백두대간 길의 쉼터답게 종주자들의 표지기 또한 어지럽다. 이제부터 백두대간 종주자들이 가장 어렵다고 말하는 대야산 구간이 본격적으로 시작된다. 길이 가팔라진다. 하지만 길이 제 아무리 힘들다 해도 눈이 즐거우면 고생은 반감되는 법. 본격적인 암릉이 시작되면 사방이 툭 트이고 기운이 생긴다. 거북바위, 코끼리바위, 대문바위 등 기묘한 바위들도 반긴다. 안팎의 선유동계곡만 알고, 대야산의 높은 산마루에 올라타 보지 않은 사람은 진짜 신선이 놀던 경치를 보았다 할 수 없을 것이다.

겨울을 품고 있는 산

북상하던 대간 길이 대야산 정상부터 동쪽 촛대봉 쪽으로 머리를 돌리고 있다. 반대편 괴산 쪽으로는 대야산과 어깨를 나

백두대간 대야산 구간이 시작되는 밀재에 산꾼들이 매어 놓은 표지기들이 바람에 흩날린다.

란히 한 중대봉(846m)이 우뚝 서 있다. 대야산 정상을 상대봉이라 부른 것에 견주어 붙인 이름이다. 중대봉에 올라야 이웃한 대야산의 모습이 제대로 보인다. 피아골로 내려가는 길은 밀재로 오르던 다래골보다는 가파르다. 험한 바윗길마다 로프가 매어 있지만 바위가 비에 젖으면 조금만 방심해도 미끄러지고 만다. 하산 길, 끝까지 긴장을 늦추어서는 안 된다.

때가 초봄이라면 하산로 중간에서 아직까지 얼음과 눈이 남아 있는 폭포를 볼 수 있다. 건폭인데도 지난겨울 마지막으로 내린 눈발이 녹지 않고 그대로 얼어붙은 것이다. 세상은 제아무리 봄기운에 흐드러져도 골 깊은 곳에 오래도록 겨울을 품고 있는 산, 그곳에선 풍파에 쉽사리 흔들리지 않는 매운 기운이 느껴진다. 산을 통해 인생을 담금질한 사람들 역시 그런 강인함이 있다. 피아골에 도착할 때쯤이면 햇살이 계곡물 위에서 한가롭게 재잘거린다. 이 물줄기를 거슬러 올라가면 얼어붙은 폭포가 있다는 사실이 믿어지지 않는다. 하지만 봄이 와도 누구에게나 가슴 한구석에 겨울은 남아 있는 법이다.

대야산은 속리산국립공원 구역 안에 있으며 백두대간이 통과하는 산으로 북쪽 희양산과 남쪽 조항산 사이에 있다. 사계절 모두 다양한 경치를 즐길 수 있는 산이나 여름철 산 아래쪽 계곡을 찾는 관광객들이 특히 많다. 사계절 수량이 풍부하기 때문에 봄부터 초여름까지 신록과 꽃이 어우러진 계곡과 암릉을 즐기는 산행이 호젓하고 좋다. 봄철 산불경방기간에는 산행이 통제되므로 사전에 확인하고 떠난다. 그러나 비온 다음 날 같은 경우는 유동적으로 산을 개방한다.

❶ 벌바위 마을을 통해 오르는 코스가 가장 일반적이다. 암릉 구간에 위험한 곳은 로프가 매여 있지만 겨울철에는 미끄럽기 때문에 각별한 주의를 요한다.

❷ 버리미기재에서 곰넘이봉~촛대봉~정상으로 오를 수도 있다.

대중교통

동서울터미널에서 점촌 행 버스가 30분 간격으로 운행하며 2시간 걸린다.
대전 동부시외버스터미널에서 문경(점촌) 행은 1일 13회 운행한다. 점촌에서 벌바위마을까지 가는 버스는 1일 3회(08:20 09:00 17:00)운행한다. 가은까지는 1일 2회 운행하는데, 가은에서 벌바위까지는 택시로 가야한다(요금 10000원 정도).

자가용

중부내륙고속도로를 통해 문경새재 나들목에서 가은읍 벌바위 마을 용추계곡 주차장으로 들어온다. 문경새재 나들목에서부터 30~40분 정도 걸린다. 3번 국도를 이용해 상주까지 와서 점촌을 거쳐 가은읍 용추계곡으로 갈 수도 있다. 괴산의 쌍곡계곡을 거쳐 버리미기재를 넘는 922번 지방도를 통해서도 벌바위 마을까지 갈 수 있다.

숙박과 먹거리

용추계곡에서 30분 거리의 문경 읍내를 이용하면 문경 온천과 함께 새로 지은 숙박시설들이 많아 편리하다. 또한 송면에서 화양동 방면으로 8km 정도 떨어진 곳에 화양유스호스텔 등이 있다. 문경 벌바위 용추 주차장 쪽에 대야산청주가든, 대야산장, 돌마당식당, 용추골식당 등이 있다.

운강 이강년 선생 기념관 가은읍 완장리 용추계곡 들어가는 길 오른편에 있는 곳으로, 구한말 의병대장 운강 이강년선생을 기념하는 자료들을 무료로 관람할 수 있다. 기념관 가까이 선생의 생가도 복원돼 있다. 이강년이 태어날 때 대야산과 이웃한 둔덕산이 아기가 태어나기 3일 전부터 '웅 웅' 소리를 내며 울었다는 전설이 있다. 이강년은 1896년 을미의병과 1907~1908년 정미의병 전쟁에서 활약하다, 제천 청풍 작성 전투에서 사로잡혀 서대문형무소에서 순국했다.

학천정 문경 선유동 계곡의 입구인 학천정은 조선 숙종 때 성리학자 이재를 기리기 위해 후학들이 1906년에 세운 정자다. 현재는 새로 단장을 해서 고풍스런 맛은 사라졌지만, 학천정 앞 넓은 반석 위에 새겨진 이완용의 글씨라 전해지는 '학천', 정자 맞은 편 바위에 최치원의 친필로 전해지는 선유동, 정자 뒤편의 절벽에 새겨진 산고수장(山高水長)이란 석각 글씨 등을 감상할 수 있다. 학천정 아래 하류 쪽으로 이 고장 출신 '우'자 호를 가진 일곱 사람이 뜻을 모아 세운 칠우정이란 정자가 있는데 최근에 복원한 것이다. 학천정 위쪽에 주차장이 있고, 여름 한철 쓰레기수거 명목으로 입장료를 받는다.

문경 석탄박물관과 연개소문 세트장 1994년 문을 닫은 은성광업소 자리에 세워진 문경 석탄박물관은 실제 채탄작업에 사용했던 갱도를 전시실로 활용하고 있어 광산 내의 환경을 실감나게 보고 느낄 수 있다. 전시실에는 여러 가지 석탄관련 자료가 전시되어 있고 광부들의 모습도 재현해 놓았다. 박물관 바로 옆에는 이전에 광산에서 캐낸 흙들을 쌓아 둔 곳이 산을 이루었는데, 그 위에 〈연개소문〉 드라마 세트장이 들어섰다. 세트장을 지나면 온달동굴까지도 갈 수 있다. 온달 장군이 이곳에서 수양을 했다는 전설이 있는 동굴인데, 내부를 관람할 때는 입구에서부터 안전모를 쓰고 들어가야 한다.

운강 이강년 선생 기념관 내부 모습.

문경 석탄박물관은 실제 갱도를 전시실로 이용한다.

10 천성산

성지를 지나 천성의 입구로

계절의 절정을 자랑하는 봄, 지천으로 피어나는 봄꽃들에 하늘과 바람과 별은 더 이상 서늘하지 않다. 이 봄, 천성산은 그윽한 향기로 가득하다. 천성산은 옛날부터 계곡의 경관이 빼어나기로 유명해 소금강산이라고도 불렸다. 또한 골이 깊고 그윽하여 수도하기에 좋은 곳이라 고찰들이 많다. 우리가 많이 알고 있는 신라시대의 원효 스님이 다른 스님 천 명의 생명을 구하고 이곳에서 그 천 명을 모두 성불시켰다고 해서 천성산이라고 불린다. 봄날, 천성산에는 싱그러운 춘풍이 온 산을 쓰다듬고 있다.

성지를 지나 천성의 입구로 들어가다

내원사는 천성산 이름 유래와 밀접한 관련이 있는 원효대사가 창건한 절로 알려져 있다. 한국전쟁 때 불탄 것을 1958년 수옥스님이 재건하여 현재는 70여 명의 비구니가 수도하는 명찰이다. 속세를 버리고 불도에 입문한 비구니들이 있는 내원사 경내를 지날 때면, 발걸음이 사뭇 조심스러워진다. 수도하는 자들에게 방해가 될까 싶어서다. 이런 조심성은 하늘의 성품을 지닌 산을 오르는 데 마음이 흐트러지지 않게 다잡아 주는 데도 충분한 구실을 한다.

▲ 원효대사가 중생들을 가르쳤다는 화엄벌의 전경. 억새가 끝없이 펼쳐져 있다.
◀◀원효대사가 창건한 내원사에는 현재 70여 명의 비구니가 수도에 정진하고 있다.
◀ 정상 너머 산죽길은 푸른 빛으로 잠시 눈길을 쉬게 해준다.

불산(佛山)의 성스러움

〈신증동국여지승람〉에 의하면 천성산은 옛날부터 계곡의 경관이 빼어나기로 유명했다고 한다. 아름다운 경관 속에서 일찍이 원효대사가 불도에 정진하며 중생을 제도한 곳이 바로 천성산이다. 〈송고승전〉의 '내원사유래'에 따른 천성산의 유래는 원효대사의 척반구중(擲盤求衆 · 밥상을 던져 많은 사람을 구함) 설화와 관계가 있다.

원효대사가 대운산 척판암에 머물고 있을 때 당나라의 담운사(또는 태화사) 스님들이 집이 무너져 내리려는 것도 모르고 공양에 열중이자 대사가 밥상을 던져 위기를 알렸다. 밥상 날아오는 소리에 놀란 천여 명의 스님들이 무슨 일인지 알아보기 위해 밖으로 나온 덕분에 쓰러져 가는 집에서 목숨을 구했다는 것이다. 이후 목숨을 건진 천 명의 승려들이 자신들의 목숨을 구한 이가 원효대사임을 알고 찾아와 가르침을 요청했고, 원효대사는 이들을 데리고 천성산으로 들어가 그들을 모두 성불시켜 성인으로 만들었다고 한다. 그래서 천 명의 승려가 성불을 했다는 뜻으로 천성산이라 불리게 된 것이다.

수도승의 마음처럼 정진을 요하는 산

따뜻한 햇살에 지쳐 이마에 땀이 맺히기 시작할 무렵부터 갑작스레 길이 가팔라진다. 힘들고 시간 걸리는 공룡능선 쪽 보다는 그 능선의 절경을 감상하며, 힘든 길을 피해 산을 탈 요령으로 오른 길인데, 잔머리를 굴린 보람이 없다. 그저 먼 옛날 원효대사의 가르침을 얻으려 이 산길을 올라갔을 불자들의 심정으로 꾹꾹 눌러 참으며 한 발자국씩 걸음을 뗀다.

높이 920.7m, 6시간 10분 ★★☆ ●○○

천성산 매표소

천성산 매표소 → 내원사
매표소에서 내원사를 향해 천천히 올라간다. 내원사 입구에서 내원사까지는 금방이기에 내원사를 구경하며 걷다보면 어느새 천성산으로 오르는 길이 나온다.

40분

내원사

내원사 → 천성산 제2봉
내원사를 지난 초반 산길은 그리 가파르지 않다. 내원사 계곡길을 계속 걷다보면 갑작스럽게 길이 가팔라진다. 하지만 공룡능선의 절경을 바라보며 걸을 수 있는 코스이기에 좋다. 공룡능선을 길잡이 삼아 올라가다 보면 천성산 제2봉이 있다.

1시간 50분

천성산 제2봉

천성산 제2봉 → 화엄늪
천성산 제2봉에서 천성산 제1봉으로 넘어가는 길은 억새와 철쭉 군락지가 이어진 편안한 능선길이다. 지루하지 않게 주위를 보며 걷다보면 천성산 제1봉이 나온다. 천성산 제1봉은 천성산 제2봉보다 밋밋하다. '지뢰위험', '군사제한구역'이라는 표식과 함께 철조망이 설치되어 있어 진정한 1봉을 밟아볼 수가 없기 때문이다. 대신 화엄늪에서 쉬어가며 멀리서 조망하는 수밖에 없다.

1시간 30분

화엄늪

화엄늪 → 홍룡사
천성산 제1봉에 있는 표지판 옆쪽으로 계곡을 따라 내려가면 홍룡사 방면으로 하산할 수 있는 길이 나온다. 계곡을 따라 걷는 길이어서 물이 많은 계절에 이 길을 택하면 시원한 느낌이 좋다.

1시간 30분

홍룡사

홍룡사 → 대석리
홍룡사를 거쳐 대석리로 빠져나온다. 포장도로를 40여 분 걸으면 버스정류장이 있다.

40분

대석리

사람들에게 유명한 공룡능선은 거대하고 웅장하진 않지만 오르락내리락 하는 재미가 있어 지루할 새가 없는 길이다. 공룡능선이란 이름은 능선이 마치 공룡의 등뼈 같다고 해서 붙여진 이름인데, 역시나 능선은 보는 재미보다는 타는 재미가 쏠쏠하다. 하지만 이 능선길을 타고 오르려면 시간이 오래 걸린다는 점이 발걸음을 망설이게 한다. 대신 공룡능선의 절경을 감상하며 걷는 길도 일품이므로, 취향에 맞게 선택하면 된다.

만화(萬花)의 아름다움

드문드문 반겨주는 꽃들과 인사하고 멀리 보이는 공룡능선을 길잡이 삼아 오르다 보면 어느덧 천성산 제2봉에 도달한다. 천성산 제2봉에서 천성산 제1봉으로 넘어가는 길은 편안한 능선길이다. 이곳은 억새와 철쭉 군락지가 이어진 명소이기도 하다. 누렇게 펼쳐진 억새밭은 이곳에 친밀한 모양과 색으로 사람을 반겨준다. 산지에서만 자라는 철쭉 또한 멋지지만 억새는 9월에 철쭉은 5월에 꽃이 피니 둘을 동시에 볼 수 없는 것이 못내 아쉽다. 화사한 철쭉과 진달래 역시 한 철에 볼 수 없어 아쉽기는 매한가지다. 하지만 이것이 자연의 섭리니 어찌하랴. 진달래와 철쭉이 함께 피어나면 산을 더욱 만산홍으로 물들

홍룡폭포의 물줄기가 연약해 보이는 것이 못내 안타깝다.

이겠지만, 닮은 듯 다른 두 꽃의 성향은 둘을 동시에 낼 수 없게 한다. 만일 꼭 닮은 두 꽃이 동시에 핀다면 독성이 있는 철쭉을 진달래로 착각하여 꿀맛을 보려다 화를 당할 수도 있음을 피하게 하는 것이 자연의 뜻 아닐까. 자연은 이리도 사람을 생각하고 있다.

끝도 없이 펼쳐진 억새물결

천성산 1봉에서 '화엄늪 습지보전지대' 안내판 뒤편으로 넘어가는 하산길은 산죽이 한창 엮어져 있다. 두 눈에 푸른 빛이 가득 들어와 눈의 피로를 풀어준다. 마치 화엄늪의 풍경을 더 극적으로 보여주려는 속셈 같다. 화엄늪은 흔히 상상하는 진득하고 깊이 빠져들어가는 늪이 아닌 그저 보통 땅이어서 그다지 재미는 없어 보인다. 허나 끝도 없이 펼쳐진 노란 억새군의 물결은 비록 봄이라도 가을 산을 마주한 듯한 착각을 불러일으킨다. 이 넓은 곳에 천 명의 승려가 모여 설법을 들었다고 하니, 그들의 불심이 존경스러워진다. 이런 장관을 눈앞에 두고서 어찌 그 설법을 귀에 담을 수 있었을까.

천성산은 산 두 개를 하나로 엮은 산인만큼 등산시점을 여러 곳에서 정할 수 있다. 흔히 4코스가 있는데 초반 산길은 그다지 가파르지 않다. 다만, 산 안쪽으로 들어갈수록 내원사 입구에서부터 보던 푸른 빛깔이 사라져가는 게 아쉬울 따름이다. 천성산 등반은 등산 기점이 많은 것만큼 하산 시점을 정하는 것도 중요하다. 1봉과 2봉으로 오르는 기점들이 곧 하산 시점이 되기 때문에 어느 곳을 택해 내려서도 좋으나, 정상과 2봉을 동시에 거쳐 가려면 내원사~홍룡사 코스나 내원사~덕계 코스로 등반코스를 잡는 것이 좋다.

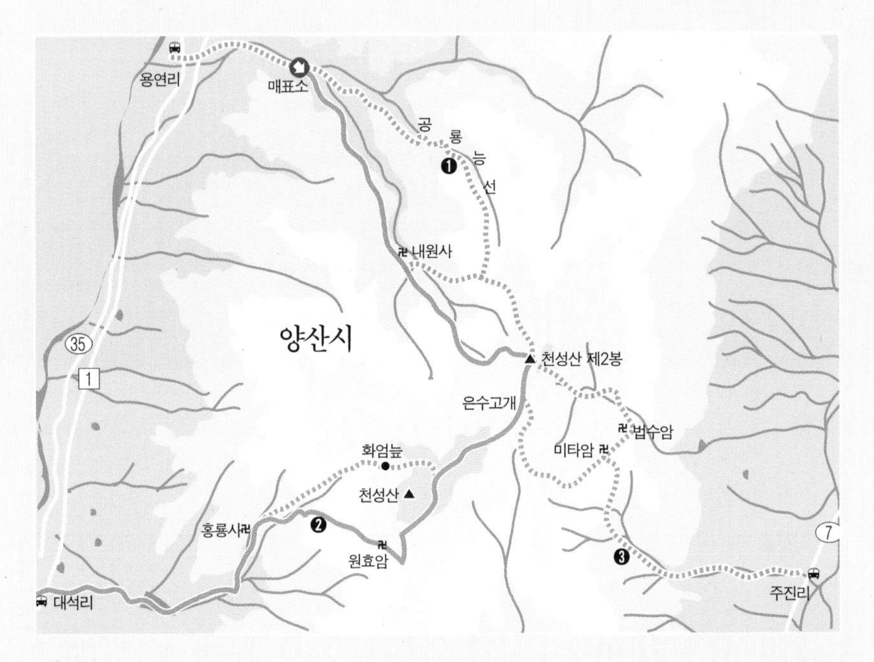

대중교통

대중교통은 부산이나 양산에서 접근해야 한다. 부산종합터미널에 대석리나 내원사로 가는 버스가 수시로 있고, 양산에서 언양 행 시외버스를 타면 대석리로 갈 수 있다.

자가용

서울에서 출발할 경우 경부고속도로를 이용하는 것이 가장 빠른 방법이다. 경부고속도로를 계속 타고 내려오다가 동대구 부근에서 대구-부산간 고속도로를 옮겨 탄 후 남양산 나들목으로 빠져나오면 시간이 단축된다.

숙박과 먹거리

통도사 쪽에 통도신라호텔, 환타지아유스호스텔, 통도사관광호텔 등이 있고, 배내골 쪽에는 배내골 청매실쉼터농원이 있다. 통도사관광호텔에는 찜질방도 있다. 내원사 계곡 쪽 산무리식당에서는 비빔밥, 메기 매운탕, 닭찜 등을 먹을 수 있고, 통도사 쪽에는 신원갈비, 남해해물탕 등 음식점이 많다.

❶ 공룡능선은 타는 재미는 좋으나 시간이 오래 걸린다는 것이 흠이다.

❷ 홍룡사 방면을 들머리로 하면 원효암을 거쳐 제1봉 쪽으로 바로 오르게 된다.

❸ 주진리에서 미타암으로 오르는 길은 화엄늪과 천성산 제2봉 방면 중에서 한쪽으로 코스를 선택하면 된다.

더 알찬 여행 만들기

법기리 팜스테이 양산시 동면 법기리에 있는 법기수원지 마을은 천성산 깊은 계곡에 자리하여 천혜의 풍경을 자랑하는 마을이다. 예전에는 선비의 마을로 알려졌었고, 최고의 수질을 자랑하는 계곡 물이 부산 시민의 식수로 쓰이면서 수원지마을로 통칭되어 불리고 있다. 근교민들을 위한 주말농장 운영과 김장담그기, 토종가축관찰 등 여러 팜스테이 프로그램을 진행하고 있다.

도자기공원 도자기공원에서는 '도자기체험교실'과 '천연염색교실' '천연비누만들기' 등 여러 가지 체험프로그램들을 즐길 수 있다. 초중고 학생들부터 학부모까지 우리 전통문화를 재미있게 체험해 볼 수 있다. 자신이 만든 도자기나 티셔츠는 가져갈 수 있다.

통도사 영축산에 자리한 통도사는 천년고찰로서 석가모니의 진신사리를 모셔놓은 우리나라 3보 사찰 중 불보종찰로 꼽히는 명찰이다. 수도를 위해 당나라로 떠났던 지장율사가 진신사리를 모시고 와서 이 절을 지었다고 하며, 그 후 오늘에 이르기까지 1,300여 년 동안 법등이 꺼진 적 없는 사찰이다. 또한 우리나라 사찰 중 유형불교 문화재를 가장 많이 보유하고 있으며, 성보박물관은 세계박물관을 통틀어 가장 풍부한 불교 유물을 자랑하는 국내 유일의 불교회화 전문 박물관이다.

무지개폭포 양산시의 동부에 자리한 무지개폭포는 인근 부산광역시 기장군과 경계를 이루고 울산광역시민의 식수원인 회야강의 발원지이기도 하다. 계곡이 깊고 물이 깨끗하며, 기암괴석과 울창한 수목이 이루어진 수려한 계곡으로, 여름철에는 좋은 피서지로 각광을 받고 있다. 무지개폭포로 가는 길목에서 우측으로 올라가면 계곡 주변에서 휴식을 즐길 수 있다. 무지개폭포는 뚜렷한 전설은 없으나 옛날 인근 주민들이 나무를 하고 쉬어가던 곳으로, 휴식을 즐기고 있는 가운데, 폭포에서 떨어지는 물이 낙하되면서 무지개를 만들어 현재까지 무지개폭포로 불리고 있다. 폭포 주변 계곡에 50m 높이의 기암절벽이 우람하게 서 있다.

법기리의 주말농장. 누구네 텃밭이 더 풍성해질까.

도자기공원에서는 직접 도자기를 만들 수 있다.

11 북한산

서울 역사 고스란히 간직한 '천만의 허파'

한북정맥의 백암산에서 출발한 산줄기는 대성산, 백운산, 운악산을 거쳐 한강을 바라보며 크게 솟아 화강암 덩어리 알알이 박힌 북한산을 빚는다. 서울을 둘러싼 많은 산 중 하나만 손에 꼽으라면 단연 북한산을 들것이다. 경기도 고양시, 양주시와 서울의 북쪽에 걸쳐있는 북한산은 예부터 수도 한양을 보듬어 온 든든한 울타리인 동시에 사람들의 삶과 함께해 온 생명의 산이었다.

한반도 중심에 자리 잡은 서울의 진산

백두산, 지리산, 금강산, 묘향산 등과 함께 우리나라 오악(伍岳) 중 하나로 꼽혀온 북한산의 본 이름은 삼각산(三角山)이다. 최고봉 백운대(836.5m)와 인수봉(810.5m), 만경대(799.5m) 세 봉우리가 삼각형으로 솟아있다 해서 이름 붙은 것으로, 북한산의 스카이라인을 이룬다. 단단한 화강암봉군으로 솟아있어 천연의 성벽이 되는 북한산 능선은 오랜 세월동안 서울지역을 수호해 왔다.

조선 태조 2년부터 나라의 제사를 받는 명산으로 지정되었으며, 숙종 때 북한산성 축조와 함께 서울을 지키는 든든한 요새로 굳어졌다. 근대를 거쳐 1983년에는 우이령 북쪽 도봉산과 한데 묶여 국립공원으로 지정되었으며, 이와 함께 삼각산이라는 이름도 점차 북한산으로 굳어져갔다.

연인원 800만여 명 찾는 시민의 허파

북한산의 주요 산길은 북한산성을 따라 나 있다. 14개 성문을 따라 걷는 길은 꼬박 하루가 걸릴 정도로 만만한 코스는 아니다. 산성주능선은 주변 지릉과 이어져 수많은 갈래를 뻗치는데, 이를 포함하면 북한산 등산로는 수십여 개에 이른다.

대남문에서 백운대에 이르는 5킬로미터 능선길은 북한산성과 함께 대성문·보국문·대동문·용암문·위문 등 6개의 성문을 둘러볼 수 있는 코스다. 들머리와 날머리를 중간 성문에서 자유롭게 잡을 수 있어 많은 사람들이 즐겨 찾

◀ 맑은 날 백운대 정상에 서면 서쪽으로는 서해바다가, 북쪽으로는 휴전선 너머 북녘의 산까지 보인다. 그런 날이면 북한산은 긴 호흡으로 서울을 향해 상쾌한 공기를 뿜어낸다.

높이 836.5m, 3시간 40분 ★☆☆ ●○○

도선사 | **도선사→인수산장**
30분
도선사 입구 주차장에서 백운대 방향으로 20여분을 오르면 하루재에 닿는다. 하루재에서는 인수봉 전면벽이 잘 보이며, 다시 내리막길을 따라 10분을 가면 인수산장에 닿는다.

인수산장 | **인수산장→백운대**
50분
인수산장에서 백운대 방면으로 약 30분을 더 가면 백운산장을 지나 위문에 다다른다. 위문에서 백운대 정상까지는 계단길과 함께 바위에 철주 난간을 박아 놓아 잡고 오를 수 있게 해두었다. 특별히 위험한 구간은 없지만 많은 사람들이 지난 탓에 바위가 닳아 미끄러운 곳이 곳곳에 있다.

백운대 | **백운대→용암문**
30분
백운대에서 위문으로 내려와 북한산성 방면으로 난 등산로를 따라 조금 내려가다 갈림길에서 왼쪽으로 방향을 틀면 만경대를 우회해 용암문 가는 길이다.

용암문 | **용암문→대동문**
30분
용암문부터는 평탄한 산성길이 계속 이어진다. 10여 분 가다 보면 지금은 무인산장이 된 북한산장터가 나오고, 그 앞 엠포르산장터 마당에는 샘터와 화장실이 비치되어있다. 등산로가 잘 정비되어 어려운 곳은 없으며 대동문 앞에서도 휴식을 취하기가 좋다. 대동문에서는 백운동계곡을 따라 고양시 쪽이나 진달래능선을 따라 우이동 쪽으로 하산이 가능하다.

대동문 | **대동문→대남문**
40분
대동문에서 15분을 가면 보국문이 나오고 다시 10여분을 가면 대성문, 15분여를 더 가면 대남문이 나온다.

대남문 | **대남문→구기동**
40분
완만한 계곡길을 지나 주택가가 늘어선 길을 빠져나오면 넓은 도로에 다다른다.

구기동

는다. 산 아래의 산행 기점이 해발 100미터 내외이고, 능선길은 600미터 부근에 있어 어느 쪽으로 오르던지 비슷한 고도를 오르게 된다.

북한산성은 복원작업이 계속 진행되고 있으며 산성 내에 있던 다른 문화유적들도 복원 중이다. 북한산성을 따라 걷는 길은 500년 조선의 역사와 함께 우리의 흔적을 더듬는 길이기도 하다.

한국 근대등산의 요람 인수봉

북한산의 주요 세 봉우리 중 인수봉은 한국산악운동의 요람이 된 곳이다. 1929년 영국인 아처와 매크리가 공식적인 기록상의 초등을 했다고 알려져 있지만, 그 전에도 한국인들이 오른 것으로 보이며, 이후 수많은 바윗길이 인수봉에 뚫려왔다.

우리 산악인들은 800미터 남짓한 인수봉 등반을 통해 멀리 히말라야의 8,000미터급 봉우리까지 나아갔으며, 북한산에 흐르는 산악운동의 명맥은 여전히 이어져 내려오고 있다. 1970년대 이후 북한산 곳곳에 생긴 산장들은 산악인들과 산을 찾는 사람들의 휴식처가 되어왔으나 안타깝게도 현재 백운산장과 우이산장을 제외하고 남아있는 곳은 없다.

인수봉에서 내려다 본 영봉과 상계동 일대.

백운대 정상에서 지난 역사를 만나다

맑은 날 백운대 정상에 서면 서쪽으로는 서해바다가, 북쪽으로는 휴전선 너머 북녘의 산까지 조망된다. 한강물이 손에 잡힐 듯 하는 날이면 북한산은 긴 호흡으로 서울을 향해 상쾌한 공기를 뿜어낸다. 정상 태극기가 달려있는 바위 아래에는 3·1운동 독립선언문이 음각으로 적혀있는데, 오랜 시간 많은 사람들이 밟고 지나가 이제 희미한 흔적만 남았다. 지난 수천 년 인간의 시간동안 모든 것을 보고 들어온 북한산은 여전히 고고한 자태로 우뚝 서 있다.

북한산은 오랜 세월동안 서울의 진산이 되어왔다. 경기도 고양시와 양주시, 서울 은평구, 강북구, 종로구, 성북구에 걸쳐 있어 교통이 편리해 주말이면 많은 사람들이 찾는다. 서울 땅을 구성하는 산지 중 1/4을 북한산이 차지해 공히 '서울의 허파'라 부를 만큼 도시의 생명이 되는 산이다. 백운대를 위시해 인수봉과 만경대는 북한산의 옛 이름인 삼각산을 이루며, 노적봉, 보현봉, 문수봉, 나한봉, 원효봉 등 수많은 화강암 봉우리가 솟아 기암절벽과 함께 경승을 자아내고 있다. 1983년 도봉산과 함께 북한산국립공원으로 지정되어 현재는 연인원 800만여 명이 찾고 있다.

❶ 우이동에서 올라 산성주능선을 따라 구기동까지 이어지는 길은 하루 산행으로 적당하다.

❷ 정릉매표소에서 정릉계곡을 따라가서 보국문에서 백운대를 거쳐 우이동으로 하산할 수도 있다.

대중교통

북한산 우이동 기점은 대중교통으로 접근하기가 용이하다. 지하철 4호선 수유역에서 120, 153, 1144, 1218, 151, 1165, 130번 버스를 타고 도선사 입구역에서 내리면 된다.

자가용

내부순환도로를 이용할 경우 정릉 나들목으로 나가면 우이동으로 갈 수 있다. 주차는 도선사 근처에 할 수 있지만 주말에는 혼잡하므로 대중교통을 이용하는 것이 좋다.

숙박과 먹거리

숙박은 인수산장과 백운산장에서 가능하다. 백운산장에는 산행 중 허기를 채울 수 있는 빈대떡과 국수가 준비되어 있다. 맛집으로는 우이동 입구에 두부전골로 유명한 원석이네식당과 백운초교 맞은편에 등갈비전골과 생고기가 맛있는 그고기집 등이 있다.

옹기민속박물관 도봉구 쌍문동에 있는 옹기민속박물관은 우리나라 최초의 옹기 전문 박물관이다. 전시 공간은 옹기전시실, 민속생활용품 전시실 및 야외전시장으로 이루어진다. 옹기전시실에는 거름통·요강·화로·굴뚝·소줏고리 등 주거생활용과 물박과 같은 악기용 옹기, 신주 단지로 쓰인 민간신앙용 옹기 등 2,000여 점의 옹기가 용도별로 분류되어 있다. 관람시간은 3월~10월 10:00~18:00, 11월~2월 10:00~17:00이며 민화교실, 다도교실, 도예교실, 어린이도예교실 등 체험 프로그램도 운영한다. www.onggimuseum.org

도선사 도선사는 대한불교조계종 직할 교구 본사인 조계사의 말사다. 신라 말기의 승려 도선(道詵)이 862년(경문왕 2)에 창건하였다. 도선은 이곳의 산세가 1천 년 뒤의 말법시대(末法時代)에 불법을 다시 일으킬 곳이라 내다보고 절을 세운 다음, 큰 암석을 손으로 갈라서 마애관음보살상을 조각하였다고 전한다. 높이 8.43m인 이 석불은 영험이 있다고 하여 축수객의 발길이 끊이지 않는다. 그 후 조선 후기까지의 중건이나 중수에 관한 기록은 전하지 않으나, 북한산성을 쌓을 때 승병들이 도선사에서 방번(防番)을 서기도 하였다.

전시실의 다양한 옹기들. 사진 옹기민속박물관 제공.

국립4·19민주묘지 강북구 수유동에 있는 국립4·19민주묘지는 1963년 우리나라 헌정 사상 최초로 자유민주주의를 수호하기 위해 독재 권력에 항거한 4·19혁명정신을 기리기 위해 건립되었다. 묘지 중앙에는 4·19혁명의 기상을 상징하는 높이 7척의 탑주 일곱 개가 솟아 있다. 참배객들에게 민주혁명의 의의와 보훈정신을 되새기게 하는 계기를 마련해주고, 동시에 건전한 휴식공간의 구실도 하고 있어 그 의미가 더 큰 곳이다.

4·19혁명의 기상을 상징하는 탑주. 사진 홍문기.

여름

푸른 산그늘에 들면 여기가 무릉이라오

23
21
24
13
20
22
19
12
16
18
17
14
25
15

12 칠갑산

낮은 산이 깊고 넓은 이치를 품었구나

칠갑산의 산세는 두루뭉술하다. 하지만 대부분의 세상 이치가 그렇듯 낮고 작은 데서도 깊고 넓은 것을 발견할 수 있다. '콩밭 매는 아낙네'로 알려지기 전까지 칠갑산은 세상에 별로 모습을 드러내지 않았다. 칠갑산은 장날 멍석 위에 선 장돌뱅이들의 구성진 가락처럼 '낮은 오지' 청양에서 조용히 숨 쉬고 있었던 것이다. 석양이 지는 칠갑산을 보면 굽은 나무가 선산 지킨다는 말이 떠오른다. 그 말처럼 장곡사도, 그 절을 품고 있는 칠갑산도, 그들을 아우르는 청양 땅도 모두 느릿한 충청도 사투리로 '그저 그런 것이지유' 끝을 흐리는 것 같다. 두루뭉술, 있는 듯 없는 듯, 베적삼이 흠뻑 젖도록 벙어리 가슴을 두들기는 곳.

청양명승 10선에 꼽는 천장호

칠갑산에도 코스가 여럿이지만 외지에서 온 등산객들은 장곡사에서 정상을 거쳐 대치터널로 넘어가거나 그 반대로 오가는 것이 대부분이다. 그런데 길이 완만하고 산행도 두세 시간이면 끝나 한 번 와보고는 별 매력을 못 느끼는 것이 보통이다. 그래서 천장호를 들머리로 하는 산행은 일반 관광객들은 모르는 다른 매력을

▲ 정산면 내초리에서 바라본 칠갑산의 석양. 눈길을 빼앗는 빼어난 풍경도, 화려한 이름도 칠갑산에는 없다. 그저 늘 가슴 속 깊이 품고 사는 우리네 고향 산의 풍경이다.

◀◀아흔아홉골 아래 농로를 지나 길 끝 철조망을 지나면 장승공원이 있는 주차장으로 이어진다.

◀ 천장호 둑 위로 난 등산로 입구에는 달맞이꽃이 지천이다. 천장호는 1979년 완공한 인공호수로 청양명승 10선에 꼽힌다.

느낄 수 있다. 천장호까지 가려면 청양에서 한티고개를 넘어야 한다. 한티고개는 지금 대치터널이 뚫려 쉽게 오갈 수 있지만 예전 같으면 꼭 홀어머니 두고 시집가던 아낙네가 고향을 뒤돌아보며 눈물지었을 만한 곳이다. 36번 국도를 넘어가다 대치터널로 가지 말고 조금 못 미쳐 왼쪽 좁은 길로 들어서면 구불구불한 옛길이다. 고갯마루 정상에는 주차장과 관리사무소, 식당 등의 시설이 있고 한편으로 칠갑산이 잘 굽어보이는 곳에 면암 최익현 선생의 동상이 있다. 동상을 둘러본 후 산행 들머리인 천장호로 향한다. 청양명승 10선에 꼽히는 천장호는 1979년 완공한 인공호수. 호수는 얼음을 품은 듯 시퍼렇게 깊지만 한여름 태양이 이기는 날에는 더운 수증기를 뿜어낸다. 둑길에는 달맞이꽃이 줄지어 늘어서 밤이 오기만을 기다리고 있다.

천천히 걸어야할 길

둑을 가로지르면 등산로 입구가 나타난다. 칠갑산은 도립공원이지만 여느 곳과는 다르게 입장료를 받지 않는다. 아직까지 지자체에서는 실질적인 관광자원으로서의 활용보다 칠갑산에 대한 저변 확대와 홍보에 역점을 두고 있다고 한다. 일설에는 대중가요 '칠갑산'을 부른 가수 주병선씨도 노래가 히트하기 전까지는 이곳에 한 번도 와본 적이 없었다니 그 전까지는 알려지지 않은 한국의 오지였던 셈이다.

5부 능선까지는 곳곳에 무덤이 있다. 아직까지 돌보는 자손들이 있는지, 잡초가 우거질 텐데도 제법 깔끔하게 정돈돼있다. 차츰 다리가 힘들고 더워지게 마

높이 561m, 4시간 10분 ★☆☆ ●●●

천장호 — 천장호 → 칠갑산 정상

둑길에는 달맞이꽃이 줄지어 늘어서 있다. 둑을 가로지르면 등산로 입구가 나타난다. 오솔길은 잘 나 있지만 사람들이 다니는 주 등산로가 아니라 거미줄 등이 많다. 높낮이의 굴곡이 심하지 않아 완만한 곡선을 그리고 있는 산길을 따라가면 정상이 바로 눈앞이다.

2시간 30분

칠갑산 정상 — 칠갑산 정상 → 아흔아홉골

너른 정상에는 표지석과 함께 제단이 있고 사람들이 쉬어갈 수 있도록 벤치도 여럿 있다. 하산하는 길에는 주 계곡에 닿기까지 경사가 심하다. 그리고 곧바로 울창한 숲이 하늘을 덮는다. 삼거리를 지나 아흔아홉골을 향해 계곡을 따라 하산한다.

1시간 30분

아흔아홉골 — 아흔아홉골 → 장승공원

아흔아홉골 아래 농로를 지나고, 길 끝 철조망을 지나면 장승공원이 있는 주차장으로 이어진다.

10분

장승공원

련. 숲에 막혀 더위를 식힐 시원한 바람이 불어오는 것도 아니어서 그저 걷기만 하는 산행이 지루해지는 순간이다. 하지만 가을 낙엽이 질 때 이 길을 걷는다면 더할 나위 없을 터. 칠갑산은 가을 낙엽을 밟고 가듯이 천천히 걸어야 하는 산이다. 머지않아 낙엽이 쌓일 이 자리, 지금의 발자국은 모두 묻힐 것이었다. 굽은 나무가 선산 지킨다고 해야 하나, 화려하지 않고 모나지 않아 지금까지 개발의 바람을 덜 탄 칠갑산의 매력은 바로 이런 소박함에 있는 것이다.

정상은 유일하게 주변을 조망할 수 있는 곳이다. 시야가 트이는 날은 멀리 황해바다도 보이고 계룡산이 지척이다. 매년 1월 1일 칠갑산 정상에서는 해돋이 행사가 열리는데, 제단은 그때 사용하려고 만들어 둔 것이다. 생각만큼 시원스레 바람이 불어오지 않더라도 눈앞이 트이는 것만으로도 가슴이 식는 느낌이 들 것이다.

사람 손 덜 탄 아흔아홉골 계곡

하산은 정상에서 삼형제봉 쪽으로 가다 희미한 오솔길로 꺾어져 비탈을 따라 내려가는 아흔아홉골로 하기로 한다. 구비가 많이져 있어 그런 이름이 붙었을 테지만 지역 사람들은 발음하기 쉽게 '아니골'로 부른다. 주 계곡에 닿기까지 경사가 심해 주의해야 한다. 정말 찾는 사람이 드물

해발 561m의 칠갑산은 그닥 높지 않지만 금강으로 흘러가는 지천의 원류가 된다. 맑고, 청정하다.

어서인지 희미한 길을 따라 내려간 지 수 분만에 울창한 숲이 하늘을 덮는다. 지금은 간간이 고로쇠 수액을 채취하기 위해 마을 사람들이 올라올 뿐 아흔아홉골을 찾는 등산객은 드물다. 전에는 화전을 일구고 살았는지, 꽤 넓은 공터에 무성하게 잡초가 자란 밭도 있다. 길가에서 커다란 동굴도 하나 발견할 수 있다. 일제강점기부터 칠갑산에 석탄이 나온다는 말이 있어 여기저기 시추를 했던 흔적이다.

길가에 까맣게 열린 복분자나무 한 그루를 발견하고 주위를 둘러보면 온통 복분자 밭이다. 조금 더 주위를 둘러보면 다래넝쿨이며 으름넝쿨까지 먹을 것이 지천이다. 최근 몇 년 새 큰 비를 겪고 나서 예전보다 계곡이 많이 훼손됐다고 하지만 아직까지도 숲은 살아있다. 계곡은 갈수록 조금씩 넓어지기는 하지만 발이라도 첨벙첨벙 담글 만큼 깊지는 않아 손수건을 적셔 목에 두르는데 만족해야 한다. 이제 오솔길은 경운기가 지나다닌 흔적이 있는 넓은 농로로 바뀐다. 숲을 빠져나와 마지막 철문을 열고 나서면 잘 익은 푸른 논이 시원하다.

칠갑산은 1973년 도립공원으로 지정되었지만 찾는 이가 적었는데 대중가요 '칠갑산'이 히트하며 널리 알려지는 계기가 되었다. 등산로는 각각 장곡사, 대치터널, 천장호, 도림사지, 까치내 유원지, 자연휴양림 등을 기점으로 해 정상에 이르는 길로 어느 쪽으로 올라도 2시간 정도면 정상에 닿을 수 있다. 칠갑산은 높이는 낮지만 금강으로 흐르는 물줄기의 최상류에 해당하는 곳으로 계곡에 물이 적고 중간에 식수를 보충할 샘터도 없다. 따라서 식수는 미리 준비해야한다.

❶ 산길이 단순한 반면 등산로가 아닌 곳은 아직까지 울창한 수림을 간직해 아흔아홉골로 불리는 아니골은 태고를 간직하고 있다.

❷ 가장 많은 사람들이 이용하는 길은 장곡사를 들머리로 해서 정상을 거쳐 대치터널 위 칠갑광장에 이르는 길로, 3시간이면 넉넉하게 산행을 마칠 수 있다.

대중교통

서울 남부터미널에서 하루 5회, 센트럴시티터미널에서 하루 6회, 동서울터미널에서 하루 7회 운행하는 버스를 타고 청양까지 간다.
청양시내버스터미널에서 칠갑산 행 순환버스가 하루 3회(08:10 12:40 15:20) 운행한다.

자가용

서해안고속도로나 경부고속도로를 이용하면 된다. 서해안고속도로 홍성 나들목에서 빠져나와 29번 국도를 타고 청양까지 간다. 경부고속도로는 천안 나들목에서 천안-논산간고속도로를 타고 정안 나들목으로 나와 23번 국도를 타고 공주를 거쳐 36번 국도를 따라 청양으로 간다.

숙박과 먹거리

청양읍내에는 한마음모텔, 레전드모텔 등 모텔과 여관이 많다. 칠갑산 입구 장곡사쪽 들머리에도 민박집이 많고 대치터널 앞에는 칠갑산 샬레호텔을 이용할 수 있다. 지자체에서 운영하는 칠갑산자연휴양림(www.chilgapsan.net)을 이용해도 좋다. 단, 전화나 홈페이지를 통해 미리 예약을 해야 이용할 수 있다.
청양 특산물은 고추, 구기자, 멜론 등이다. 고추는 청양농협에서 구입할 수 있고, 매 2일과 7일 장날에 특화시장이 열린다. 차, 한과, 술 등 구기자를 이용한 다양한 식품도 유명하다.

장곡사 칠갑산 남쪽 기슭에 있는 장곡사는 신라 문성왕(850년)때 창건된 사찰이다. 절 규모는 크지 않지만 오랜 세월을 거쳐 오는 동안에도 문화재와 유물이 크게 훼손되지 않고 잘 보존되어 경내에는 국보 2점과 보물 4점 등 문화재가 많다. 장곡사에는 상·하 대웅전이 2개 있는데 전국적으로도 찾아볼 수 없는 특이한 구조로, 대웅전에는 석가모니불 대신 약사여래가 있어 기도도량으로 널리 알려져 있다. 입구에서 장곡사까지 난 벚꽃 길은 '한국의 아름다운 길'에 뽑히기도 했다.

고운식물원 청양읍 군량리에 있는 고운식물원은 1990년부터 부지 조성을 시작해 2003년 4월 문을 열었다. 친환경적인 식물원을 조성한다는 의도에 따라 기존의 산악지형을 그대로 살려 설립하였다고 한다. 363,000㎡의 대지에 총 6천여 종의 식물을 심어놓았으며 방갈로, 원두막, 식당 등의 시설과 새, 반달곰, 사슴 등도 볼 수 있게 해놓았다. 언제든지 자유롭게 방문할 수 있지만, 사전 예약을 하면 주차, 관람안내(일정 인원 이상)등 도움을 받을 수 있다. www.kohwun.or.kr

장승공원 칠갑산 장곡사 방면 입구에 있는 장승공원은 1999년 장승문화축제 개최를 계기로 조성한 공원이다. 공원에는 고전 장승과 외국 장승, 창작 장승 등 300여 기가 전시되어 있으며 민속학습장으로 활용되고 있다. 매년 4월 전국의 장승조각가와 방문객이 모이는 장승문화축제가 열린다.

지천구곡 지천구곡(之川九曲)은 칠갑산에서 발원해 금강으로 흐르는 물로 청양의 젖줄이다. 굽이져 흐르는 물줄기와 주변 기암괴석의 계곡은 빼어난 조망을 자랑한다. 까치내유원지와 물레방아유원지에는 여름철 물놀이를 위해 찾는 사람이 많으며 가을에는 단풍이 짙게 들어 관광객이 끊이지 않는다.

장곡사에는 대웅전이 두 개있다.

장승공원에서는 매년 4월 장승문화축제가 열린다.

13 유명산

한여름을 식히는 시원한 계곡 산행

산 정상에서 말을 길러 마유산이라는 옛 이름을 가진 유명산. 두런두런 숲의 소리와 계곡의 소리가 수다스럽지도 거창하지도 않게 조용히 하늘을 향해 열린 곳이다. 서두르지 말고 산이 시키는 대로 그곳의 바람이 이끄는 대로 산으로 오르라. 발등을 적시는 차가운 계곡에 소스라치게 놀라더라도 바위 너럭에 몸을 붙이고 한참 동안 그 속에 지친 두 발을 담그라. 흐르는 물에 근심을 띄워 멀리 떠나보내고, 산의 뿌리 깊은 곳에서부터 샘솟는 생명의 근원수를 두 손 가득 담아 마시라. 공해와 병에 찌든 육체의 실핏줄, 세포 하나하나에 이르도록 퍼지는 묘한 자연의 쾌감을 느낄 것이다.

삶에 지친 두 발을 어루만지는 친구

끙끙대며 아스팔트를 오가는 차들과 목덜미까지 흐른 땀을 연신 닦아내는 사람들의 얼굴에 뜨거운 여름이 내려앉는다. 낡은 벤치에 앉아 바라보는 도심의 여름은 숫자로 계산된 기온보다 더 높다. 아니, 피부로 느끼는 더위보다 마음에 와 닿는 더위가 부쩍 심하다. 자연은 신록을 넘어 무한한 생명력을 뿜어대지만 도심에 남아 있는 찡그린 마음은 끓어오르는 화(火)의 기운으로 덥고 답답하다. 산으로 가자. 차가운 계곡에 발을 담그고 지끈대는 머리를 식혀야 한다. 기암괴석의 화려한 모양새나 절경을 이루는 폭포도, 하늘을 찌를 듯한 거대한 봉우리의 기세도 필요 없다. 삶에 지친 두 발을 차분히 적셔줄 친구 같은 산으로 가야 한다.

활엽수 아래 시원한 그늘이 있는 계곡

산행 초입을 지나서 약 5분 정도 가면 첫 계곡을 건넌다. 건너편으로 가기 위해선 바윗돌을 디뎌야 한다. 물에 젖은 바위에 자칫 미끄러질 수 있으니 조심하자. 배낭 안 내용물은 만약을 대비해 비닐로 꽉꽉 싸둔다. 그러나 배낭이 젖을 만큼 물에 빠질 일은 없다. 오히려 처음부터 샌들에 반바지 차림으로 간편

◀ 설령 큰 비가 내린 다음이라도 계곡에 빠질 일은 별로 없다. 하지만 반바지에 샌들 차림으로 산행에 나서면 계곡 산행의 재미와 즐거움을 마음껏 느낄 수 있다.

높이 862m, 3시간 30분

★☆☆ ●○○

자연휴양림

자연휴양림 → 제2매표소

가일리 주차장에서 등산로 안내 이정표를 따라 들어서면 곧 제2매표소가 나온다. 제2매표소를 지나면 곧 휴양림의 야영데크와 운동장·취사장 등이 이어져 있다. 시멘트 길을 따라가면 제1매표소에서 올라오는 길과 만난다. 여기서 '자연보호'와 '산불조심'을 알리는 전광판 쪽으로 향하면 길이 양쪽으로 나뉜다. 전광판 왼쪽이 계곡을 거쳐 가는 길이다. 계곡을 옆에 두고 오르는 길은 정상까지 시간이 조금 더 걸리지만 한여름 계곡 산행의 맛을 제대로 느낄 수 있다.

10분

유명산계곡(입구지계곡)

유명산계곡(입구지계곡) → 유명산 정상

전광판이 있는 산행 초입을 지나서 약 5분 정도 가면 첫 계곡을 건넌다. 초입에서 계곡을 대략 다섯 번 정도 건너면 정상을 2.5km 남겨둔 용소다. 정상 2km 지점에서 계곡을 건너면 길이 두 군데로 나뉜다. 갈림길에서 10여 분 남짓 올라가면 계곡이 Y자로 나뉘고 정상이 0.5km 남았다는 이정표가 있다.

2시간

유명산 정상

유명산 정상 → 소구니산

유명산 정상에서 약 10분쯤 능선을 따라 걸으면 왼쪽 전경이 훤하게 내려다 보이는 고개에 닿는다. 오르막 내리막을 여러 번 지나고 밧줄로 이어진 막바지 오름길이 나타난다. 이 오르막을 다 오르면 소구니산이다.

40분

소구니산

소구니산 → 선어치

소구니산을 출발한 지 5분만에 확연한 갈림길을 만나는데, 왼쪽 내리막은 중미산자연휴양림 방향인 농다치로 내려가는 길이고 선어치로 가려면 그대로 능선을 타고 올라야 한다. 그후 선어치 포장마차 밀집 지역까지 계속 내리막이다.

40분

선어치

하게 나서는 것이 산행의 폭을 더 넓고 즐겁게 만든다.

유명계곡 혹은 입구지계곡은 유명산을 더 '유명'하게 만든 효자다. 해발 862미터의 평범한 산이지만 계곡만 놓고 보면 설악산의 여느 계곡과 견주어도 결코 뒤지지 않는다. 하긴 이곳은 가평군 설악면에 걸쳐 있기도 하니 굳이 강원도의 설악산과 함께 둘러댄다 해도 크게 틀린 말은 아니다. 되려 경사도가 낮고 유순해서 설악의 위엄 대신 가족 모두가 쉬엄쉬엄 편하게 오를 수 있는 장점이 있다. 또 어디서든 계곡 바위너럭으로 내려설 수도 있어 간단한 도시락만 가지고 쉽게 찾아갈 수 있다.

환하게 열린 하늘과 만나는 '마유산' 정상

계곡 옆의 활엽수 잎들과 오솔길 사이로 올려다 보인 푸른 하늘이 유명산 정상에 서면 환하게 열린다. 사방이 탁 트인 정상에서 비로소 청명한 햇살이 머리 위로 쏟아져 내린다. 이곳은 가을이면 황금빛 억새 군락을 이루기도 한다. 가깝게 용문산의 군사 시설과 백운봉이 바라다 보이고 산림청에서 만든 정상비가 세워져 있다. 커다란 정상비에는 언제 누가 적어 두었는지 '마유산'이란 글씨가 흐릿하게 보인다. 〈동국여지승람〉에는 산 정상에서 말을 길렀다고 해서 마유산이라 부른다는

나무로 둘러싸인 소구니산 정상. 산에 있는 정상석에는 800m라고 적혀 있고 2001년에 수정한 1:25000 지형도 '국수'에는 798m로 적혀 있다.

기록이 있다. 유명산이라는 이름은 1973년 엠포르산악회가 국토 자오선 종주를 하던 중 이곳에 닿아, 당시 유일한 여자대원이었던 진유명 씨의 이름을 따서 붙인 것이라고 한다.

소구니산에서는 다리쉼을 하자

초행이라면 소구니산으로 이어지는 초입을 찾기가 쉽지 않다. 턱밑으로 이어진 능선이 뚜렷하게 보이지만 어디서부터 들어서야 할지 난감해진다. 그러나 일단 길을 잡으면 산행은 수월하다. 유명산 정상에서 약 10분쯤 능선을 따라 걸으면 왼쪽 전경이 훤하게 내려다 보이는 고개에 닿는다. 오르막과 내리막을 번갈아 오르내리고 바위를 우회하여 돌아서면 밧줄로 이어진 막바지 오름길이 나타난다. 이 오르막에서 땀을 짜내고 올라서면 800미터의 소구니산이다. 유명산 정상이 모래로 굳어진 민둥산 같다면 소구니산은 나무로 둘러싸인 숲이다. 조망의 즐거움 대신 그늘에 앉아 편히 다리쉼을 하고 간다.

유명산은 산림청이 운영하는 자연휴양림이 있는 곳이어서 매주 화요일은 휴양림의 휴관과 함께 매표소 앞의 철문도 굳게 닫힌다. 화요일을 피해 산행하는 것이 좋지만 휴양림 방향의 제1매표소는 표만 팔지 않을 뿐 문을 닫아두지 않는 경우가 많으므로 화요일엔 제1매표소 쪽으로 산행 들머리를 잡으면 된다.

❶ 유명산계곡 혹은 입구지계곡은 경사가 낮고 유순해서 가족 모두가 쉬엄쉬엄 편하게 찾을 수 있다.

❷ 정상에서 자연휴양림 쪽으로 곧장 내려올 수도 있다. 1시간쯤 걸린다.

❸ 유명산 정상에서 약 10분쯤 능선을 따라 걸으면 고개에 닿는다. 이후 밧줄로 이어진 막바지 오르막길까지 오르면 소구니산이다.

대중교통

서울 상봉시외버스터미널에서 가일리 유명산 입구까지 가는 시외버스가 하루 8회 있으며 약 1시간 40분 걸린다. 가평 행 버스는 20~30분 간격으로, 양평까지 다니는 버스는 5~35분 간격으로 운행한다. 청평 행 버스는 10~30분 간격으로 운행하는데, 청평으로 갔다면 하루 8회 운행하는 가일리 행 버스를 타야 한다.
기차는 청량리역에서 청평까지 06:15부터 22:20까지 하루 21회 다닌다. 약 1시간 걸린다.

자가용

자가용을 이용할 경우에는 서울과 춘천을 잇는 46번 경춘국도를 타고 신청평대교를 건너 37번 국도를 따라 달리면 설악면 소재지인 신천리 삼거리에 닿는다. 이 삼거리에서 양평으로 이어지는 37번 국도를 따라 12km 거리에 이르면 가일리 마을 어귀 삼거리고, 여기서 좌회전하면 50m 앞쯤에 유명산자연휴양림을 알리는 안내판이 보인다.

숙박과 먹거리

가일리 유명산 입구의 상가지역에 민박, 펜션 등이 많이 있고 먹거리 또한 충분하다. 숙박업소로는 합소유원지, 푸른숲황토방, 고향집민박 등이 있고, 유명산묵집에서는 손두부와 도토리묵 등을 맛볼 수 있다. 유명산자연휴양림, 중미산자연휴양림 등에서도 숙박할 수 있다.

유명산자연휴양림 유명산자연휴양림은 수도권과 가까울 뿐더러 오가는 길의 아름다운 정취와 유명산 산행까지 함께 어우러져 많은 사람들로부터 꾸준한 사랑을 받고 있다. 이곳의 제1, 2매표소와 연결된 길이 유명산 정상까지 가장 빨리 오를 수 있는 능선 코스며, 계곡을 따라 오르려면 휴양림을 거쳐야 한다. 유명산자연휴양림에서 빼놓을 수 없는 곳 중 하나는 약 8만여m^2에 이르는 대단위 자생식물원이다. 이 식물원은 각 식물들의 특성에 따라 자연학습원 · 난대식물원 · 암석원 · 습지식물원 · 향료식물원 등으로 나뉘어져 있다.

중미산자연휴양림 유명산자연휴양림에서 약 7km로 가깝게 이웃해 있는 자연휴양림이다. 양평군 옥천면에서 농다치 고갯길 꼭대기까지 올라가면 휴양림 입구가 나온다. 정상에 서면 울창한 숲과 남한강이 눈을 시원하게 하고 산안개가 끼는 아침이면 통나무집 주위에 운무가 가득해 색다른 분위기를 연출한다. 휴양림 내에는 4인용부터 10인용까지 다양한 크기의 통나무집이 있고, 중심부에 자연학습로가 설치 되어 산림을 체험할 수 있다. 휴양림 부근인 농다치에서 소구니산까지는 약 1시간 정도 걸리고 유명산을 거쳐 입구지계곡으로 하산하는 등산코스를 잡을 수도 있다.

유명산자연휴양림의 자생식물원.

아침고요수목원 삼육대학교 한상경 교수가 자연경관에 원예학적 미를 조화시켜 설계한 순수 원예정원으로 유명산에서 39km 떨어져 있다. 수목원에는 고향집정원 · 분재정원 · 아이리스정원 · 하경정원 · 한국정원 등이 마련돼 있다. www.morningcalm.co.kr

정원이 아기자기한 아침고요수목원. 사진 박재민.

가평 가족물썰매장 휴양림에서 31km가량 떨어져 있는 곳으로 자연친화적인 시설로 만들어진 물썰매장이다. 녹수계곡과 어우러져 있으며 겨울에는 눈썰매장으로 운영한다.

14 변산

산과 바다가 어우러진 여름의 천국

우리나라에 하나뿐인 반도국립공원, 변산. 밖으로는 바다와 맞닿아 있고 안으로는 겹겹한 산자락이 있어 산해절승으로 이름을 떨친 이 반도의 땅은 어느 지역에서도 볼 수 없는 독특한 경치와 풍성함을 갖추고 있다. 파격적인 능선과 맑디맑은 계곡을 갖춘 산은 안으로 들어가면 들어갈수록 사람의 마음을 사로잡는다. 개펄과 백사장과 해식단애가 어우러진 바다는 어느 한 구간 그냥 지나칠 수 없는 다채로움과 독특한 아름다움을 갖고 있다. 산행과 트레킹, 해수욕과 개펄체험을 할 수 있는 곳, 산과 바다가 어우러져 여름에 더욱 빛을 발하는 곳. 변산은 명실상부한 여름의 천국이다.

여름의 정수가 모두 모인 '여름의 천국'

바다와 산이 어우러진 땅, 변산은 독특한 자연과 그 자연의 풍성함으로 사람에게 힘이 되는 땅이었다. 변재(邊材) · 변란(邊蘭) · 변청(邊淸)으로 일컬어지던 이 땅의 풍성함은 땅을 터전 삼아 살아가는 사람들의 역사와 고락을 함께 했다. 삼면이 바다고 국토의 70퍼센트가 산인 이 나라에 좋은 계곡이, 좋은 산이 어디 한둘일까. 하지만 바다와 산과 계곡을 함께 즐길 수 있는 곳은 그리 많지 않다. 그것도 어느 하나 그냥 지나칠 수 없는 아름다움과 여름의 즐거움이 가득한 곳은 더욱 드물다. 변산은 바로 여름의 정수가 모두 모인 곳, 여름의 천국이다.

모래사장이 펼쳐진 바다와 차갑고 맑은 물이 흐르는 긴긴 계곡과 수풀 우거진 산이 절묘한 조화를 이루고 있다. 발디디는 곳마다 저마다의 색이 있어 어느 한 구간 지루하게 이어지는 곳이 없다. 바다와 산이 다르고 갯벌과 모래사장이 다르고 산과 계곡이 다르다. 내변산은 긴긴 능선이 아니라 여러 개의 작은 산이 어깨동무를 하고 울타리를 이루고 있는 곳이다. 주봉이라 꼽을만한 산보다는 숱한 봉우리들이 어울려 있는 곳이다. 그 울타리 안쪽에는 폭포와 맑고 긴 계곡이 있다.

◀ 와룡소는 변산반도국립공원 관리사무소 직원들이 변산 제1경인 직소폭포에 버금가는 명소로 꼽은 비경이다.

높이 424.5m, 3시간 50분 ★☆☆ ●●○

내소사 **내소사 → 관음봉**
내소사분소를 지나자마자 전나무가 줄지어 서 있는 넓고 긴 흙길이 나온다. 전나무 길은 곧게 뻗어 내소사로 향하고 간이화장실이 보이는 왼쪽 갈림길은 관음봉 능선으로 이어진다. 내소사매표소에서 갈림길까지는 5분 정도 걸린다. 작은 여울 위로 놓인 나무데크 다리를 건너면 곧장 오르막길이 시작된다. 길은 점점 가팔라지고 옆으로 따라오던 작은 여울도 점차 멀어진다. 20분쯤 부지런히 걸음을 옮기면 가팔랐던 길은 점차 완만해지고 능선과 만난다.

40분

관음봉 **관음봉 → 직소폭포**
능선을 따라 30분쯤 더 가면 삼거리가 나오는데 산길안내 표지판이 있다. 이곳에서 직소폭포 쪽으로 20분쯤 가면 넓은 바위지대인 재백이고개가 나온다. 산길은 좁지만 갈림길이나 샛길이 없고 표지판이 잘되어 있어서 길을 잃을 염려는 없다. 재백이고개에서 직소폭포 쪽으로 가면 철망으로 바위를 채워놓은 징검다리가 나온다. 계곡을 건너면 길은 다시 산으로 접어든다.

1시간

직소폭포 **직소폭포 → 월명암**
산사면으로 난 길을 따라 걸어가다 보면 아래로 내려가는 길과 위로 올라서는 길로 갈라지는데 직소폭포 전망대에 들르려면 이곳에서 위쪽 길로 가야 한다. 전망대를 지나 산사면으로 난 길을 걸어가다가 다리를 건넌다. 이곳에서 월명암까지는 1.7km 거리다. 좁은 숲길을 따라 걷는 오르막과 내리막을 반복하다 보면 서해 낙조가 아름답다는 월명암에 닿게 된다.

1시간 30분

월명암 **월명암 → 매표소**
월명암을 지나고 나면 길가에 작은 샘터가 하나 나온다. 그곳에서 목을 축이고 30분을 걸어내려 가면 어느 순간 매표소다.

40분

매표소

이국적인 풍경을 연출하는 직소폭포

첫걸음에 가파르게 우뚝 선 길은 한도 끝도 없이 하늘을 향해 올라갈 것 같지만 산의 안쪽은 작은 분지를 이루고 있다. 어느 등산로를 택해도 산은 가파르게 올라서다가 한순간 내려앉고, 그 안으로는 차갑고 맑은 물이 흐른다. 수풀이 울창하던 산길이 어느 순간 열리면서 아찔한 벼랑을 내놓는다. 그 벼랑에서 저 아래 암벽단애로 곤두박질치는 거대한 물줄기가 시야를 가득 메운다. 바로 변산 제1경인 직소폭포다. 직소폭포는 계곡의 어느 모퉁이에 있는 것이 아니다. 변산의 안쪽, 그 중심에서 도도히 낙하하는 물줄기의 웅장함은 보는 이를 압도한다. 이것이 바로 변산의 중심이요 변산의 생명이라고, 자신도 모르는 사이에 탄사가 터져 나온다. 수천 년의 세월 동안 곤두박질 친 물줄기는 실상용추라고 불리는 소를 만들어 놓았다. 난간이 설치된 길을 따라 걸어가면 직소폭포 바로 아래로 내려갈 수 있다. 길이 나 있는 것은 아니지만 5미터쯤 되는 비스듬한 바위를 조심스레 내려가면 실상용추 앞에 서게 된다. 발밑으로 찰랑대는 물결 저 앞에서 굉음을 내뿜는 직소폭포를 바라보면 수직으로 낙하하는 웅장한 물줄기가 이국적인 풍경을 연출한다.

직소폭포 전망대에서는 저만치 보이는 직

직소폭포 하류는 직소보가 물을 모아 산상호수를 이루고 있다. 직소폭포의 웅장함 뒤에 다가오는 풍경이어서 더욱 감동적이다.

소폭포와 그 물줄기가 제2, 제3의 폭포를 이루며 흐르는 것을 볼 수 있다. 실제로 변산 제1경 직소폭포는 단지 이 폭포만을 이르는 말이 아니라 그 물줄기가 만들어내는 이 모든 풍경, 바로 봉례구곡이라고 일컬어지는 계곡 전체를 두고 이르는 말이라고 하니 기왕이면 이곳에서 계곡을 조망하자.

봉례구곡의 아늑한 풍경

봉례구곡은 수풀 속에 감춰두었던 아름다움을 하나씩 내놓는다. 처음에는 크고 작은 와폭과 소의 아름다움으로 잔잔해지다가 어느 순간 가슴이 아늑해지는 풍경으로 바뀐다. 작은 산봉우리들이 가만히 어깨를 맞대고 있는 봉례구곡의 하류, 그 산봉우리 아래를 산상호수라고 해도 좋을 잔잔한 물이 채우고 있다. 산 옆으로 난 길 바로 아래까지 차 오른 잔잔한 물을 보고 있으면 폭포를 보며 짜릿한 긴장감으로 가득찼던 가슴이 깊이 내려앉으며 한없이 아늑해진다. 이쯤에서 들뜬 마음을 차분히 가라앉히며 하산길에 든다.

변산은 작은 산이 겹겹이 둘러싸고 있고 안쪽은 계곡을 중심으로 분지 같은 모양를 하고 있는 파격적인 산세여서 어느 쪽으로 오르더라도 산길의 초입은 가파르다. 겉으로 보면 낮고 빈약한 야산 같지만 안으로 들어서면 바위, 폭포, 나무 등 모든 것이 크다. 몸을 꺾으며 흘러 산의 몸뚱이에 기막힌 무늬를 새겨놓은 와룡소와 가마소는 인적 없는 오지의 정취와 여름의 마법을 느끼게 해준다. 와룡소와 가마소를 품에 안은 화양골에서는 트레킹과 백패킹을 할 수 있고 서해의 보석이라고 불리는 변산반도의 바다에서는 해수욕을 즐길 수 있다.

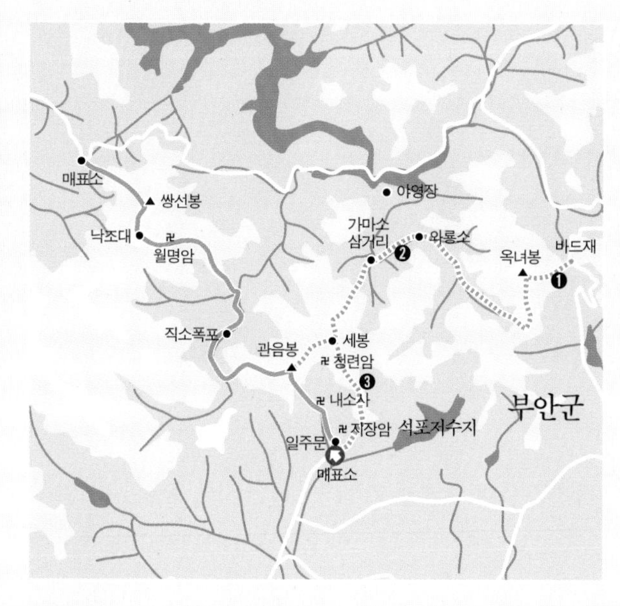

❶ 변산의 어느 들머리나 그렇듯 바드재 역시 급한 오르막으로 시작된다. 구불구불 이어지는 급한 오르막길은 10분쯤 이어지다가 바위지대의 능선길로 바뀐다.

❷ 와룡소를 건너지 않고 가마소삼거리로 가는 것은 가시덤불 때문에 거의 불가능하다. 야트막한 곳에 널려 있는 바위를 징검다리 삼아 와룡소를 건너면 가마소로 가는 길이 이어진다.

❸ 가마소삼거리부터 세봉을 넘어 내소사로 내려가는 길은 오롯한 산길이다.

대중교통

서울 센트럴시티터미널에서 부안고속버스터미널까지 3시간 10분이 걸린다. 06:50부터 19:30까지 50분마다 버스가 있다. 정읍이나 김제에서는 부안으로 가는 버스가 10분 간격으로 있다. 부안에서 변산까지는 버스로 30분 정도 걸린다.

자가용

서울에서 자동차를 이용할 경우는 서해안고속도로를 통해 부안나들목으로 빠져 변산으로 갈 수 있고 2시간 50분 정도 걸린다. 대전에서는 호남고속도로를 이용하고 대구에서는 88올림픽고속도로를 이용하면 된다.

숙박과 먹거리

산행 출발 지점인 내소사 앞에 식당과 모텔이 여럿 있고, 변산반도 자체가 국립공원이어서 어디를 가더라도 편의시설이 많다. 변산바람꽃펜션은 깨끗한 내부공간과 아름다운 경치가 일품이어서 연인이나 가족단위로 변산을 여행할 때 좋다. 도로 건너편에 상록해수욕장이 있고 인근 경치가 수려해 해수욕과 산책을 겸할 수 있다. 내변산으로 들어가는 도로와 채석강·적벽강 등의 해식절벽지대와 곰소의 염전 등 변산의 주요 관광지 중심에 위치해 있어 변산을 두루 둘러보기에 좋은 위치다.

갯벌·해수욕장 '서해가 아름다운 이유는 변산이 있기 때문'이라는 말이 있을 만큼 변산반도의 해안은 아름답기로 유명하다. 호미질 한번이면 온갖 생명들을 볼 수 있는 풍요로운 갯벌과 해식절벽과 동굴로 유명한 채석강과 적벽강, 물이 맑고 모래사장이 좋은 고사포·격포·변산·상록해수욕장이 있다. 그리고 이 모든 것을 달리면서 볼 수 있는 해안도로가 있다.

갯벌의 생태를 눈으로 보고 손으로 만져볼 수 있는 갯벌에서는 바지락·게·맛 등의 생물들을 만날 수 있다. 현지인들 뿐 아니라 여행객들도 붉은 고무 대야와 호미를 들고 갯벌 위를 미끄러져 다니며 즐거운 한 때를 보낸다. 어설픈 호미질을 하는 도시의 어른들 옆에서 갯벌에 사는 망둥이와 게를 보며 신기해하는 아이들의 표정을 보는 것도 즐거운 일이다.

갯벌에서는 과도한 욕심은 금물. 채집을 위해서가 아니라 갯벌을 직접 느껴보기 위해 간다는 마음가짐이 필요하다. 갯벌은 차를 몰고 해안도로를 따라 달리다보면 쉽게 찾을 수 있다.

갯벌에서 바지락을 캐는 사람들.

해식절벽 적벽강과 채석강은 해식절벽으로 경치가 매우 수려하다. 적벽강과 채석강 사이에 격포해수욕장이 있어 해수욕과 수려한 해식절벽을 함께 감상할 수 있다. 갯벌과 적벽강이나 채석강 같은 해식절벽을 감상할 때 밀물과 썰물에 각별히 주의해야 한다. 특히 변산의 넓은 갯벌에서는 밀물이 들어오는 줄 모르고 채집에 정신이 팔려 있다가 사고를 당하는 경우가 종종 있다. 썰물 후에 갯벌은 매우 넓고 편편해 보이지만 부분적으로 높이의 차이가 있다. 밀물이 들어오는 것을 모르고 있다가 자신이 있는 지역이 물에 둘러싸여 사고를 당하게 되는 것이다. 밀물과 썰물의 시간을 사전에 알아놓는 것이 가장 중요하지만 만약 물에 둘러싸이게 됐다면 채집한 것에 욕심을 내지 말고 재빨리 육지로 빠져나와야 한다. 곰소만은 해안드라이브 코스로 제격이다. 넓은 염전이 있고 죽도 등의 섬이 있어서 아름답다. 적벽강에는 후박나무군락지가, 덕거리고개에는 호랑가시나무군락지가 있다.

경관이 수려한 해식절벽 채석강.

15 금정산

암봉으로 솟아 오른 낙동의 정맥

20킬로미터가 넘는 장쾌한 능선과 수려한 화강암 바위들이 공존하는 부산의 산 금정산. 부산하면 '우리나라 제1항구 도시'라는 수식어를 붙이지 않아도, 바다가 아닌 산을 떠올리기가 쉽지 않다. 타지 사람이 부산을 찾는 것은 바다를 보기 위함. 하지만 부산 사람들은 바다에 가지 않고 금정산에 오른다. 암봉으로 솟아 오른 낙동의 정맥 금정산에 오르면 부산 시내의 전경은 물론이거니와 끝 간 데 없이 하늘과 맞닿아 있는 남해바다와 낙동강을 굽어볼 수 있다.

산을 지키는 정령

범어사의 뒷골로 오르는 오솔길은 양쪽에서 들려오는 시원한 계곡 물소리로 운치가 그만이다. 금정산성을 따라 길게 이어진 산길은 언제나 사람들로 붐비지만 범어사를 돌아가는 길은 주말이나 여름에도 한적하다.
자잘한 자갈이 박힌 가파르지 않은 계단길을 30여 분쯤 더 오르면 참나무숲·소나무숲·대숲을 연이어 지난다. 쏴 하는 바람결에 실려 오는 향기도 소리도 나뭇결 따라 다르다. 속살처럼 엷은 초록잎사귀에 살짝 비쳐드는 햇살이 간지럽게 발목에 감겨올 즈음, 떨구어 이겨진 철쭉꽃잎 사이로 '미륵암'이라는 낡고 해진 나무표지판이 나타난다. 마애여래입상이 있는 가산리 작은 암자다. 계곡길을 따라 5분 정도 내려가면 볼 수 있다. 마애여래입상은 높이 12미터, 폭 2.5미터 화강암 절벽에 새겨진 마애불. 주변에 축대가 남아있고 토기조각이 발견되는 것으로 미루어 근처에 절이 있던 것으로 추정되지만 기록에는 남아있지 않다. 높은 바위에 어떻게 올라 그림까지 새겨 넣었는지, 역사적·문화적 가치를 떠나 인간의 염원이 이룰 수 있는 한계가 놀라울 따름이다. 비바람에 마멸되고 바위 균열이 심한 마애불은 그래서 부처이기 앞서 산을 지키는 정령이다.

◀ 나비바위에 사뿐히 올라 앉으면 부산시내 전경과 남해바다가 끝 간 데 없이 펼쳐진다.

높이 801.5m, 5시간 10분 ★★☆ ●○○

범어사 → 1시간 40분 → **고당봉** → 30분 → **원효봉** → 2시간 → **금정산성 제2망루** → 1시간 → **금강공원**

범어사 → 고당봉
범어사를 빙 둘러 청련암·내원암을 지나 양산 기산리 마애여래입상에 이르는 오솔길은 양쪽에서 들려오는 계곡의 물소리가 시원한 코스다. 마애여래입상을 지나 10여 분만 가면 곧바로 정상인 고당봉에 이를 수 있다.

고당봉 → 원효봉
고당봉에 오르려면 북쪽바위를 타야하는데, 누구나 어렵지 않게 오를 수 있다. 오솔길을 따라 엇비슷한 바위군들을 여러 개 넘어, 모르고 그냥 지나치기 쉬운 지점에서 금샘을 만난다. 고당봉에서는 곧바로 호포로 내려갈 수도 있고 금정산성 종주능선을 타는 방법도 있다.

원효봉 → 금정산성 제2망루
북문에서 원효봉을 지나 의상봉, 제4망루, 제3망루를 거치는 길은 차가 지나갈 정도로 넓은 길이다. 사람들이 줄지어 다녀 도심 주변의 공원 같은 느낌을 자아낸다. 북문 아래 야영장 주변에는 음료와 막걸리, 아이스크림 등을 파는 장사치들이 많다.

금정산성 제2망루 → 금강공원
금강공원 쪽으로 하산한다. 끝까지 걸어 내려올 수도 있고, 휴정암 아래서 금강공원까지 놓인 케이블카를 이용할 수도 있다.

금샘을 빼고 금정산을 논하지 말라

고당봉에 오르려면 북쪽바위를 타야 한다. 군데군데 고정 로프가 매여 있어 어렵지 않게 오를 수 있다. 801.5미터 표지석과 너럭바위. 다소 썰렁한 모양새의 바위정상은 360도 파노라마의 절정이다. 장군봉을 등에 지고 왼손으로 계명봉을 짚고 서면, 눈앞엔 17킬로미터 길게 내뻗은 금정산성이 굽이져 한눈에 들어오면서 원효봉·의상봉이 주르륵 달려든다. 남해바다 광안대교가 아스라이 물러서고, 낙동강마저 하늘과 맞닿아 있다.

정상 바로 아래 산신각 고모영신당을 지나서 평지나 다름없이 널찍한 고당샘을 다시 지나 200미터 정도를 가면 '금빛 나는 물고기가 오색구름을 타고 하늘에서 내려와 놀았다'는 금샘이 있다. 금샘을 보지 않고는 금정산을 논하지 말라는 말이 있을 정도. 모르고 그냥 지나치기 쉬운 지점에서 만나게 되는 금샘은 12년 전 〈동국여지승람〉 기록 등을 토대로 다시 측량을 하여 찾아낸 것이다. 금정산(金井山)의 어원이 된 금빛우물이 가지는 의미는 단순히 마르지 않는 바위샘이 아니라 부산 사람들에게 있어 어떤 신성한 기원이다. '금샘'이 없었더라면 '금정산'이라는 이름조차 존재하지 않을 테니까.

금정산성을 타고 낙동강 쪽으로 하산하는 사람들. 금정산 산행에서 낙동강을 바라보는 맛을 뺄 수 없다.

금정산성, 국내 최대 규모의 산성

금정산성은 국내에서 가장 규모가 큰 산성이다. 산성은 성벽과 동서남북 네 개의 문, 네 개의 망루를 품고 있으며 길이 약 17킬로미터, 성벽 높이 1.5~3미터 가량, 성내의 총면적은 약 8,200제곱킬로미터에 이른다. 이렇게 넓은 금정산성 북문에서부터는 길도 거의 신작로나 다름없다. 북문~원효봉~의상봉~제4망루~제3망루를 지나는 길은 자동차로 달려도 괜찮을 만큼 드넓은 평원이다. 작은 오솔길이었는데 점점 늘어난 사람들의 발길이 산에 신작로를 내고 말았다. 북문 아래 야영장 주변엔 마치 시장통처럼 곳곳에 음료와 막걸리를 파는 아낙이 있고, 아이스박스 속엔 이가 시릴 정도로 차가운 아이스크림이 가득하다. 돌계단을 걸어 봉우리 하나를 오르내릴 때마다, 망루를 통해 너른 바다를 껴안을 때마다 줄지어 나타나는 사람들의 무리는 산이 아니라 도심 주변의 공원 같은 느낌마저 자아낸다. 이 큰 산을 공원처럼 부담없이 즐기는 부산 사람들의 모습이다.

금정산의 주요 사찰인 범어사에 들르기 위해서는 범어사 입구 매표소를 들머리로 하여 금정산에 오르는 것이 좋다. 시계 반대 방향으로 범어사를 빙 둘러 청련암·내원암을 지나 양산 기산리 마애여래입상에 이르는 오솔길은 양쪽에서 들려오는 계곡의 물소리가 시원한 코스다. 또한 범어사 바로 뒤편 청련암에서 서쪽 내원암으로 가지 않고 낙동정맥이 이어지는 계명봉으로 올라 설 수도 있으나 가파른 오르막길이 계속되어 사람들이 잘 이용하지 않는다.

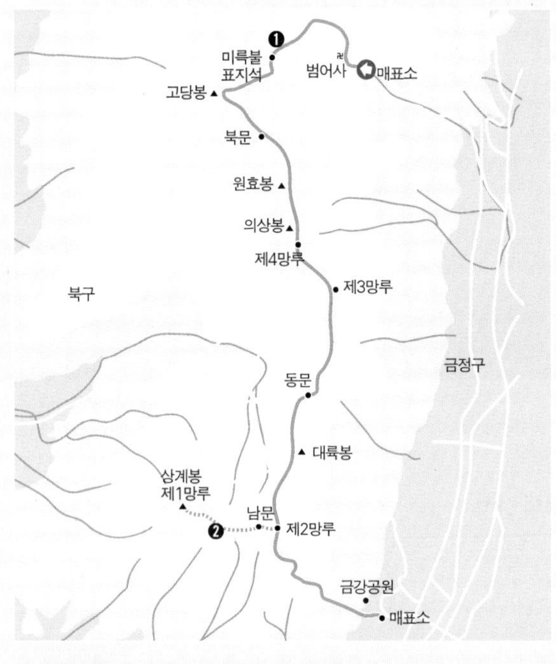

❶ '미륵암'이라는 나무표지판을 만나면 가파른 계곡을 따라 5분 정도 내려가 마애여래입상을 볼 수 있다.

❷ 제2망루에서 남문을 지나 150m쯤 더 걸어가면 상계봉으로 향하는 길목이 있다. 금정산의 주봉 고당봉 못지않게 산꾼들의 사랑을 받고 있는 상계봉은 기암괴석이 어우러져 금강산 만물상 부럽지 않은 봉우리다. 뾰족한 암봉에 오르면 남해바다를 내려다 볼 수 있다.

대중교통

강남 고속터미널에서 부산으로 가는 버스가 수시로 있다. 부산 종합버스터미널은 지하철 1호선 노포동역과 연결되어 있다. 지하철 1호선 범어사역에 내려 90번 또는 147번 버스를 타고 20분쯤 가면 범어사 입구에 이른다.
서울역에서 하루 약 40회 20분~1시간 간격으로 KTX가 운행된다. 부산역에서 범어사까지는 지하철을 이용하면 된다.

자가용

경부고속도로 노포 나들목을 빠져나오면 범어사까지는 금방이다. 구서 나들목으로 빠져나올 경우에는 울산 방향으로 3km 정도 가서 표지판을 따르면 범어사 입구에 닿을 수 있다.

숙박과 먹거리

동문에서 500m쯤 아래로 내려서면 계곡으로 사시사철 맑은 물이 흐르고 마당이 넓은 집들이 여럿 나온다. 넓은 평상과 족구장 시설을 갖춘 생수장은 하룻밤 묵어가기 적당한 민박집이다. 특히 산에서 흘러내려오는 맑은 계곡물을 직접 받아 씻을 수도 있다. 남문과 동문 사이 공해마을과 북문 근처의 금성마을에도 민박집과 음식점들이 즐비하다.

범어사 범어사는 합천 해인사, 양산 통도사와 더불어 남도 3대 사찰로 한국 불교계의 중심지 중 하나다. 금정산 동쪽 기슭에 자리하며 신라 제30대 문무왕 18년(678년) 의상대사가 창건, 흥덕왕 때 중건했다. 흥덕왕 개축 당시는 방사 360, 토지 360결, 소속된 노비가 100여 호에 이르던 큰 사찰이었다. 그러나 임진왜란 때 참화로 모두 소실되어 거의 폐허가 되었다. 현재 건물은 광해군 5년(1613년) 묘전화상과 해민스님이 중건한 것이다. 범어사의 대표적 건물로는 대웅전을 꼽을 수 있다. 1614년(광해군6년) 묘전화상이 건립하여 1713년(숙종39년) 홍보화상이 중수했다. 가늘고 섬세한 조각과 장식이 우리나라 목조건물의 진수를 보여준다. 유일한 신라시대의 흔적으로 삼층석탑이 있다.

범어사는 금정산 산행의 들머리다.

금정산성 원래 이름은 동래산성이지만 금정산 위에 있다 하여 금정산성이라 부른다. 임진왜란의 혹독한 피해를 입은 동래부민들이 난리에 대비하기 위해 쌓은 피란 겸 항전성으로 원래 길이는 약 17km였으나 지금은 4km 정도만 남아있다. 아치형 동문은 금정산 주능선의 잘록한 고개에 자리하고 있으며 전망이 뛰어나 망루로서도 손색이 없다. 서문은 4대문 중 유일하게 계곡에 자리 잡고 있는데, 낙동강에서 대천을 따라 산상마을로 오르면 마을 입구에 있다. 남문은 동제봉과 상계봉을 잇는 능선상의 잘록한 고개에 있으며 북쪽으로 고당봉이 정면으로 올려다 보인다. 북문은 범어사에서 1.6km 정도 거리에 있는데, 4대문 중 가장 투박하고 거친 외형으로 금정산성의 특징을 잘 드러내고 있다.

금정산성이 보여주는 기하학적인 선.

16 내연산

외유내강의 산, 단단한 속뼈를 가른 열두 폭포

빵처럼 부드럽고 순한 외양과 달리 그 속이 꽉 차고 단단한 산이 내연산이다. 외유내강의 산줄기는 그 단단한 속뼈를 언뜻 드러내 병풍암 · 기화대 · 비하대 · 학소대 · 선일대 같은 기암절벽을 만들었다. 이 산의 물줄기는 바위 고개를 넘을 때마다 절벽 아래 몸을 던져 시명폭, 실폭, 복호1 · 2폭, 은폭, 연산폭, 관음폭, 무풍폭, 잠룡폭, 삼보폭, 보현폭, 상생폭 같은 12개의 이름난 폭포로 산산이 부서진다. 그 차고 힘찬 물줄기가 내연산 자락 동쪽 마을 송라면 사람들 목을 축이는 광천이다. 광천은 다른 큰 물줄기와 몸을 섞을 겨를도 없이 곧장 동해로 흘러든다.

정상을 쉽게 보여주지 않는 신선의 산

내연산은 낙동정맥의 청송 주왕산 동남쪽 아래 동해를 향해 산줄기가 뻗어 있다. 국립지리원 발행 지도에서는 북쪽 동대산과 동서로 이어지는 문수산 · 향로봉 줄기가 한데 만나는 삼지봉을 내연산으로 표기하고 있다. 그러나 이 산의 주봉은 길고 긴 청하골 끝자락에 숨은 향로봉이다. 930미터라는 만만치 않은 높이의 향로봉은 명색이 내연산의 최고봉이면서도 길손에게 쉽게 그 모습을 보여주지 않는다. 포항시 죽장 · 신광 · 송라면을 가르는 이 고장의 조산 매봉을 기점으로 내연산줄기와 나란히 동쪽으로 뻗어나가는 맞은편 천령산 줄기가 구불구불 몸을 뒤틀면서 향로봉을 꽉꽉 숨겨두고 있기 때문이다. 내연산이 신선의 산으로 불리는 이유다.

신선의 산에서 사람의 산으로

그러나 제철소의 쇳물처럼 뜨거운 사람들이 내연산 최고 절경인 연산폭포의 바위 절벽 위에 길을 냈다. 신선이 학을 타고 내려온 곳 또 그 학이 둥지를 틀고 살았다는 벼랑. 감히 신선이나 넘볼 수 있던 절벽 위에 줄을 묶고 학처럼 날아오르는 꿈을 펼친 것이다. 나침반과 줄자를 들고 산자락 구석구석 다리품

◀ 관음폭포. 구름다리를 건너면 연산폭포가 있다. 어느 산이나 사람을 가르는 분기점이 있기 마련인데 내연산을 찾는 사람들 대부분은 이곳에서 돌아 내려간다. 그러나 내연산 산 맛을 제대로 느끼려면 폭포를 돌아 물길을 거슬러 계속 올라가야 한다.

높이 930m, 8시간 10분 ★★★ ●●○

보경사

보경사 → 관음폭포

1시간 30분

보경사 담 아래 이어진 수로를 따라 걸으면 폭포로 오르는 길이다. 물길 따라 걷다가 제일 먼저 만나는 폭포가 상생폭이다. 그 뒤로 보현폭·삼보폭·잠용폭·무풍폭을 차례로 넘어선다. 계곡 위쪽 비탈의 등산로를 따라 걸으면 숲에 가려 안 보일 수 있으니 유의해야 한다. 깎아지른 바위절벽 비하대와 학소대 사이 하얗게 쏟아져 내리는 것이 관음폭포다.

관음폭포

관음폭포 → 시명리

2시간

관음폭포 위로 구름다리를 건너면 비하대 뒤에 숨은 연산폭포를 만날 수 있다. 비하대 옆으로 난 가파른 물길을 다시 따른다. 산비탈을 돌아가는 오솔길을 오르면 나무들이 울창해 계곡이 보이지 않지만 잠시 후 숲이 열리며 거대한 너덜지대가 나타난다. 그 뒤가 바로 시명리다. 향로봉에 오르기 위해 시명리에서 잠시 휴식을 취하며 식수를 확보하는 것이 좋다.

시명리

시명리 → 향로봉

1시간

여기서부터 급경사. '고메이등'으로 불리는 고빗사위다. 울창하고 가파른 산길을 오르고 오르면 비로소 향로봉에 도착한다.

향로봉

향로봉 → 삼지봉

1시간 20분

이제부터는 능선을 따라 편안히 걸어 내려가는 길이다. 오솔길 양옆으로 폭신한 초록 융단 같은 풀밭이 있어 하산 길이 가볍다.

삼지봉

삼지봉 → 문수산

50분

삼지봉을 지나 문수산까지 능선을 잇는 구간에 새로운 길이 생겨 다소 복잡하니 유의해야 한다.

문수산

문수산 → 보경사

1시간 30분

길고 긴 숲의 터널을 빠져나오면 문수샘에서 목을 축이며 쉴 수 있다. 문수암을 내려오는 길에는 청하골 계곡을 한눈에 내려다 볼 수 있다.

보경사

을 팔아 이 산의 지도를 그린 것도 그들이다. 신선의 산은 이렇게 사람의 산으로 거듭났다. 그렇지만 이 벼랑의 길은 모든 사람에게 허용된 길이 아니다. 사람의 산은 땀 흘려 오르는 이들의 몫이기 때문이다. 내연산 깊숙한 곳에 자연휴양림이 들어서려던 것을 포항 산사람들이 기어이 막아낸 것도 바로 그런 바람 때문이다.

향로봉을 오르면 어디든 갈 수 있다

어느 산에나 산행 목적에 따라 사람을 가르는 분기점이 있게 마련이다. 내연산을 찾는 사람들은 세 부류로 나뉜다. 연산폭포 앞에서 발을 담그고 사진 속에 추억을 담고 곧장 내려가는 사람들이 있는가 하면, 비하대에 줄을 묶고 바위 벼랑을 오르는 사람들이 있고, 그 벼랑을 넘어 계속 산을 오르는 이들도 있다. 어떤 이들에겐 발길을 돌려 내려가야 할 산행 종점이지만, 암벽등반을 하려는 이들에게는 이제까지 산행은 단지 '어프로치'이고 비로소 오름짓이 시작되는 출발점인 곳이다.

포항의 산사람들은 시명리에서 향로봉을 오르는 고메이등을 치고 올라야만 비로소 '향로봉 했다'는 명함을 내밀 수 있다고 한다. 그만큼 가파른 경사길이다. 포항이 가진 철의 자부심은 바로 이 경사를 타고 흐르는 것이다. 고메이등을 치고 오르는 길

향로봉에서 삼지봉으로 가는 오솔길 양옆으로는 그대로 드러눕고 싶은 풀밭이 끝없이 펼쳐진다.

은 향로봉 정상만 빼고 울울창창 우거진 숲에 가려 멀리 앞을 내다보기가 쉽지 않다. 무성한 나무들 아래 열두 개의 폭포와 계곡이 꽉꽉 숨어있다는 게 믿어지지 않을 정도다.

다시, 사람의 산에서 신선의 산으로

향로봉에서 삼지봉을 지나 문수산까지의 길은 수월하지만 그래도 만만치 않은 거리다. 길 양쪽에는 초록에 지쳐 멀미가 날 지경으로 끝없이 이어지는 눈부신 풀밭이 있다. 그냥 배낭을 던져 눕고 싶을 정도로 포근한 경치가 인상적이다. 문수암을 내려오는 길에 비로소 내연산 종주를 갈무리할 수 있는 멋진 풍경을 만난다. 길고 긴 청하골 계곡을 한눈에 내려다 볼 수 있는 유일한 전망대다. 계곡을 거슬러 오르며 맨 처음 만났던 상생폭포가 벼랑 아래 한 점이다. 구불구불 몸을 뒤틀며 이어지는 계곡의 선을 따라 고개를 들어보지만 향로봉은 멀리 숨어 보이지 않는다. 발밑의 길들도 방금 지나온 곳이지만 마치 신선이 거니는 곳처럼 아스라이 멀게 보인다.

내연산은 길이 뚜렷하고 안내판이 잘 설치되어 있어 길 찾기에 별 어려움이 없다. 계곡 트레킹과 능선 종주 등 다양한 코스를 선택할 수 있다. 계곡을 찾은 사람들 대부분이 회귀하는 곳은 연산폭포다. 연산폭포까지는 행락객들이 많아 번잡하지만 비하대 왼편으로 가파른 길을 따라 계속 계곡을 거슬러 올라가면 시명리까지 깨끗한 물줄기를 따라 호젓한 산행을 즐길 수 있다. 향로봉에서 삼지봉, 문수산을 잇는 주능선은 울창한 숲 속 오솔길을 따라 길게 이어져 있어 한여름에도 뙤약볕 걱정 없이 실컷 걸을 수 있다.

❶ 보경사에서 문수암을 지나 삼지봉 능선을 타고 향로봉을 오르는 길은 평탄한 능선 아래 오솔길을 따라 걸을 수 있다.

❷ 보경사에서 계곡을 따라 폭포를 감상하고 향로봉을 오르려면 가파른 고메이등을 지나야 한다.

❸ 향로교에서 오르는 길은 향로봉으로 가는 가장 빠른 코스지만 대중교통으로 향로교까지 이동이 불편하다.

대중교통

동서울터미널에서 포항 시외버스터미널로 가는 버스가 07:00부터19:00까지 1일 21회 운행한다. 23:10 24:00에 심야버스가 있다. 4시간 30분 소요.
포항 시외버스터미널에서 보경사 행 버스는 06·07·08·10·11·12·13·15·16·17·18시에 출발하며, 약 1시간 걸린다.

자가용

경부고속도로 영천나들목에서 포항으로 가는 28번 국도로 진입, 포항 입구 안강에서 925번 지방도로를 타고 신광면을 거쳐 송라면으로 나오면 내연산으로 가는 보경사 입구에 이른다.

숙박과 먹거리

삼보가든은 내연산 입구에서 30년째 포항산악인들의 베이스캠프 역할을 하고 있는 전통 있는 토박이 식당으로 민박도 가능하다. 맛깔스런 산채비빔밥과 개운한 손칼국수가 일품. 강산식당은 포항지역 산악인들이 해장국으로 즐겨 찾는 시원하면서도 담백한 아구탕이 별미이고, 물가자미회도 있다. 포항시 죽도2동 동사무소 앞에 있다. 이 밖에 선프린스관광호텔이나 포항시내에 있는 숙박업소를 이용할 수 있다.

호미곶 백두산 호랑이가 연해주를 할퀴고 있는 형상의 한반도를 묘사하면서 호랑이 꼬리라 이름 붙인 호미곶은 한반도에서 가장 먼저 해가 뜨는 곳으로 알려져 있다. 〈삼국유사〉에도 연오랑과 세오녀가 일본으로 건너가 왕과 왕비가 되자 신라의 해와 달의 정기가 사라졌고, 이곳 호미곶에서 제를 지내 다시 해와 달을 되찾았다는 이야기가 전한다. 호미곶의 상징물이라 할 수 있는 조각상 상생의 손은 육지에 왼손, 바다에 오른손이 놓여 있다. 상생의 손은 새천년을 맞아 모든 국민이 서로를 도우며 살자는 뜻에서 만든 조형물인데, 바다에 있는 오른손 조각상 뒤로 해가 떠오르는 모습이 유명하다.

등대박물관 호미곶 해맞이 광장 안에 있는 한국 최초의 등대박물관은 한국 등대의 발달사와 각종 해운자료를 한눈에 볼 수 있는 등대 관련자료 및 소장품 710여 점을 전시하고 있다. 1982년 8월 4일, 국내 최대 규모의 유인등대인 장기갑(호미곶)등대(높이 26.4m)가 지방 기념물 제39호로 지정되었고, 영일군은 이를 계기로 등대와 관련한 각종 자료를 전시할수 있는 건물을 짓고, 포항 지방해운항만청을 통해서 자료를 수집하여 이 박물관을 만들었다.

경상북도수목원 2001년 9월에 문을 연 경상북도 수목원에는 720종의 다양한 식물을 관람할 수 있도록 자연학습장을 조성해 놓았다. 수목원 안의 나무들은 아직 어린 편이지만 전망대 망루에서 내연산 산군 일대를 조망하고 영일만과 호미곶 등을 한눈에 바라볼 수 있어서 나무 구경 외의 다른 즐거움을 느낄 수 있다.

호미곶의 상징물, 상생의 손.

온천과 해수탕 내연산이 있는 포항시에는 산행의 피로를 풀기에 좋은 온천과 해수탕이 많이 있다. 옛날부터 온정재, 왕어골, 가마골에서 온수가 솟았다는 전설이 있었으며, 1974년 석유 탐사시 영일만 일대 지열이 전국 최고임이 확인되었다고 한다.

등대박물관은 호미곶 해맞이 광장에 있다.

17 가야산

저기 눈부신 석화성을 보라

조선의 걸출한 인문지리학자 이중환은 〈택리지〉에서 가야산의 모습을 '경상도에는 없는 석화성(石火星)의 형상이다.'라고 기록하고 있다. '석화성'이란 마치 불꽃이 공중으로 치솟는 듯한 형상의 바위를 일컫는다. 그만큼 우뚝 선 바위의 기세가 장관이다. 뿐만 아니라 바위군 사이사이 끈질긴 생명력을 과시하며 살아남은 소나무들이 어우러져 '12대 명산' '조선8경의 하나'라고 불리는 뛰어난 경치를 볼 수 있다. 1995년 세계문화유산으로 지정된 팔만대장경과 해인사를 비롯하여 뛰어난 명승고적이 즐비하여 역사·문화적 가치 또한 어느 산에도 뒤지지 않는다.

고목이 굽어보는 세월의 흔적 '해인사'

산행의 시작은 역대 대통령들도 꼭 한번 들른다는 해인사다. 신라 애장왕 3년(802)에 창건된 해인사는 석가모니의 사리가 모셔진 불보(佛寶)사찰 통도사, 국사를 지낸 열여섯 고승을 배출한 승보(僧寶)사찰 송광사와 더불어 우리 민족의 믿음의 총화인 팔만대장경이 봉안된 법보(法寶)사찰로서 한국 삼대 사찰의 하나다. 이 때문에 해인사는 천년 동안 한국인의 정신적인 귀의처로 존재했으며 이 땅을 비추는

▲▲ 남산제일봉 정상부 아기자기한 바위들이 하얀 구름과 어우러져 선경을 만든다.

◀ 1430m 가야산 정상에 짙은 운해가 깔리면 세상 시름을 다 잊은 양 꿈속에 젖어든다. 상왕봉과 천불봉 사이 갈림길에서.

▲ 해인사 일주문을 지나 곧게 뻗은 진입로에는 아름드리 전나무와 느티나무가 줄지어 섰다.

지혜의 등불이 되어 왔다.

국내 최대 사찰이며 한국불교의 성지라는 표현답게 거쳐 간 고승대덕도 한둘이 아니다. 균여와 대각국사 의천은 해인사에서 도를 깨쳐 사풍(寺風)을 선양했고, 사명대사 유정은 해인사 홍제암에서 3년을 머물다가 입적했다. 근세말 최고의 선승으로 손꼽히는 경허스님 또한 노년기를 해인사에서 보냈다. 1993년 남루한 가사 한 벌만을 남긴 채 입적한 성철스님은 해인사에서 동산큰스님으로부터 계(戒)를 받고 주로 가야산에서 참선 수행하여 '살아있는 부처'로 알려질 만큼 큰 족적을 남겼다.

해인사 뒷마당에는 '지팡이 나무'라 불리는 높이 30미터, 둘레 5.1미터의 천 살도 더 먹은 전나무가 살고 있다. 말년에 해인사에서 은둔생활을 하던 최치원이 제자들 앞에서 이곳에 지팡이를 꽂으며 "내가 살아있다면 이 지팡이 또한 살아있을 것이니 학문에 열중하라"는 유언을 남겼다고 한다. 지금도 '지팡이 나무'는 다사로운 눈길로 민초들의 수행을 독려하는 듯하다.

높이 1430m, 4시간 10분

★☆☆
●○○

해인사

해인사 → 마애불입상

출발 전에 유네스코 지정 세계문화유산 팔만대장경을 봉안하고 있는 법보사찰 해인사를 둘러보는 것도 좋다. 해인사 입구에서 왼쪽으로 빠져 홍제암, 용탑선원을 뒤로 밀어내며 산길로 접어든다. 극락골과 토신골 두 갈래 길에서 극락골로 방향을 잡는다. 계곡에 드문드문 놓인 아치형 나무다리를 몇 개 건너 오솔길과 가파른 너덜지대를 번갈아 오르면 조금씩 시야가 트이고 바위에 새겨진 마애불입상이 나타난다.

50분

마애불입상

마애불입상 → 상왕봉

마애불에서 2km만 오르면 상왕봉이다. 정상에 가까울수록 가파른 암릉 구간이 나타나 간간이 놓인 철계단을 디뎌야 하고 고정 로프를 매어 놓은 바위를 타넘기도 해야 한다.

1시간 20분

상왕봉을 300~400m쯤 남겨놓은 지점에서 바위를 타고 내리는 물줄기로 식수를 확보할 수 있다.

마지막 철계단을 올라서면 시야가 탁 트이면서 큰 바위덩어리가 산 전체를 뒤덮고 있는 듯 거대한 바위군이 나타난다. 상왕봉이다.

상왕봉

상왕봉 → 상아덤(서장대)

정상에서 내려서는 길은 상왕봉보다 3m 더 높다는 칠불봉에서 내려오는 길과 나란히 만나 하나가 된다. 여기서 50분쯤 너덜지대를 통과하면 용기골과 심원골로 갈라지는 삼거리. 300m만 더 오르면 가야산에서 가장 빼어난 경관을 자랑한다는 만물상 능선이 보이는 상아덤이다. 하지만 현재 상아덤은 만물상, 심원골, 토신골과 함께 출입 통제구역이다.

50분

상아덤(서장대)

상아덤(서장대) → 백운리

울울창창한 숲길 사이 용기골의 물길을 따라 내려간다. 나무다리를 번갈아 건너며 내리막길이 이어지고, 백운리 매표소가 나오면 산행이 끝난다.

1시간 10분

백운리

쉬었다 가라 구름이 내미는 손길

산행이 급하지만 마애불입상 앞에 서면 잠시 우러르게 마련이다. 비바람에 잘 다듬어진 자연바위에 돋을새김된 불상엔 부처의 잔잔한 미소가 없다. 날카로운 눈꼬리, 두툼한 입술, 섬세한 손가락. 9세기 무렵 통일신라 때 만들어졌을 것으로 추정되는 마애불입상. 가만히 우러르고 있으면 곧 호통이라도 칠 듯 노려보지만, 이내 욕쟁이 할멈의 속정 깊은 속내처럼 쉬다 가라 내미는 부처의 손길이 느껴진다.

마애불입상에서부터의 산행은 숲길이라 산을 오르는 내내 정상부가 보이질 않아 까마득하다. 입산 통제된 토신골에서 올라오는 갈래길과 만나는 지점까지도 산은 정상부를 제대로 드러내지 않는다. 이쯤이면 전망이 좋다는 수도산~가야산 종주 코스가 아쉽기 마련이다. 하지만 바위 틈새로 흐르는 물을 만나 갈증을 해소하면 그런 생각들은 말끔히 가신다. 단번에 마시기 아까울 만치 물맛이 좋다. 수도산~가야산 코스의 능선에서는 물이 귀하다.

상아덤에 묻힌 가야국의 전설

상왕봉 정상에 서면 짙은 운무가 깔리는 것을 쉽게 볼 수 있다. 잠시 드러났다 사라지는 봉우리 너머 또 봉우리. 암봉 사이를 들락날락거리는 구름이 재빠르게 숨어드

연꽃바위 사이를 들락날락거리는 구름이 암봉들과의 숨바꼭질을 멈추지 않는다.

니 그들 사이의 숨바꼭질은 멈출 줄 모른다. 시계 좋은 날이면 멀찍이 보인다는 팔공산도 덕유산도 그저 자리만 가늠해볼 뿐이다.

정상에서 내려서는 길은 상왕봉보다 3미터 더 높다는 칠불봉에서 내려오는 길과 나란히 만나 하나가 된다. 여기서 50분쯤 너덜지대를 통과하면 용기골과 심원골로 갈라지는 삼거리. 그러나 삼거리 너른 평지 한쪽 가장자리에는 나무울타리가 쳐지고 붉은색 글씨의 '출입금지' 푯말이 나붙어 있다. 300미터만 더 오르면 가야산에서 가장 빼어난 경관을 자랑한다는 만물상 능선이 보이는 상아덤. 상아덤은 가야국 개국 전설이 서린 유서 깊은 곳이다. '오색 꽃구름 수레를 타고 상아덤에 내려온 한늘신 이질하가 가야산 여신 정견모주와 부부가 되어 아들 둘을 낳았는데, 그들이 자라 하나는 대가야국의 첫 임금 이진아시왕이 되고 하나는 금관가야국 시조 수로왕이 된다.' 이런 상아덤을 가야산의 진짜 주인인 산사람들에게 되돌려줘야 하지 않을까.

가야산은 해인사나 백운동 들머리를 이용하는 것이 가장 일반적이다. 법보사찰 해인사를 찬찬히 둘러본 다음 왼쪽으로 난 등산로를 따라 가야산 정상 상왕봉에 이를 수 있다. 상왕봉에서 200~300m쯤 떨어진 칠불봉을 거쳐 올라간 길을 되짚어 하산하거나 백운사지를 거쳐 용기골로 내려와 백운동에 이르는 길이 일반적인 코스. 아니면 백운동에서 출발하여 상왕봉을 거쳐 해인사로 하산할 수도 있다.

❶ 상왕봉 정상에 가까울수록 가파른 암릉 구간이 나타나 간간이 놓인 철계단을 디뎌야 하고 고정 로프를 매어 놓은 바위를 타넘기도 해야 한다.

❷ 금강산을 빼닮아 '작은 금강산'이라고 불리는 남산제일봉으로 가는 길에는 기암괴석 절경을 여러 차례 만날 수 있다. 또, 군데군데 놓인 철계단 옆으로 빠져나와 짧은 암릉 구간을 경험할 수 있고, 천년고찰 청량사도 둘러볼 수 있다.

대중교통

해인사 행 노선버스는 대구에서 출발하며, 백운동 행은 고령에서 출발한다.
대구 서부시외버스터미널에서 해인사로 가는 버스가 1일 40회(06:40~20:00) 운행하며, 합천 시외버스터미널에서 1일 3회(10:50 14:30 19:00) 운행한다.

자가용

경부고속도로 금호나들목에서 구마고속도로로 접어들어 14.6km 더 달려 옥포 분기점에 이른다. 여기서 88올림픽고속도로로 바꿔 타고 33km쯤 운행하여 해인사나들목으로 빠져나와 1033번 지방도로로 4km 더 가면 해인사 입구에 이른다.

숙박과 먹거리

가야산과 남산제일봉, 홍류동 계곡에 관해서 줄줄 꿰고 있는 주인이 운영하는 삼일식당과 가야산 안내자를 자청하던 아버지에 이어 아들이 물려받아 운영하는 백운장식당이 유명하다. 그밖에 해인사관광호텔, 산장별장여관, 해인장여관, 진주장여관, 향원장여관 등이 있다.

황계폭포 용주면 황계리에 있는 합천 8경 중 제7경 황계폭포는 승경에 도취한 옛 선비들이 중국의 여산폭포에 비유했을 만큼 빼어나다. 20m의 절벽에서 떨어지는 폭음이 뇌명 같고 아무리 가물어도 수량이 줄지 않아 마를 때가 없다고 한다. 또한 수심이 깊어 용이 살았다는 전설이 전해진다. 한 번 떨어진 물은 다시 아래로 미끄러 지면서 또다른 폭포를 만들어 내며 한여름 더위를 잊게 한다. 동네어귀에서 폭포로 오르는 길목에 서 있는 정자를 돌아들면 이내 폭포소리가 계곡을 울린다.

합천호와 백리 벚꽃길 국내 다섯 번째 인공호수로 7억 9천만 톤의 물을 담수하여 산중바다를 이루고 있는 합천호(댐높이 96m, 길이 472m)는 황매산 · 악견산 · 금성산 · 소룡산을 한 폭의 그림처럼 안고 있다. 깨끗하고 맑은 물은 철새들의 낙원이며, 석양 아래 뛰노는 물고기의 은빛물결이 아름다운 곳이다. 또한 전망이 좋은 언덕에서 식사를 하며 합천호를 조망할 수 있고, 호반도로의 백리 벚꽃길은 이미 최고의 드라이브 코스로 손꼽히고 있다.

함벽루 합천8경의 제5경으로 고려 충숙왕 8년(1321년)에 창건했으며, 황강 정양호를 바라보는 수려한 풍경으로 많은 시인묵객들이 풍류를 즐기기도 했다. 이황 · 조식 · 송시열 등의 글이 누각 내부 현판에 걸려있고, 암벽에 각자한 함벽루(涵碧樓) 세 글자는 우암 송시열의 글씨다. 누각 처마의 물이 황강에 바로 떨어지는 배치로 유명하다.

홍류동 계곡 해인사로 접어들 때 펼쳐지는 십리계곡길. 봄이면 진달래와 철쭉으로 물들고, 여름에는 노송과 활엽수가 우거진 계곡을 따라 흐르는 시원한 물이 일품이다. 가을 단풍철에 아름다운 경치가 계곡에 비친 모습이 마치 계곡물이 붉게 타오르는 것 같아 홍류동이라 부른다.

합천8경 중 하나인 황계폭포.

해인사 입구의 홍류동계곡.

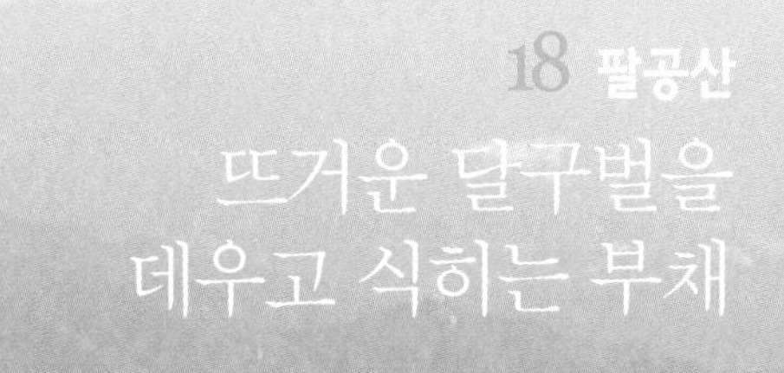

18 팔공산

뜨거운 달구벌을 데우고 식히는 부채

대구는 덥다. 대구 분지는 우리나라에서 가장 더운 곳이다. 여름이면 대구 사람들은 아예 팔공산자락으로 이사를 한다. 동화·파계지구 야영장에는 한 달 이상 텐트를 걷지 않고 산에서 출근하고 산으로 퇴근하는 사람들이 적지 않다. 대구가 섭씨 35도 열기에 펄펄 끓을 때도 팔공산은 서늘한 산바람이 불기 십상이다. 팔공산은 곧 달구벌의 부채. 옛사람들은 부채는 여덟 가지 덕을 가졌다고 칭송했다. 부채는 더위를 쫓고 악귀를 몰아낸다. 팔공산이란 너른 부채의 덕은 그 가짓수를 셀 수도 없고 그것이 미치는 범위도 자로 재기 힘들다. 산등성이와 골마다 서린 역사의 발자취는 1192.8미터 비로봉의 외형보다 장대하고 웅혼하기 때문이다.

산계와 속계를 구분하는 곳

파계사(把溪寺)는 절 좌우 계곡의 아홉 개나 되는 물줄기가 흩어지지 못하게 붙잡아 모은다는 뜻을 지닌 이름이다. 동화사나 갓바위 시설지구에 비해 한적한 것이 오히려 절을 절답게 만든 것 같은 분위기다.

설선당을 돌아 뒤뜰 밖 숲으로 들어가야 산길이 열린다. 숲속에 들어서면 처음 서

▲▲ 미타봉인 동봉 정상에서 갓바위 부처가 있는 관봉 쪽 산자락을 바라본다. 멀리 기계충 자국처럼 파헤쳐진 것은 팔공컨트리클럽이다.
◀◀ 진동루 누각 아래로 잠시 어두운 마루 밑을 통과하면 환하고 너른 뜨락이 열린다. 사진 양원.
◀ 파계재에서 서봉을 오르는 길의 톱날바위 능선. 무딘 톱날 같은 바위 등을 타고 오르면 대구 시내와 팔공산 산자락을 시원하게 내다볼 수 있다.

늘한 기운이 이마에 닿는다. 축축한 숲 속으로 희미한 오솔길이 이어진다. 절에 가면 세속에서 부처의 품으로 들어서는 사람을 위해 의도된 공간미학이 있듯 산에도 일상의 긴장을 무장 해제시키는 지점이 있다. 산계와 속계를 구분하는 곳. 팔공산의 경우, 파계사 담 뒤 숲에서부터 그곳이 시작된다.

보기보다 큰 산, 비로소 산에 들다

파계사에서 북쪽으로 산을 넘는 파계재 길은 옛 사람들이 가장 빠르게 팔공산을 넘던 길이다. 달개비와 미나리아재비가 무리지어 피어있는 야생초 밭 사이로 지그재그로 고갯마루를 오르는 길이 한가롭다. 축축하고 서늘한 숲의 기운도 잠시, 걷는 만큼 달구어지는 몸을 식힐 재간이 없다. 그러나 아직 길이 멀다. 팔공산은 차를 타고 대구를 지나갈 때 주마간산으로 보던 것보다 훨씬 큰 산이다.

파계재에서부터 파계봉을 향해 본격적으로 산등성이를 타고 오른다. 반대편은 한티재에서 가산까지 이어지는데 한티재 아래 대구에서 군위로 넘어가는 팔공산 순환도로가 산길을 동강냈다. 그러나 대구 사람들은 진정한 팔공산 종주는 가산까지 이어지는 것으로 친다. 완만한 산등성이를 따라 이어진 푸른 숲길, 발밑에 촉촉하고 부드럽게 깔린 검은 흙, 길옆 풀섶을 가득 덮은 풀꽃들도 크게 사람에게 시달린 흔적이 없다.

푸른 숲에 바위 꽃이 피었습니다

파계봉 정상에서 비로소 '정상 등산로 156'이라는 안내 표지가 눈에 들어온

높이 1193m, 8시간 30분

★★☆
●○○

지점	소요시간	구간 안내
파계사	2시간	**파계사 → 톱날능선** 파계사 설선당을 돌아 뒤뜰 밖 숲으로 들어가면 산길이 나타나고 오솔길이 이어진다. 파계재에서부터 파계봉을 향하는 산등성이가 본격적인 산행을 알려준다. 파계봉 정상을 거치면 곧바로 톱날능선까지 갈 수 있다. 산등성이 위로 날카로운 등 지느러미마냥 꼿꼿이 서 있는 바위능선을 만나면 그곳이 톱날능선이다.
톱날능선	1시간 40분	**톱날능선 → 서봉** 서봉으로 향하는 막바지 오르막은 우거진 수풀 사이로 희부연 바위꽃들이 군데군데 무리지어 피어 있다. 팔공산 서봉 정상은 두 곳이다. 한곳에는 서봉, 서너 발자국 옆에는 삼성봉이라는 각기 다른 표지석이 서 있다.
서봉	30분	**서봉 → 동봉** 동봉으로 가는 길에는 돌부처 둘을 만날 수 있다. 마애약사여래좌상과 석조여래입상. 동봉 쪽의 석조여래입상은 비례와 조형미가 떨어져 모자란 듯 보이는 얼굴로 칼로 벤 듯한 바위기둥에 몸을 기댄 불안정한 자세지만 볼수록 투박한 매력이 있다. 돌부처 등 뒤로 동봉까지 가파른 나무계단이다. 동쪽 산기슭의 넓은 동화사 터가 한눈에 들어온다. 팔공산에서 일출이 가장 아름답다는 동봉에서 하룻밤 묵는 것도 괜찮다.
동봉	3시간 30분	**동봉 → 관봉** 염불봉~병풍바위~조암을 잇는 바위 능선을 넘는다. 관봉으로 향하는 길은 장쾌한 풍경이 눈을 즐겁게 한다. 긴 철쭉 터널을 만날 수도 있다. 사람들이 많고 능선이 뚜렷해 하산길이 수월하다.
관봉	50분	**관봉 → 갓바위 집단시설지구** 관봉부터 갓바위 집단시설지구까지는 연중 많은 사람들이 찾고 가로등이 있어 야간산행의 하산로로도 적당하다.
갓바위 집단시설지구		

다. 동쪽 끝 관봉을 1번으로 해서 매겨진 번호다. 여전히 길은 멀다.

팔공산 능선에 세운 표지판들은 그리 친절하지 않다. 하나같이 지나온 길과 다음 목적지만 화살표로 표시된 채 현 위치는 적혀 있지 않다. 번호를 쫓아 주어진 길만 가든가 그렇지 않으면 지도를 보고 스스로 연구해야 한다. 자기가 발 딛고 선 자리를 바로 본다는 것은 산 아래 일상에서는 더욱 쉽지 않은 일이다. 하지만 가시관처럼 꽂힌 송신탑 때문에 초행길 어디서도 팔공산 정상을 알아보는 일은 쉽다. 서봉까지 산등성이 위로 날카로운 등 지느러미마냥 꼿꼿이 서 있는 바위능선이 이어진다. 멀리서 보면 끝이 닳아버린 톱날이 길게 하늘을 향해 날을 세우고 누워 있다.

돌덩이에도 피가 돈다

바위 등에서 내려와 숲길을 걸으며 장쾌한 풍경 앞에 호사한 눈을 쉰다. 지칠 만큼 걷다가 주위가 온통 철쭉 터널이란 걸 새삼 깨닫게 된다. 꽃이 진 자리에서 나무를 알아보기는 얼마나 어려운가. 나무의 생에서 꽃의 영화는 또 얼마나 짧은가. 목탁소리가 가깝다. 누구나 한 가지 소원은 꼭 들어준다는 영험한 부처에게 가는 길. 나무마다 오색 끈이 묶여 있고, 촛농이 녹아 흐르고 검게 그을린 바위 위에 돼지머리

팔공산 동쪽 끝자락 관봉 정상에 갓바위 부처로 알려진 관봉석조여래좌상(보물 제143호). 전국에서 가장 영험한 기도처로 이름 높아 연중 사람들 발길이 끊이질 않는다. 사진 양원.

와 북어가 햇살 아래 몸을 달구고 있다. 이제부터 애끓는 염원들로 산이 몸살을 앓는 지역이다. 선본사에서는 갓바위 부처를 찾는 기도객들을 위해 연중 공양이 끊이질 않는다. 사람이 많을 때는 하루 열 가마도 넘게 밥을 한다는데 불심도 경기를 타는지 요즘은 밥하는 양이 많이 줄었다고 한다. 등산화 끈을 풀고 밥과 멀건 된장국과 무짠지가 전부인 밥상을 받아든다. 짠지는 눈물이 찔끔 날만큼 짜다. 산에서 흘린 염분을 모두 보충하란 뜻인가 보다. 어디서든 이 소박한 밥의 의미를 잊지 말아야 한다.

관봉 정상에 앉아 있는 갓바위 부처는 세상이 피곤한지 왼쪽으로 많이 기울어 있다. 잠시 눈을 감는다. 저 범상치 않은 표정의 불상 외에는 아무것도 없던 시절, 바람 부는 관봉에 홀로 선 적막한 풍경을 꿈꾼다. 거대한 통바위에 매달려 부처의 형상을 쪼아댔을 이름 모를 석공의 망치 소리가 들린다. 돌덩이에도 피가 돈다는 것을 느끼고, 어떻게 그 안에 신성이 깃드는지 온몸으로 이해하고 있었을 한 사람의 석공. 그 앞에서라면 누구라도 저절로 엎드려 절을 하고 싶을 것이다.

팔공산은 비로봉(毘盧峰 · 1192.8m)을 중심으로 동서로 관봉에서 가산까지 20km에 걸쳐 장쾌한 능선이 이어진다. 정상은 군사시설과 송전탑 때문에 오를 수 없고, 동봉(1155m)과 서봉(1150m)이 실질적으로 오를 수 있는 이 산의 정상이다. 동봉과 서봉 밑으로 각각 병풍바위와 톱날능선의 화강암 바윗길이 이어져 암릉등반을 즐길 수 있다. 산 남쪽으로 문암천, 북쪽과 동쪽에 한천, 남천, 신녕천 등으로 이어지는 여러 계곡이 있는데, 골짜기가 깊고 숲이 우거진 수도사 치산계곡과 수태골이 가장 유명하다.

❶ 갓바위 지구는 주차장에서 갓바위까지만 왕복하는 사람이 많다.

❷ 수태골 코스는 주차가 편리하고 다양한 코스를 연결할 수 있어 많은 등산객들이 즐겨 찾는다.

❸ 팔공산 주변도로는 순환도로라 어느 쪽으로 진입하더라도 팔공산으로 오를 수 있다. 순환도로에서 부인사, 수태골, 동화사 등을 통해 주능선에 오를 수 있다.

대중교통

고속버스나 기차 등으로 동대구역까지 간 다음 시내버스를 이용한다. 파계사 지구는 동대구역에서 시내일반버스 401번, 갓바위 지구는 동대구역에서 시내좌석버스 104번, 동화사지구는 동대구역에서 5분 거리인 파티마병원 앞에서 105번을 이용한다. 동화사, 신무동, 갓바위, 능성동을 모두 잇는 공동노선은 131번인데, 파티마병원 앞에서 탄다.

자가용

경부고속도로 북대구 나들목이나 동대구 나들목을 이용한다. 이정표가 잘 되어 있어 쉽게 길을 찾을 수 있다. 북대구 나들목에서 연경동 방향으로 이어지는 편도 1차선 도로를 따라가다 아파트 단지 앞 삼거리에 이르면 이정표가 있다. 동대구 나들목에서는 대구국제공항 이정표를 따라가다 공항 앞 삼거리에서 오른쪽 길로 든다. 3km 정도 떨어진 파군재 삼거리에서 길이 나뉘는데 왼쪽은 파계사, 오른쪽은 동화사와 갓바위 방향이다.

숙박과 먹거리

해발 1,192m 높이의 팔공산 중턱에 있는 동화 · 파계지구 야영장은 야영에 필요한 취사장, 샤워장, 화장실, 음료수대 등을 갖추고 있다. 야영장 아래쪽으로 상가와 숙박지역이 가깝다. 매년 6월부터 9월까지 개방한다. 동화사와 파계사, 갓바위 앞에는 집단시설지구가 형성되어 있어 식당과 숙박업소, 편의점 등이 많다.

동화사 폭포골·빈대골·수숫골 등이 모여 있는 도학동 골짜기에 자리 잡은 동화사는 팔공산을 대표하는 사찰이다. 493년 신라 극달화상이 창건한 절로 유가사였던 이름이 심지대사가 중창할 때 오동나무 꽃이 피었다 해서 동화사로 바뀌었다. 주위에 금당암·비로암·염불암·부도암 등의 유서 깊은 암자가 많다. 일주문 앞 바위 벼랑에 새긴 마애불좌상·비로암삼층석탑·비로자나불·금당암삼층석탑 등의 보물과 1992년 민족통일염원을 담아 완성한 국내 최대 규모의 통일약사여래대불이 유명하다.

은해사 동화사와 함께 팔공산을 대표하는 절이나 대부분의 건물이 새로 지어졌다. 대신 은해사, 불당의 대웅전, 종각의 보화루, 불광각, 노전의 일로향각 등의 편액이 추사 김정희의 글씨로 유명하고, 부속 암자인 백흥암(일 년에 한 번 석가탄신일만 일반 출입이 허용된다)의 극락전과 수미단이 보물이다. 은해사 가는 길 청통 사거리에서 의성 방면으로 떨어져 있는 거조암에서는 오래된 목조 건물의 하나인 국보 영산전을 감상할 수 있다.

동화사 통일약사여래대불.

부인사 신라 선덕여왕의 모후인 마야부인의 명복을 비는 원당으로 삼은 절로, 지금도 해마다 대구시에서 선덕여왕 숭모대제를 지내고 있다. 몽고의 침략으로 불에 탄 이 절의 초조대장경은 해인사 팔만대장경보다 200년이 앞섰던 것이다. 부인사 입구 순환도로 아래 논 가운데 있는 신무동 신라마애불좌상과 서봉으로 오르는 등산로에 삼성암지 약사마애불 등을 감상할 수 있다. 주변에 숙식할 곳이 없다.

부인사 전경. 지금은 공사 중이다.

19 주왕산

전설 너머 산의 이야기가 들려오는 고요한 산

경북 청송의 주왕산은 그리 높은 산은 아니지만 빼어난 산세로 국립공원의 반열에 올라선 명산이다. 곳곳에 우뚝 솟은 거대한 암벽과 등산로를 따라 이어지는 주방천의 폭포와 소들이 신비로운 경관을 빚어내고 있다. 주왕산이란 지명은 신라 때 주원왕이 임금 자리를 버리고 수도하였다는 전설에서 나왔다는 설과, 중국 진나라에서 건너온 주왕이 진나라를 회복하려고 이곳에 웅거하였다 해서 붙여졌다는 설이 있다. 주왕이 숨어 살았다는 주왕굴, 주왕의 아들과 딸을 위해 창건했다는 대전사와 백련암 등, 주왕산 곳곳에 남아있는 주왕의 이름을 딴 유적은 그것이 정말 사실이기라도 하는 듯 생명력 있게 자리하고 있다.

전설이 흐르는 계곡

대전사에서 시루봉에 이르는 주방동은 땅이 잘 다져져 있는 산책로다. 5월이면 계곡을 따라 수달래가 흐드러지게 꽃을 피우는데 그때 즈음 사람들은 물가에 나와 정성으로 제를 올린다. 수달래는 청운의 꿈을 이루지 못하고 억울하게 죽은 주왕의 피가 섞여 붉어졌다는 전설이 있다. 제를 올리는 청송사람들에게 주왕이란 단지 여름밤에 전해들은 전설 속의 인물이 아니라 모두의 가슴에 깊이 자리 잡은 미륵일지도 모른다. 수달래처럼 이 계곡에 있는 아들바위에도 전설이 있다. 조약돌을 왼손에 들고 다리사이로 던져 그 위에 얹히면 아들을 낳는다는 이야기다. 전설 덕분에 애꿎은 아들바위는 얼마나 돌 세례를 많이 받았는지 껍질이 다 벗겨져 속살이 하얗게 드러나 있다.

시원하게 뚫린 주방동 산길은 시루봉에 들어서 작은 오솔길로 바뀐다. 거대한 기둥처럼 솟아있는 협곡은 비로소 사바세계와 극락정토를 가른다. 지금과 같은 튼튼한 나무다리가 없었던 옛날에는 그 협곡 사이로 떨어지는 폭포가 신선계로 들어가는 성문 역할을 했으리라. 그리고 그 문을 여는 열쇠란 당신 깊은 곳에 무성히 자란 원시림 같은 마음일 것이다.

◀ 모습이 가마와 같다고 하여 가메봉이라 이름 붙여진 이 봉우리는 한때 왕거암으로 잘못 알려져 있었다. 맑은 날에는 영덕 바닷가가 보인다.

높이 721m, 7시간 20분

★★☆
●●○

대전사 — 2시간

대전사 → 내원마을
대전사에서 내원마을까지는 길을 잃을 염려도 없고 가파르지도 않은 오솔길이다. 협곡 사이로 안전시설이 잘 되어 있어 사철 '고무신 끌고도' 올라갈 수 있는 편안한 산책로다.

내원마을 — 1시간 40분

내원마을 → 가메봉
내원마을을 지나 계곡을 따라 오르면 큰골이 Y자로 갈라지는 지점이 나온다. 길이 갈리는 곳에서 오른쪽 길을 따라 완만한 비탈을 1시간 올라가면 가메봉이 보이는 안부에 닿는다. 안부에서 능선의 반대편으로 내려서는 길이 내주왕계곡으로 가는 길이다. 1시간 정도 완만한 비탈을 내려서게 되는데 중간에 무덤이 2기 있다.

가메봉 — 2시간 40분

가메봉 → 절골
대문다리라고 하는 너른 웅덩이는 갈전골과 절골이 만나는 합수점이다. 이곳부터 절골 매표소까지 내려가는 길은 별다른 안전시설물이나 표지판이 설치되어 있지 않다. 뚜렷한 길이 없기에 계곡을 따라 내려오면 되는데 물을 여러 번 건너야 하고 징검다리를 건너거나 그냥 뛰어 건너는 곳도 있어 비가 많이 올 경우 위험할 수도 있다.

절골 — 30분

절골 → 주산지
절골 매표소를 지나 상이전 마을까지 500m를 내려오면 주산지 가는 길과 만난다. 이곳에서 주산지까지는 도보로 약 30분 걸린다.

주산지 — 30분

주산지 → 절골
주산지에서 다시 절골까지 돌아나와야 하므로 시간이 넉넉할 경우에는 다녀오는 데 무리가 없지만 그렇지 않으면 산행을 마치고 청송까지 나오는 교통편이 불편하므로 미리 콜택시 연락처를 알아두고 가는 것이 좋다(개인택시 청송군지부 054-873-1188).

절골

혼란한 세상, 사람의 안식처는 어디인가

주왕산국립공원 안에는 지금도 사람이 산다. 내원마을과 너구마을이 그것이다. 둘 다 성처럼 둘러싸인 바위봉우리의 안쪽에 있어 철제 난간과 콘크리트 다리가 놓이기 전까지만 해도 협곡에 걸쳐놓은 작은 나무다리를 건너야 마을로 들어갈 수 있었다. 태풍 루사 이후 튼튼한 콘크리트 다리가 놓인 너구마을은 길을 새로 닦아 이제 자동차가 왕래할 수 있을 정도로 넓어졌지만 내원마을은 아직도 오지 중의 오지다.

천상의 오지 내원마을에 사람이 살기 시작한 것은 고려 중기부터라고 한다. 처음 흘러들어온 사람은 하필이면 도적 떼였는데 결국 고려 원종 때 임지한 장군을 앞세운 '범죄와의 전쟁' 끝에 모두 일망타진된다. 그리고 남은 잔병들이 신분을 숨기고 골짜기에 은신한 것이 내원마을의 기원이 되었다고 한다.

그러나 오늘까지 사람이 살고 있는 내원마을은 이제 사라질 처지에 놓였다. 관에서는 유산객들을 상대로 음식을 팔고 방을 내주는 것이 환경보존에 역행하는 일이라며 마을 사람들이 얼마의 보상금을 받고 산 밖으로 나갔으면 하는 바람을 갖고 있으니 이 마을의 앞날이 평화롭게만 보이는 않는다.

신라 말에 지어진 대전사와 그 뒤에 병풍처럼 펼쳐진 기암. 기암은 주왕이 깃발을 꽂았던 곳이라고 전한다.

원시적인 비경을 고스란히 간직한 곳

청송 주왕산 남서쪽 자락에 자리 잡은 주산지는 주산 계곡에 흘러내린 물을 가둬 모은 조그만 인공호수다. 1720년 숙종 46년에 마을 주민들이 가뭄에 대비해 주산 계곡에 제방을 쌓았다. 낙동정맥 분수령 가까이에 있는 덕에 아무리 심한 가뭄이 들어도 바닥이 드러난 적 없는 이곳은 지금도 아랫마을인 부동면 이전리 사람들이 봄철이면 이 물을 빼내 농사를 짓는다.

주산지 옆에는 외주왕산에 버금가는 곳으로 극찬을 아끼지 않는 절골 계곡이 있다. 주왕산의 다른 계곡에 비해 외지인들에게 덜 알려진 탓에 원시적인 비경을 고스란히 간직하고 있다. 기암괴석이 즐비한 비경이 절골 매표소에서 멀지 않아 손쉽게 산행을 즐길 수 있다. 주왕산의 주등산로가 있는 대전사나 폭포가 있는 쪽 보다는 찾는 이들이 많지 않아 한적한 산행을 즐길 수 있는 곳으로 사철 깨끗한 물이 흐를 뿐 아니라, 죽순처럼 우뚝 솟은 기암 괴석과 울창한 수림으로 둘러싸여 있어 별천지 같은 분위기를 자아낸다.

주왕산

주봉을 올라 주왕계곡으로 내려왔다가 다시 금은광이로 올라가 장군봉으로 이어지는 산길은 기암의 화려한 자태를 각기 다른 각도에서 빙 둘러 감상할 수 있다. 대전사 앞 상의매표소와 달기약수 쪽 월외매표소, 절골매표소에서 주왕산 산행을 시작할 수 있다. 상의매표소는 주왕계곡을 끼고 기암, 주왕굴, 학소대, 망월대, 급수대, 병풍바위, 시루봉 같은 주왕산의 대표적인 명승지를 감상할 수 있는 대표적인 코스로 내원마을까지 편안한 산책로가 연결된다.

❶ 백련암~장군봉 ~ 금은광이~주왕계곡 코스에도 볼거리가 많다.

❷ 1폭포와 3폭포 사이에 2폭포로 가는 길이 있는데, 2폭포까지 들어갔다가 다시 나오는데 500m 거리이므로 들러보는 것도 좋다. 또는 내원마을을 거치지 않고 2폭포에서 가메봉으로 곧장 갈 수도 있다.

❸ 월외 매표소에서는 달기폭포 ~ 너구마을을 거쳐 금은광이 삼거리를 거쳐 주왕산 능선을 넘을 수 있고 너구마을까지 차가 들어간다.

대중교통

동서울터미널에서 주왕산 행 버스는 06:40부터 16:30까지 1일 4회 운행되며(주왕산에서 동서울로 오는 버스는 1일 6회 운행) 약 4시간 10분 걸린다. 부산, 대구, 안동에서도 1일 5~6회 정도 주왕산 행 버스가 있다.

자가용

중앙고속도로 서안동 나들목을 나와 34번국도 영덕 방향으로 달린다. 안동 시내를 지나 진보에서 31번 국도를 타고 청송 방향으로 간다. 청송 읍내를 지나 914번 지방도 주왕산 방향으로 달린다. 따로 주산지를 가려면 주왕산 삼거리에서 914번 도로 영덕방향으로 6km정도 간다. 부동면에서 직진해서 500m 정도 가면 사거리와 주산지 이정표가 나온다.

숙박과 먹거리

새벽 물안개가 피어 오르는 주산지를 보려면 부동면 민박을 이용하는 것이 좋다. 주산지에서 가장 가까운 숙소는 주산지민박인데 주말엔 예약을 해야 한다. 송소고택에서 한옥체험을 할 수 있다. 식사는 가능하지만 술은 팔지 않는다. 직접 조리를 할 수는 없고 컵라면 등을 먹을 수 있는 더운물은 제공한다. 사랑채 앞마당에 숯불구이를 할 수 있는 야외탁자가 마련되어 있다. 그밖에 주왕산관광호텔, 청송자연휴양림에서 숙박할 수 있다.

송소고택 송소고택은 조선 영조때 만석의 부를 누린 심처대의 7대손 송소(松韶) 심호택이 호박골에서 조상의 본거지인 덕천동에 이거 하면서 지었다고 전하는 것으로 1880년경에 건립되었다. 지금도 후손들이 살고 있어서 여행객들은 이곳에서 한옥체험을 할 수 있다. www.songso.co.kr

청송자연휴양림 청송과 포항을 잇는 31번 국도가 휴양림을 관통하고 있어 교통이 편리하다. 산세가 수려하고 수목이 울창하여 사계절 멋을 달리하는 경치와 대기환경측정결과 전국에서 가장 맑은 공기로 판명되어 삼림욕을 즐기기에 최적지다. 주변 관광지로 20분 거리에 국립공원 주왕산과 달기약수탕, 주산저수지, 얼음골 등이 있으며, 1시간 정도면 동해안에 갈수 있어 삼림욕과 해수욕을 즐길 수 있다.

송소고택에서는 한옥체험을 할 수 있다.

얼음골 경북 청송군 부동면 내룡리에 자리를 잡고 있는 얼음골은 한여름이면 생수를 받으러 온 사람들의 줄이 이어져 있다. 또한 왼쪽으로 높이 60m이상의 거대한 절벽에서 떨어지는 물줄기는 무더운 여름 날씨마저 비켜간다. 겨울이면 폭포에는 거대한 빙벽이 형성되고, 가끔 산악인들의 빙벽등반 모습을 볼 수 있다. 매년 이곳에서 빙벽등반대회가 열린다. 이 폭포는 청송군에서 계곡의 물을 끌어올려 만든 62m의 인공 폭포다.

청송민속박물관 청송민속박물관은 부지 15,120㎡에 전시면적 397㎡으로 1999년도에 건립된 박물관이다. 전시방법은 내부전시와 야외전시로 이루어져 있으며 내부전시는 청송지방에서 절기별로 행하여지던 세시풍속을 자료와 모형으로 전시하였다.

얼음골의 높다란 절벽.

두타산·청옥산

두타행(頭陀行)과 푸른 옥의 산들

두타산은 불교에서 말하는 승려의 수행방법인 '두타행(인간의 모든 집착 · 번뇌를 버리고 심신을 수련하는 것)'에서 비롯된 이름이고, 청옥산은 단어풀이 그대로 '푸른 옥(靑玉)'이 많이 나온다고 하여 붙여진 이름이다. 지금 어느 골짜기에서 '청옥'을 캐어낼 수 있을지는 모르지만 대간 줄기를 따라 걷다 보면 '청옥' 보다 더 화사한 야생화와 산철쭉 군락지를 만난다. 두타산과 청옥산 정상에 가까운 1,000미터 고지에서 고적대를 지날 즈음까지 꽃길은 이어진다. '번뇌를 떨쳐내기 위한 수행'으로 반드시 두타행만 고집할 게 아니라면 노랗고 붉은 야생화를 보며 걷는 것만으로 즐거움에 벅차 그동안의 모든 물욕은 훌훌 털어버릴 수 있을지도 모른다.

산도 하나요, 사람도 하나라

백두에서 지리까지 한반도의 척추를 이루는 백두대간은 '산은 물을 가르고, 물은 산을 넘지 못한다(山自分水嶺)'는 아주 단순한 원리로부터 출발한다. 높이 솟은 것은 봉(峯)이요, 움푹 들어간 것은 령(嶺)이라. 언뜻 보면 백두대간의 마루금이란 무수한 봉과 령의 집합일 뿐이지만 그곳에는 쉽게 버릴 수 없는 우리네 뿌리가 고고히 스며들어 있다. 그래서 여느 산에 오르는 것과는 다르게 백두대간의 줄기에 서면 뺨을 스치는 바람조차 특별하게 여기는 사람이 많다. 백두대간의 한 토막이라도 밟을 기회가 생기면 은근히 가슴이 벅차오르고 알 수 없는 현기증까지 몰려오는 것이다. 두타에서 청옥으로 이어지는 백두대간의 줄기는 은근하고 거짓 없이 제 갈 길을 가고 있다. 남한 백두대간의 중추를 이루는 강원도 고산준령은 무뚝뚝하기가 그지없지만 그만큼 든든하고 믿음직스런 모습이다. 두타와 청옥은 불과 4킬로미터를 이웃하고 있지만 부르는 이름이 다르다. 산도 육산이고 특별히 서로를 가르는 특이점도 없으니 뭉뚱그려 하나의 산으로 불러도 될 것 같은데도 각각의 이름이 있다. 하지만 결국 백두대간이라는 이름 아래 그들은 하나다.

◀ 쉰움산 아래 이승휴 유허지였던 천은사에서 보면 아스라이 두타산과 백두대간 줄기가 눈에 들어온다.

높이 1404m, 8시간 30분 ★★☆ ●○○

댓재 → **댓재 → 두타산 정상**

산신각을 지나 햇댓등까지 완만한 흙길이 20여 분 동안 이어진다. 명주목을 넘어 통골목이에 다다를 때까지 길은 줄곧 완만한 능선이다. 위험한 구간에는 자연 돌계단과 안전 로프, 표지판 등의 시설이 정비되어 있다. 통골목이부터 두타산 정상까지 1시간 남짓 오르막이다.

2시간 30분

두타산 정상 → **두타산 정상 → 청옥산 정상**

문바위를 지나서부터는 왼쪽 길로 7부 능선을 타고 돌아가거나 곧장 올라가는 두 갈래 길이 있다. 어느 쪽으로 가도 정상까지 가는 시간은 비슷하다.

1시간 40분

청옥산 정상 → **청옥산 정상 → 고적대**

청옥산 정상에서 진행 방향으로 곧장 가는 길은 중봉으로 빠지는 길이다. 고적대를 가려면 '백두대간 등산로' 표시를 따라 오른쪽 길로 가야한다. 연칠성령까지 내리막을 지나 망군대와 고적대 구간에 간간히 암릉이 나타난다. 크게 위험하지는 않지만 주의를 기울여야 하는 구간이다. 고적대는 능선의 서쪽이 잘 조망되는 전망대다.

1시간 20분

고적대 → **고적대 → 무릉계곡**

고적대에서 내려서는 1㎞ 구간은 철쭉가지가 옷깃을 잡는다. 사원터와 무릉계곡으로 향하는 갈림길은 고적대에서 작은 지릉을 2개 넘으면 나온다. 갈림길에는 표지판이 있어 헷갈릴 염려는 없다. 능선을 따라 급경사 길을 1시간여 내려오면 계곡 물소리가 들린다. 사원터와 무인대피소를 지날 즈음 너른 반석사이로 콸콸 쏟아지는 시원한 계곡이 눈앞에 펼쳐진다. 이제 완만한 계곡길을 따라 여유 있게 내려가도 2시간이면 하산을 마칠 수 있다.

3시간

무릉계곡

초여름에 만나는 꽃 능선길

댓재 휴게소를 뒤로 하고 산신각을 지나 본격적인 백두대간 능선에 올라붙는다. 완만한 흙길을 걸어 햇댓등 정상에 오르면 백두대간의 마루금은 왼편으로 꺾어진다. 명주목이라 불리는 작은 고개를 넘어 통골목이에 다다를 때까지 길은 줄곧 완만한 능선으로 걷는 데 부담이 없다. 장쾌한 능선길에서 간간이 불어오는 시원한 바람을 맞는 것은 즐거운 일이다.
통골목이부터 두타산 정상까지 1시간 남짓 등고선 간격이 좁혀진다. 고도가 1,000미터를 넘어서는 곳부터는 야생화가 천지다. 얼레지, 할미꽃, 양지꽃, 피나물……. 못내 아쉬운 것은 이름을 다 알지 못하는 그 야생화들을 일일이 불러주지 못하는 답답함이다. 혹여 사람이 다니는 길에도 꽃이 피었을 세라 조심스런 발걸음을 할 수밖에 없다. 곧이어 나타나는 두타산 정상은 조망이 탁 트였다. 맑은 날이면 동해 바다가 지척에 보인다.

목마름 끝에 나타난 무릉도원

청옥산 정상에는 100여 미터만 내려가면 샘터가 있다. 도저히 물이 흐를만한 계곡이 아닌데도 석간수가 나온다. 여기를 지나면 계곡에 닿기까지는 목마른 산행을 해야 한다. 다행히 하산길이라 힘이 들지

무릉반석에는 옛 시인 묵객들의 명필이 수없이 조각되어 있다.

는 않지만 몇 시간은 그늘 없는 능선에서 괴로워야 할 것이다. 첩첩산중이라는 말 아니고서는 달리 표현할 방법이 없는, 겹겹이 펼쳐진 산의 실루엣은 이 땅에서 사람들이 살아온 모습을 보는 것 같다. 동해에서 불어오는 따스한 바람과 대륙에서 부는 차가운 바람이 섞여 계절을 만들어 내는 것처럼 산정과 골짜기를 오가며 얽혀 지내온 우리의 뿌리를. 능선을 따라 급경사 길을 한 시간여 내려오면 계곡 물소리가 들린다. 목마름이 끝에 달해 물소리를 따라 총총걸음을 하지만 소리만 커질 뿐 정작 시원한 계곡은 나타나지 않는다. 임진왜란 때 유생들이 모여 의병운동을 했다는 사원터와 무인대피소를 지날 때 즈음 너른 반석사이로 콸콸 쏟아지는 시원한 계곡이 눈앞에 펼쳐진다. 아아, 타는 목마름이라니. 목을 적시고 누우면 그곳이 무릉도원이다. 산에서만 느낄 수 있는 원초적 즐거움.

두타산과 청옥산은 강원도 동해시와 삼척시에 걸쳐 있다. 박달령을 사이에 두고 이웃한 두 산은 1977년 국민관광지로 지정되어 1985년부터 본격적인 관광시설이 개발되었다. 능선에서는 동해바다와 내륙의 고봉준령이 잘 조망되고 계곡에서는 폭포와 소가 늘어서 있어 아기자기한 맛을 느낄 수 있다. 신라 선덕여왕 때 창건한 삼화사와 고려 충렬왕 때 문인 이승휴가 은거했다는 천은사 등 문화유산이 있으며 6월에는 야생화와 철쭉이 군락을 이룬다.

❶ 댓재에서 두타·청옥산을 거쳐 고적대로 내려오는 백두대간 구간 종주 코스는 두타산을 오르는 가장 쉬운 등산로이자 조망이 좋아 많은 사람들이 즐겨 찾는다.

❷ 무릉계곡을 따라 오르는 길은 용추폭포까지는 안전시설이 잘 되어있지만 이후로는 자연적인 계곡 길을 따르게 되어 있어 비가 많이 올 경우 가지 않는 것이 좋다.

❸ 청옥산에서 고적대로 가는 길이 멀어서 부담스럽다면 학등을 타고 용추폭포 쪽으로 하산할 수 있다.

대중교통

강남고속터미널에서 40~50분 간격으로 1일 20회 동해 행(06:30~23:30)버스가 운행한다. 동해시내에서 무릉계곡 들머리인 삼화사까지 시내버스가 30분 간격으로 (06:22~21:05) 있다. 기차를 이용할 경우 청량리역에서 동해까지 하루 6회(08:00~22:40) 운행된다. 5시간 40분 소요.

자가용

영동고속도로를 타고 강릉까지 빠져나온 후 동해고속도로를 타고 동해까지 가면 된다. 국도를 이용할 경우 새말 나들목에서 42번 국도로 갈아타고 평창을 지나 방림삼거리에서 31번 국도를 타면 된다. 이후로 평창읍을 지나 정선과 임계를 거쳐 삼화동에 닿을 수 있다.

숙박과 먹거리

망상오토캠핑리조트는 국내 최초로 조성된 자동차 전용 캠프장으로 캐빈하우스와 캐라반, 오토캠핑장 등으로 이루어져 있으며 클럽하우스와 공동취사장, 샤워장 등의 편의 시설이 잘 갖추어져 있어 캠핑을 하기에 제격이다. 동해시 삼화동에 있는 굴뚝촌에서는 향긋한 대통밥을 맛볼 수 있고, 무릉계곡 입구 삼화사 관광단지에 있는 보리밭은 산채 백반으로 유명하다.

더 알찬 여행 만들기

죽서루 삼척시 성내동 오십천변에 자리한 죽서루는 보물 213호로 지정된 삼척 제일의 문화재다. 관동팔경 중 제1경인 죽서루(竹西樓)의 유래는 누각을 지을 당시 동쪽에 대나무 숲과 죽장사(竹藏寺)라는 절이 있어 그 서쪽 누각이라는 뜻으로 이름 붙였다는 설과, '죽죽선녀'라는 기생의 유희장소였다는 설이 있다. 고려 말 문인 김국기의 시에도 죽서루가 나와 있어 1190년 이전에 건설되었다는 견해가 유력하다. 죽서루 주변에는 조선시대 진주관 객사터가 있어 관에서 손님을 맞는 용도로 사용되었는데, 창건 이후 고려 말의 혼란기에 허물어졌다가 조선 태종 3년에 삼척부사였던 김효손이 중건했다. 지금까지 25차례 중·보수 공사를 한 죽서루는 자연석으로 된 주춧돌을 훼손하지 않고 기둥을 깎아 만든 그레이질 공법을 사용해 자연과 조화를 이룬다. 내부에 우물 정자 모양으로 생긴 천장과 28개나 되는 이승휴와 율곡 이이 등 옛 문인들의 시와 현판도 볼만하다.

해신당 성민속공원 삼척시 원덕읍 신남리에 있는 해신당 성민속공원은 예전부터 마을에 내려오는 전설 때문에 생긴 공원이다. 신남리에는 애바위라고 하는 바위가 있는데, 결혼을 약속한 처녀와 총각이 애바위에서 해초를 따다가 큰 풍랑으로 죽었다. 그 후 바다에서는 고기가 잡히지 않았는데 처녀의 원한을 달래기 위해 나무로 남근모양을 깎아 제사를 지냈더니 고기가 많이 잡혔다는 전설이다. 마을에는 아직도 정월대보름과 시월 첫주에 제사를 지내는 풍습이 있다.

삼화사 신라 선덕여왕 때 세워져 1300여 년의 긴 역사를 가진 삼화사에는 보물 1277호로 지정된 삼층석탑과 1292호 노사나철불 등의 문화재가 있다. 자장율사가 흑연대라는 이름으로 창건한 이후 고려 시대에 와서 삼화사로 이름을 바꿨다. 삼화사는 지금 위치보다 훨씬 아래쪽 계곡에 있었으나 1977년 쌍용양회동해공장의 채광권 문제로 매표소 안쪽으로 옮겨왔다.

관동팔경 중 제1경인 죽서루.

해신당 성민속공원에는 마을의 전설이 담겨 있다.

21 점봉산

이 세상 맨 처음,
처녀 같은 얼굴

백두대간이 성처럼 둘러싸고 있어 천연의 요새 같은 진동리를 사람들은 '하늘마을'이라고 부르곤 한다. 해발 750미터의 평탄한 고원은 오색에서 시작해 급경사를 헐떡이며 올라온 등산객들이 산마루에 닿는 순간 천상세계에 온 듯한 느낌을 받기 때문이다. 하늘마을 곁에 그들의 '여신산(女神山)'인 점봉산이 있다. 바위가 많은 강골의 설악은 남신(男神)으로, 아무리 걸어도 발바닥이 아프지 않은 넉넉한 점봉산은 여신으로 여긴다. 사람의 손이 덜 타고 수백 년간 화재나 수해가 없었던 '남한의 허파' '야생화의 천국'이라는 점봉산의 울창한 숲은 이제 유네스코가 지정한 '생물권 보존구역'이 되어 그 산의 얼굴이 되었다.

무형의 벽이 있는 산

험하고 거친 산행 코스야 인간 의지로 충분히 넘어설 수 있겠는데 정작 앞을 막아서는 것은 자연이 아닌 '자연을 지킨다'는 사람들이다. 삼림청 소속의 통제소는 점봉산 대부분의 구간에 일반인의 출입을 막고 있다. 학술조사나 취재, 생업을 위한 주민들에 한해서만 미리 출입증을 받아 들어갈 수 있다.

그러던 중 2004년에 점봉산 흘림골이 일반에 개방되었다. 현재 답사할 수 있는 부분은 전체 흘림골 중 상류 일부에 해당되어 흐르는 물이 적거나 어떤 때는 말라있기도 한다. 차가운 물이 콸콸 쏟아지는 시원한 계곡을 생각하고 찾았다면 매표소를 들어서는 순간부터 실망이 앞선다. 하지만 근 20여 년 넘게 입산이 통제되어 있던 덕분에 숲이 무성히 우거진 것은 다행한 일이다.

흘림골을 이야기하며 가장 내세우는 것은 여심(女深)폭포다. 여성의 깊은 곳과 닮았다 해서 그렇게 부르는 높이 30여 미터의 폭포인데 떨어지는 물줄기는 가늘지만 그 아래 소는 꽤 깊다. 오랜 세월 탓이다. 여심폭포까지 완만하던 산길은 이후 등선대까지 깔딱고개라고 이름 붙은 가파른 흙길로 이어진다.

◀ 곰배령에서 올라가면 전형적인 육산인 점봉산은 아무리 걸어도 발바닥이 아프지 않을 정도로 완만하고 푸근하다. 곰배령 정상부근에는 큰 나무가 없어 너른 초원을 이룬다. 하지만 지금은 아무나 쉬 갈 수 있는 곳이 아

높이 1424.2m, 3시간 40분 ★☆☆ ●●○

흘림골	**흘림골 → 등선대** 숲이 우거진 등산로를 지나면 높이 30여m의 여심폭포가 나온다. 여심폭포까지 완만하던 산길은 이후 등선대까지 300여m의 가파른 흙길로 이어진다.
50분	
등선대	**등선대 → 주전골** 등선대부터는 줄곧 내리막인데 계곡 군데군데 로프가 매달려 있다.
50분	
주전골	**주전골 → 큰고래골** 주전골은 철계단이 놓여있어 오르기 수월하다. 철계단이 놓인 협곡을 내려와 삼거리에 닿으면 석고덩골에서 흘러온 물줄기와 만나 큰고래골이 된다.
30분	
큰고래골	**큰고래골 → 오색약수** 금강문을 못미쳐 계곡을 가로질러 철다리가 나오는데, 이 금강문을 지나면 오색 제2약수터가 나온다. 이쯤에 용소폭포로 갈라지는 삼거리가 나오는데 미끄러지기 쉬운 길이기 때문에 주의해야 한다.
1시간 30분	
오색약수	

만물상의 중심, 등선대

선녀가 하늘로 오른다는 뜻의 등선대(登仙臺)는 흘림골 산행의 절정이다. 눈앞에 사방으로 펼쳐진 기암괴석과 뾰족한 바위 봉우리들은 이름하여 만물상이다. 등선대는 만물상의 중심에 있는 셈이라 점봉산과 반대편 설악을 가장 잘 조망할 수 있는 곳이다. 등선대 정상은 바위를 올라야 하기에 안전사고의 위험이 있어 출입을 막아놓았지만 흘림골에서 올라선 안부에서도 등 뒤로 펼쳐진 풍경을 충분히 보고 즐길 수 있다. 등선대부터는 줄곧 내리막이다. 그래서 흘림골에서 오색으로 이어지는 코스는 어린이를 동반한 가족 산행에 적당하다. 계곡에 발을 담그고 놀기도 좋고 하산 후 오색온천지구의 맛집을 찾아가는 것도 즐거운 일이다.

고일 틈 없는 오색약수, 그래도 물은 솟는다

큰고래골이 온정골과 만나는 합수점에는 오색제2약수라고 이름 붙은 석간수가 나온다. 다리 아래에 옹색하게 바위에 구멍을 뚫어놓은 약수는 철분과 탄산이 많이 섞여 있어 사이다처럼 톡 쏘는 맛을 내고 위장병 등에 효과가 있다고 한다. 약수에서 녹아내린 철분이 부식되어 주변 바위가 갈색으로 변한 그곳은 약수 분출량이 하루 1,500리터라고 하는데, 주말에 많은

석고덩골에서 흘러내린 용소폭포는 깊이를 알 수 없는 소가 있어 시원함을 더한다.

사람이 찾으면 물이 고여 있을 새가 없지만 바닥까지 바가지로 긁어 마시는 맛이 더 좋다. 근래 들어 탄산온천 지하수 개발로 오색약수가 말라 이나마 옛 약수의 맛을 볼 수 있다는 생각이 들어서일까.

오색석사는 최근 새로 지어진 절로 그전까지는 절터만 있었다. 마당 한쪽에 무너질 듯한 삼층석탑만 있었는데 예전부터 보물 제497호로 지정된 신라시대의 것이다. 오색석사는 아직 단청도 입히지 않아 사람이 많이 찾는 여느 산에 있는 절과 달리 정갈한 느낌을 준다. 마당에는 오색의 전설이 된 오색화가 심어져 있는데 실제로 다섯 색깔의 꽃이 피는 것은 아니고 상징적인 의미다.

오색석사에서 오색온천단지에 이르는 오솔길은 점봉산 계곡산행의 마지막을 차분히 정리할 수 있게 해준다. 누구라도 조용히 속삭이며 손잡고 걷고 싶은 그 길은 데이트 코스로도 그만이다. 흘림골에서 오색약수에 이르는 계곡은 4시간이면 충분해 작은 배낭을 메고 여유롭게 소요하며 즐기기 좋다.

점봉산은 전 지역에 걸쳐 철저하게 출입통제가 이루어지고 있다. 한계령~망대암산~점봉산 구간은 2003~2005년까지 자연휴식년제로 출입이 금지되고 있으며, 진동리 강선골 쪽의 곰배령은 1987년 산림청에서 유전자원보호림으로 지정하면서 통제되고 있다. 국가적인 프로젝트의 학술조사나 군사작전 상의 이유가 아닌 이상 일반인이 공식적으로 점봉산 정상에 이를 수 있는 방법은 없다. 점봉산 일대에서는 오색 지구에서 2004년 11월 개방된 흘림골 구간과 금강문~오색석사~오색약수를 잇는 짧은 등산코스 정도만 개방되어 있다.

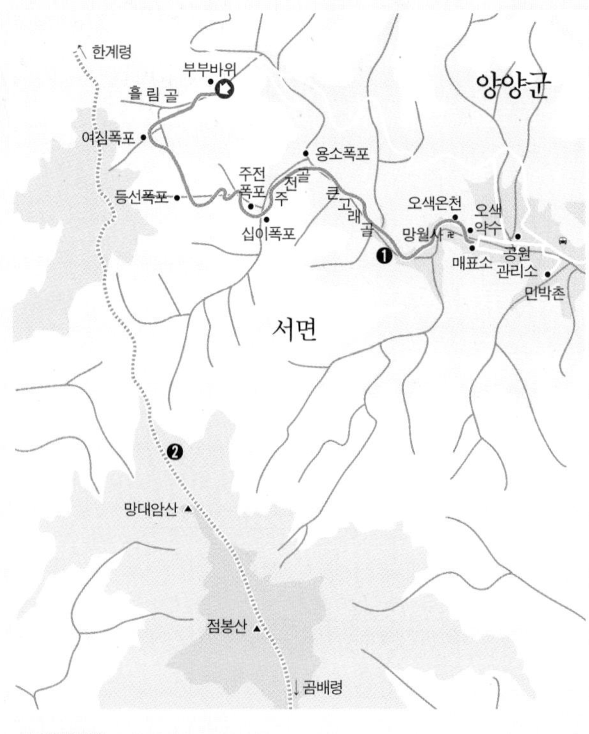

❶ 오색을 중심으로 하는 코스에는 물이 많다. 계곡산행에 필요한 샌들이나 아쿠아슈즈, 스틱 등과 함께 여벌의 옷을 준비하면 좋다.

❷ 종주 코스로 꼽을 수 있는 진동리 강선골~곰배령~작은점봉산~점봉산~망대암산~한계령 코스는 약 8시간 정도 소요되는데, 학술조사·주민들의 생업활동 등을 위해서는 인제국유림관리사무소에서 출입증을 발급받은 사람에 한해 강선골에서 곰배령까지 산행할 수 있다.

대중교통

서울 상봉터미널이나 동서울터미널에서 오색 행 직행버스를 이용할 수 있다. 오색에서 서울 행 막차는 상봉터미널 행 18:50, 동서울터미널 행 17:35이다. 속초 행 버스는 1일 43회(09:05~20:20) 운행한다.

자가용

점봉산 주요 산행 들머리가 되는 오색은 양평~홍천~인제를 지나는 44번 국도를 타고 장수대를 지나 한계령을 넘으면 된다.

숙박과 먹거리

오색 일대는 관광촌으로 조성되어 숙박·위락시설이 발달되어 있다. 곰배령 들머리인 진동리 초입에는 산들바람민박 등 10여 채의 민박이 들어서 있고 설피밭과 강선골 주변으로 한뫼마루펜션, 설피밭, 꽃님이네 집 등이 있다. 필례약수를 지나 비포장도로를 조금 더 오르면 산 바로 아랫녘 전망 좋은 위치에 저달마지펜션이 있다. 그밖에도 식당과 민박집이 즐비하다.

더 알찬 여행 만들기

오색석사 신라 말 도의선사가 창건한 절이다. 도의선사는 헌덕왕(809~825) 때에 당나라에서 혜능에게 법을 배워 귀국한 뒤 동설악의 진전사와 함께 이 절을 세웠다고 한다. 절의 후원에 있던 나무에서 5가지 색의 꽃이 피었기 때문에 절 이름을 오색석사, 지명은 오색리라 하고 그 아래의 약수도 오색약수라 했다는 설이 있다. 신라시대의 양양 오색리 3층석탑(보물 제 497호)·석사자·탑재 등이 남아 있어 유구한 역사를 말해 준다.

오색온천 오색약수터에서 한계령 쪽으로 3km 정도 올라간 계곡 위에 있다. 조선 중엽인 1500년경 발견되어 일제강점기에는 고려온천이라고 했는데, 이 때 개발과정에서 온천수의 원천에 잡수가 섞여 수온이 25℃에 불과하다고 한다. 현재의 온천은 1982년 양양군에 의해 개발되었다. 유황성분이 많은 단순천으로, pH 8.9인 알칼리성 온천이다. 규산, 나트륨 이온, 칼슘 이온과 약간의 마그네슘 이온이 포함되어 있으며, 1일 3,000톤가량 솟아난다. 피부병·신경통·고혈압·당뇨병·피부미용에 좋다고 한다. 오색온천은 선녀가 목욕하던 영천(靈泉)이라는 전설이 전해오고 있다.

오색약수 설악산의 최고봉 대청봉과 그 남쪽 점봉산 사이의 큰고래골에 자리해 있다. 계곡의 한 너럭바위 암반 3개의 구멍에서 약수가 솟는데, 위쪽 구멍의 약수는 철분이 많고 아래쪽 2개의 구멍에서 나오는 약수는 탄산질이 많다. 하루 용출량은 1,500 *l* 정도로 거의 일정하고, 물맛이 특이한 것으로 유명하다. 위장병·신경통·피부병·빈혈 등에 효력이 좋은 것으로 알려져 있다. 오색약수는 조선 중엽 오색석사의 한 승려가 우연히 반석 위에 솟아나는 물을 발견한 후 오색석사의 이름을 따서 지었다고도 하며, 5가지 맛이 난다고 하여 오색약수라 불렀다는 설도 있다.

단청을 입히지 않아 정갈한 느낌의 오색석사.

몸에 좋고 물맛 특이한 오색약수.

22 치악산

사람의 도리로 쌓아올린 '보은의 산'

치악산은 그 전에 '적악산'이었다. 가을 단풍이 아름다워 그렇게 이름 붙여진 것이다. 하지만 이름이 바뀌었다 해도 여전히 치악산의 가을은 아름답다. 그런데 단풍 든 가을이 아름답던 '적악산(赤岳山)'을 '치악산(雉岳山)'으로 바꾼 것은 은혜를 갚은 꿩의 전설이다. 선조들이 '자연'보다 우위에 둔 것이 사람의 '도리'였을까, 눈에 보이는 한 치 아름다움보다 보이지 않는 내면의 아름다움이었을까.

조선시대부터 자연가치를 인정받은 산

구룡탐방지원센터를 지나서 바로 왼쪽에는 강원도 기념물 제30호로 지정된 황장금표가 있다. 이 황장금표는 조선시대에 치악산 일대 숲을 황장목(黃腸木)으로 지정하고 궁중에서 필요한 황장목을 보호하기 위해 일반민의 도벌을 금지하는 표식으로 일종의 보호림 표식이다. 이런 이유로 치악산에는 키가 20~30미터에 달하고 수령이 수백 년 된 소나무 숲이 웅장하게 들어서 있다. 이 곳을 지나 약 20분쯤 걷다보면 구룡사에 도착하게 되는데 지방문화재 제145호인 보광루, 대웅전, 범종각, 삼성각, 사천왕문, 종무원 겸 요사, 원통문 등의 건축물을 비롯하여 은행나무, 구룡사 부도 등 많은 볼거리가 있다. 특히 보광루의 짚으로 만든 멍석은 세 사람이 3개월에 걸쳐 완성했다는 국내 최대의 멍석이다. 구룡사를 지나 가다보면 주위의 나무와 물밑의 물고기, 나무로 된 교량과 함께 어울리는 약 2미터 높이의 구룡소를 만나게 된다. 구룡소에는 구룡사 연못에 살고 있던 아홉 마리의 용이 하늘로 올라갈 때 뒤쳐진 한 마리가 살던 곳이라는 전설이 숨어 있다.

짧은 만큼 험준한 산길

치악산 황골지구 탐방코스는 치악산의 주봉인 비로봉으로 오르는 최단거리 코스다. 구룡지구보다 난이도가 낮아, 지역 탐방객이나 시간이 넉넉하지 않지만 정상까지 오르려는 탐방객들에게 인기가 높은 코스다. 하지만 짧은 만

◀ 충절과 보은의 고장이라는 원주의 역사를 간직한 영원산성과 숱한 사연을 지닌 치악산. 치악산의 역사는 원주 사람들에게 사상의 시원이 되었다.

높이 1288m, 8시간

★★☆ ●○○

상원골

상원골 → 망경봉

1시간 남짓 오르면 상원사 일주문에 도착한다. 상원사를 빠져나와 곧바로 닿은 주능선 삼거리의 이정표를 주의해야 한다. 지도에 따라 각기 봉우리 표기가 다른데다 국립공원 측에서 세워놓은 이정표의 봉우리명이 달라 많은 사람들이 헷갈린다. 우리가 가려는 망경봉을 남대봉, 원래의 남대봉은 이름도 낯선 시명봉이라 해놓았다. 정확한 판단과 시정이 필요하다.

2시간 40분

망경봉

망경봉 → 향로봉

망경봉을 지나 향로봉까지는 간간이 바위 사이로 난 길에 로프가 매어져 있어서 그다지 위험하지 않지만 악천후가 많으니 조심해야 한다.

1시간 20분

향로봉

향로봉 → 비로봉

가볍게 걸을 수 있는 능선길을 따라 곧은치(고둔치)를 지날 동안 주요 능선을 중심으로 동쪽은 완만하고 서쪽은 심하게 가파르다. 정상을 눈앞에 두고 나오는 비로약수터는 바위와 널찍한 공터가 있는 데다 물의 양도 충분해 쉬어가거나 도시락을 먹기 적당하다.

2시간

비로봉

비로봉 → 구룡사

산불감시소초가 있는 삼거리를 돌아서 계곡길로 내려서면 울퉁불퉁한 바위길이다. 가파른 돌길을 내려오다보면 사다리병창으로 내려오는 길과 만나고 다리가 나온다. 다리건너 오른쪽으로 100m지점에 세렴폭포가 있다. 세렴폭포에서 구룡사까지 구간은 경사가 아주 완만하고 주변에 전나무, 소나무, 잣나무 등 여러 종류들의 나무들이 빽빽이 들어차 있어서 삼림욕을 하기에도 알맞다.

2시간

구룡사

큼 험준한 산길이다. 탐방로를 따라 오르다보면 왼쪽으로 거대한 바위가 보이며 그 위에 우뚝 솟아있는 바위를 볼 수 있는데 이것이 유명한 입석대다. 입석대는 입석사 옆 해발 850미터 되는 곳에 자리해 있다. 입석대 위에는 흩어진 석탑재를 수습하여 복원한 삼층석탑이 있고, 약 30미터 떨어진 곳에 마애여래좌상이 있다. 황골지구에서 산 정상을 향해 오르다 보면 능선에서 갈림길이 나오는데 왼쪽으로는 비로봉으로, 오른쪽으로는 향로봉으로 산행을 할 수 있다. 황골에서 비로봉까지는 거리가 4.1킬로미터이고 시간은 2시간 30분 정도 걸린다. 식수는 입석사 앞 쉼터에서 구하면 된다.

충절과 보은을 중히 여긴 사람들이 깊은 산속으로 파고들며 걸었던 길

치악산은 어느 쪽에서 올라도 내려오는 길을 걱정하지 않아도 될 만큼 등산로가 많다. 태종 이방원의 스승이었던 운곡 원천석이 두 나라의 왕을 섬길 수 없다하여 은거했던 치악산 변암과 태종대, 그리고 생육신의 한 사람으로 망왕봉에 올라 매일 단종이 유배 간 영월 쪽으로 삼배를 올렸던 원호 등 원주와 치악산에는 절의를 지킨 사람들이 깊은 산속으로 파고들며 걸었던 길이 많이 남아 있기 때문이다.

비로봉 정상에는 1964년 고 용창중씨가 처음 쌓았다는 돌탑 3기가 세간의 무수한 이야기를 간직한 채 말없이 서 있다.

무한한 가능성을 잉태한 산

적막한 산에서는 시 한수가 떠오르기도 했을 터라 운곡 원천석은 치악산 기슭에 머물며 1,144수의 시를 썼고, 허균의 누나인 허난설헌은 원주로 시집을 와서 수많은 문학작품을 남겼다. 심리학서를 쓴 조선 후기의 여류 성리학자 임윤지당과 소설 〈토지〉의 작가 박경리 씨가 살던 원주는 그렇게 보면 백지 위에 빛나는 창작의 길을 써내려간 '문학의 도시'라는 말 또한 어색하지 않다. 노산 이은상은 생전에 치악산을 오르며 "잉태한 여인의 배를 오르는 것 같다"는 말을 남겼다. 완성된 볼거리를 찾는 사람들에게는 화려하지 않을 수도 있지만 잉태한 여인의 뱃속에 있는 태아처럼 치악산에 오밀조밀하게 모여 있는 계곡과 능선, 자연자원과 인간의 삶이 공존해온 역사가 무한한 가능성으로 다가온다.

치악산은 주능선을 중심으로 서쪽은 급경사를 이루고 있으며 동쪽은 비교적 완만하다. 전체 24km에 달하는 주능선 종주 말고도 어느 길로 올라도 내려올 걱정을 하지 않아도 될 정도로 산길이 다양하다. 치악산은 육산과 골산이 섞인 모습을 하고 있는데 구룡사에서 비로봉에 이르는 길 중 바위능선으로 이루어진 사다리병창 코스는 가파르지만 조망이 좋다. 성남리에서 상원사를 거쳐 남대봉에 이르는 코스는 대중교통을 이용한 접근이 어려워 찾는 이가 드물다.

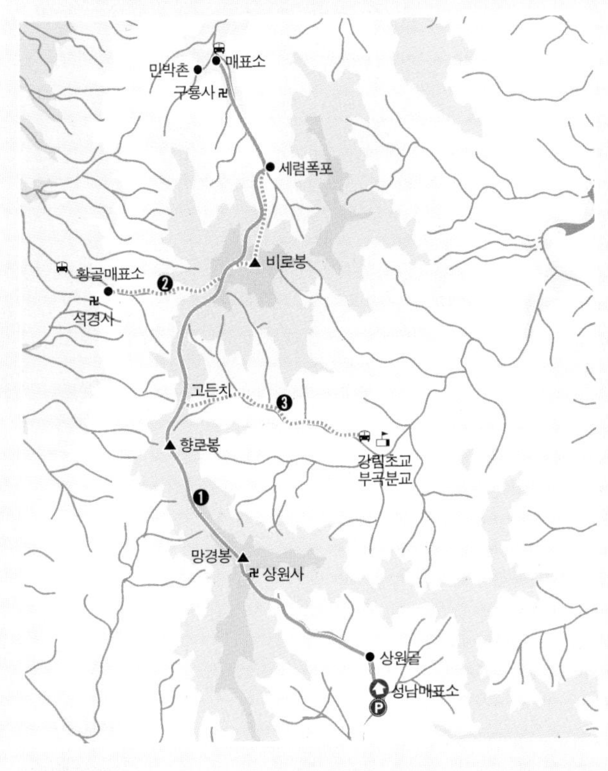

❶ 종주 코스는 상원골→구룡사, 구룡사→상원골 두 방향 다 무난하나 구룡사 쪽 교통이 좀더 나으므로 상원골을 들머리로, 구룡사를 날머리로 잡는 편이 낫다. 산길도 상원골에서 출발하는 것이 덜 가파르고 수월하다.

❷ 황골에서 입석대 쪽으로 오르는 험준한 산길은 비로봉 정상에 오르는 가장 빠른 길이다.

❸ 강림면 부곡리에서 오르는 코스에는 태종 이방원과 그의 스승 운곡 원천석의 일화가 담긴 태종대가 있다.

대중교통
버스나 기차로 원주까지 간다. 원주시내에서 치악산까지는 원주역 앞에서 41번 시내버스가 25분 간격으로 구룡사까지 운행하며 약 30분이 걸린다. 금대지구는 원주역에서 21번, 25번 시내버스가 30분 간격으로 다닌다. 기차는 청량리역에서 원주까지 1일 15회 운행하며, 강릉에서는 7회 운행한다.

자가용
구룡사로 접근할 경우 영동고속도로 새말 나들목이 가깝고 금대리 쪽은 중앙고속도로 북원주 나들목을 빠져나와 5번 국도를 이용하면 된다.

숙박과 먹거리
구룡사와 금대리에 숙박할 곳이 많다. 치악산국립공원에서 운영하는 야영장은 여름철 호우가 내리지만 않는다면 언제든지 개방한다. 구룡사를 지나 10여 분 거리에 있는 구룡야영장은 대곡야영장과 솔밭야영장으로 나뉘어 있다. 원주의 먹거리로는 원주시내에 있는 원주복추어탕이 유명하다.

치악산 자연휴양림 원주-제천간 5번 국도 상의 백운산 줄기 해발 939m의 벼락바위봉 북쪽 계곡에 있다. 산책로는 벼락바위봉 정상으로 이어지는데, 정상으로 오르는 길에 칠성바위, 거북바위 등 기암괴석을 볼 수 있다. 전망대에서는 마주보고 있는 치악산 자락의 남대봉과 비로봉 등을 관망할 수 있다. 휴양림에는 숲속의집, 자연관찰원, 단전호흡장을 비롯하여 어린이놀이터, 물놀이터, 피크닉장, 삼림욕장, 체력단련장, 캠프파이어장, 야외교실, 정자, 대광장, 잔디광장 등이 있다.

치악산 명주사 고판화박물관 신림면 황둔리에 있는 이 박물관에서는 판화 원판 1,650점과 옛 판화 자료 2,500여 점을 볼 수 있다. 우리나라에 하나밖에 없는 판화 전문 박물관인데, 전시 관람뿐만 아니라 목판화를 직접 제작해 보는 현장 체험도 할 수 있다.10:00부터 19:00까지 문을 열고 입장료는 어른 2000원, 어린이 1500원이다.

영원산성 치악산의 남서쪽에 있는 석축 산성으로, 신라 문무왕 혹은 신문왕 때에 쌓았다고 전해온다. 또 신라 진성여왕 때 왕실의 부패로 국정이 문란해지자 원주를 중심으로 충주에서 반란을 일으켜 인근 30여 성을 뺏기 위하여 원주 치악산을 본거지로 산성을 구축한 것으로 양길과 궁예가 축성해서 웅거했던 곳이라고 한다. 둘레는 1,031보(步)로 성내에는 우물이 하나, 샘이 다섯이나 있는 천연의 요새지다. 아직도 일부 남은 4km정도의 석성이 쌓아올린 그대로 보존되고 있다. 특히 고려 충렬왕 17년(1291년) 원나라의 합단적이 침입하였을 때, 향공지사로 별초군에 소속되었던 원충갑이 원주의 백성들과 함께 석군을 물리친 유서 깊은 격전지였고 임진왜란 때는 원주목사 김제갑이 왜적을 맞아 치열하게 싸우던 곳이며 원주 주민이 왜적의 침입이 있을 때마다 대적하여 싸운던 피맺힌 격전장이다. 근래에 당시 군사들이 쓰던 솥이며 숟가락 등의 유물이 발굴되고 있는데 이곳에서 멀지 않은 곳에 금두산성, 해미산성지도 남아있다.

다양한 볼거리가 있는 치악산 자연휴양림.

아담하고 소박한 치악산 명주사 고판화박물관.

23 용화산

용화산을 지탱하는 것은 팔 할이 전설이다

용화산을 지탱하는 팔 할은 설화요 전설이다. 구전되는 이야기가 많다는 것은 곧 산이 생긴 이래 그곳에 사람 발길이 있었다는 반증이요, 그들은 산골마을에 소리 없이 뿌리내린 키 작은 풀이 아니라 활기차게 살아 숨 쉬며 집단의 이해와 요구를 적극적으로 표현해온 억센 민중이었다는 증거다. 화려함 일색, 도시의 네온사인에 가려도 밤하늘에 별은 빛나는 법. 3 · 8선 아래 멀리만 보이는 용화산도 빛난다. 용화산은 무엇을 깨고 나오려는 듯 진한 푸르름을 푸우 푸우 내뿜고 있다. 마치 오래 품고 있던 곰삭은 전설들을 어서 전하고 싶은 듯.

전쟁의 상흔이 남아있는 용화산

산행은 지역사람들에게 '큰 고개' 또는 '북두지 고개'라고 불리는 산마루에서부터 시작된다. 화천 쪽 삼화리에서 용화산 정상부근까지 포장도로가 나 있는 큰 고개는 한국전쟁 때 군사도로로 뚫렸다고 한다. 본래 화천에서 춘천을 오가는 비포장 도로였는데, 십수 년 전 화천군에서 도로를 포장해 지금은 드라이브 코스로 이용된다. 길은 정확히 용화산 능선과 맞닿는 곳까지만 포장되어 있는데, 고개 너머는

▲▲ 용화산의 아침. 큰 고개 정상에서 넘겨다 본 새남바위, 층계바위, 칼새봉의 실루엣은 오랜 시간 산이 간직해 온 전설을 뿜어내는 듯하다.
◀ 하산길에 만난 무명폭포. 이름 없는 폭포지만 시원한 물줄기가 지나는 발길을 잡는다.
◀ 만장봉 정상부근의 장수 발자국. 다른 하나는 화악산에 있다고 전해 온다.

춘천시 사북면 고성리로 그곳부터는 도로의 흔적은 있으나 수풀이 우거져 등산로와 다르지 않은 길이다.

산을 오르다보면 바위에 움푹 패인 주먹만 한 구멍들을 볼 수 있다. 한국전쟁 때 남은 총탄 자국이다. 그저 모르고 지나칠 수도 있는 역사의 상흔. 용화산의 북쪽 화천에서 직선 거리로 4킬로미터만 가면 민통선이고 그 위로는 비무장지대가 나온다. 그리고 그곳부터는 눈에 보이나 정작 우리가 알 수 없는 지도의 공백지대다. 아니, 지도의 공백지대라고 느끼는 것은 '민간인 통제선'이라는 아주 묵직하고 차가운 느낌의 그 여섯 글자에 대한 편견이 아닐까. 어쩌면 그 말은 반세기를 내려오며 저마다의 마음에까지 통제선을 그어 실제 발 디딜 수 없는 땅뿐 아니라 그 땅을 상상하는 것조차 스스로 막고 있는 것인지도 모른다. 진짜 민통선은 용화산에도 있었다. 능선 멀리에서도 잘 보이는 산의 5부 능선쯤 흙이 다 드러난 큰 공터 '폭발물 처리장'이다. 등산객들의 출입이 통제되고 있는데, 전에 용화산에서 발견되던 불발탄을 처리하는 곳이더니 지금도 간간이 사용된다고 한다. 꼭 어릴 적 골목에서 놀다 넘어져 무릎이 까진 아이처럼 용화산은 살점이 움푹 패여 찡그리고 있는 것처럼 보인다.

수많은 전설 내려오는 지역의 영산

정상까지 가는 길은 만장봉, 층계바위, 하늘벽 등 지도에 각각의 이름이 나와 있어 대체 그 생김새가 어떤지 궁금해진다.하지만 바위의 머리꼭대기를 밟고 지나가면서는 볼 수가 없다. 너무 가까이 다가가면 제대로 된 모습을 볼 수 없

높이 875m, 2시간 20분 ★☆☆

큰고개 ● **큰고개 → 새남바위**
큰고개는 용화산 정상부근까지 포장도로가 나있다. 포장도로의 끝에는 널찍한 주차장이 있고 간이화장실과 한편에 고무호스를 받쳐놓아 식수로 사용할 수 있도록 해놓은 시설이 있다. 주차장 정면에 있는 고갯마루 표지판을 따라가면 군데군데 로프가 묶여있는 일반등산로로 가는 길이고 춘천시 경계를 넘어 7부 능선을 따르는 길은 새남바위로 접근하는 길이다.
10분

새남바위 ● **새남바위 → 용화산 정상**
능선으로 올라붙기 위해서는 새남바위를 왼쪽으로 끼고돌아 작은 골짜기를 올라야한다. 희미한 산길을 치고 오르면 굵은 동아줄이 묶여있는 등산로가 나타난다. 참나무가 사방을 뒤덮은 정상에는 커다란 표지석이 있다. 정상 주변에는 너른 공터가 있다.
40분

용화산 정상 ● **용화산 정상 → 득남바위**
계곡으로 내려가는 길을 따라가면 꼭 그 이름새에 걸맞은 커다란 바위 하나가 나온다. '불알바위'라고도 불리는 '득남바위'는 예전부터 사내아이를 기원하는 사람들이 치성을 드리던 곳이다.
30분

득남바위 ● **득남바위 → 무명폭포**
사람들이 많이 다니지 않아서 바위 비탈이 미끄러울 수 있다. 로프나 노끈이 매여 있지만 조심해야한다. 삼십 분 정도를 내려가면 우렁찬 물소리와 함께 폭포가 나타난다.
30분

무명폭포 ● **무명폭포 → 고성리**
경사는 급하지 않지만 높이는 20여m나 되는 멋진 폭포인데도 이름이 없다.다시 길을 따라 조금 내려오면 고성리다.
30분

고성리 ●

다는 말이 딱 어울리는 상황이다. 연애의 법칙이라 하던가, 차라리 먼발치에서 운무에 쌓여 보일 듯 말 듯한 칼새봉의 옆모습이 애틋하다. 만장봉 정상에는 '주전자바위'가 있다. 꼭 주전자 주둥이를 닮았다고 해서 이런 이름이 붙었는데, 수억 년 동안 물이 흘러 그리 됐는지 툭 튀어나온 바위 돌출부에 U자형의 골이 파여 있다. 주전자 바위에는 이 지역에서 오랫동안 전해오는 풍습이 있는데, '개적심'이라는 묘한 이름이다. 개적심은 전통 기우제의 하나로, 오랫동안 비가 오지 않아 가뭄이 들면 동네 사람들은 개를 끌고 용화산에 올라 그 자리에서 잡아서 흐르는 피를 주전자 바위에 묻혔다고 한다. 그러면 곧바로 비가 쏟아졌다고 한다. 조금 더 가면 '장수발자국'이라 불리는 움푹 팬 바위가 있다. 꼭 용의 알을 닮기도 했는데, 둥그런 모양이 책에서 보던 공룡발자국 같다. 용화산에 있는 것은 오른발이고 왼쪽 발자국은 20리도 더 떨어진 화악산에 있다고 한다. 가는 곳마다 전설과 설화가 전해오는 용화산은 어쨌든 예부터 지역의 영산(靈山)이었던 것이다.

태고의 신비를 간직한 계곡길

용화산은 빼어난 풍경에도 지자체에서 정한 도립공원이나 군립공원도 아니고, 등

운무에 쌓여 보일 듯 말 듯한 칼새봉의 옆모습은 멀리서 봐야 비로소 바로 볼 수 있다.

산로 정비도 되어있지 않은 편이다. 왜 아무 것도 아닐까, 하는 궁금증이 생기기도 하는데, 생각해 보면 우문 중에 이런 우문이 있을까. 세상에 아무 것도 아닌 게 어디 있는가. 아무 것도 아닌 것이 아니라, 그 '아무 것도 아니어서' 이런 원시와 태고의 숨결을 아직까지 간직하고 있다면 그것에 감사해야 하는 것이 아닌가. 이어진 계곡 하산길은 무심코 드는 궁금증에 통쾌하게 화답하듯 어느 산 어느 계곡에서도 볼 수 없었던 '본래 그것'을 서슴없이 드러낸다. 그것은 TV에서 보던 지구촌 어느 오지의 밀림보다 울울창창하고 모든 것은 살아 숨 쉬며 죽은 것은 아무 것도 없다. 생명, 생명이 거기에 있는데 우리를 강하게 이끄는 뭇 생명들은 우거진 수풀이 목까지 차오르는 묵밭을 지나는 동안 쉴 새 없이 두 뺨을 간질인다. 각기 다른 뿌리와 다른 이파리와 다른 열매를 맺는 풀과 나무가 서로의 몸뚱이 비비며 거센 비바람 견디어 내는, 오! 거기 그곳, 푸른 자유가 있는 곳.

용화산

등산로는 크게 화천쪽과 춘천쪽으로 나뉜다. 화천쪽 등산로는 하남면 삼화리와 유촌리를 기점으로 하며 춘천쪽은 사북면 고성리 양통을 기점으로 한다. 용화산 정상부는 암벽으로 이루어져 경관이 수려하지만 군데군데 조금 위험한 구간도 있다. 하지만 최근 화천군에서 등산로 정비를 하며 안전시설을 해 놓아 지금은 누구나 다닐 수 있는 등산로가 되었다.

❶ 춘천 쪽 사북면 고성리에서 출발하는 코스는 원점회귀산행이 가능하다.

❷ 정상을 거쳐 주 능선을 따르다 고탄령이나 사여령으로 내려오는 길도 있다. 전체 산행시간은 길게 잡아도 5시간이면 충분하다.

❸ 유촌리 기점은 용화산을 오르던 가장 옛길로 정상능선까지 약 2시간이 걸린다.

❹ 삼화리를 거치는 길은 산 정상부근까지 포장도로가 나있어 정상까지 40여 분이면 올라설 수 있다.

대중교통

화천읍 버스터미널에서 큰고개 등산로 들머리인 삼화리 입구까지 운행하는 버스가 하루 4대(7:40 11:00 14:10 19:10) 다닌다. 춘천에서는 고탄 행 시내버스를 타고 양통 종점에 내리면 된다. 하루 6회(05:50 07:30 09:00 13:30 16:50 20:00) 운행한다.

자가용

서울에서 경춘국도를 지나 의암호 서편에서 403번 지방도 화천방면~407번 지방도~고탄리를 지나면 고성리 입구에 용화산 등산로를 알리는 표지판이 있다. 이리로 들어가면 고성리 양통으로 춘천 쪽 등산로 기점이 된다. 407번 지방도를 따라 계속 가다가 삼화리 입구 찜질방 입간판에서 우회전 해 올라가면 길 끝이 큰고개 정상이다.

숙박과 먹거리

춘천시내라면 묵을 곳을 걱정하지 않아도 되지만 용화산 주변이나 화천에는 숙소가 많지 않다. 여름철에 조성되는 화천대교 앞 화천천 캠핑촌과 붕어섬 캠핑촌이 이용할 만하고, 용화산자연휴양림에서도 숙박할 수 있다. 춘천과 화천에서는 어디서나 막국수를 먹을 수 있고, 춘천시 명동 주변에는 닭갈비 골목이 있다. 파로호 선착장 주변에 모여 있는 횟집타운의 싱싱한 송어회도 별미다.

화천민속박물관 최근 개장한 화천민속박물관은 화천읍내에서 차로 5분 거리에 있으며 212평의 전시면적에 1천여 점의 유물을 전시하고 있다. 전시관은 선사유적 전시실과 화천의 민속생활로 테마를 나누어 선사시대부터 현재까지 화천의 역사와 자연에 대해 설명하고 있다. 1층 선사유적 전시실에는 2003년 화천 용암리에서 발굴한 청동기시대 유물 50여 점과 고고학 체험코너를 마련해 놓았고 2층 화천의 민속생활실은 자연역사 개관, 산촌의 일생, 수변생활과 수자원 이용, 화천의 전설 등으로 꾸며놓았다.

화천쪽배축제 화천쪽배축제는 7월 29일부터 8월 6일까지 화천군 붕어섬과 화천천 일대에서 '물의 나라'를 주제로 열린다. 창작 쪽배 콘테스트, 농촌체험 계곡소풍, 달빛 추억 만들기 등 3가지 테마로 치러지며 화천 군 마을별로 다양한 프로그램을 마련해 민박과 캠프장을 운영한다. 매일 밤 붕어섬에서는 캠프화이어와 각종 축하공연, 야외극장이 문을 연다. 홈페이지(www.narafestival.com)에서 자세한 일정을 확인할 수 있다.

파로호 안보전시관 파로호 안보전시관은 한국전쟁 중 대승으로 기록되는 파로호 전투를 기념하는 전시관이다. 당시 중공군 3개 사단을 물리치고 화천댐을 수복한 국군 제6사단 휴게시설과 북한 실상 및 파로호 역사 등의 소개시설이 있다. 규모는 크지 않은 편이고 전시관 외부에 위령탑과 탱크 등의 전시물이 놓여있다. 전시관 뒤로는 전망대가 있어 파로호를 한눈에 조망할 수 있다. 이용시간은 09:00~18:00, 매주 월 · 화요일은 휴관한다. 대중교통을 이용하려면 화천읍에서 파로호까지 하루 8회 운행하는 시내버스를 타면 된다.

화천민속박물관에 가면 화천의 역사를 알 수 있다.

탱크가 전시되어 있는 파로호 안보전시관 전경.

24 명지산

주위를 환하게 물들이는 지혜의 빛

모든 것이 복잡해진 요즘 사람들은 산을 보는 방법이 여러 가지다. 어떤 이들은 그 산의 높이와 가파름을 먼저 보고 또 다른 사람들은 산의 깊이와 거기에 기대고 사는 사람들의 삶을 찾는다. 흔히 가평 명지산을 이야기 할 때 사람들은 1,267미터라는 높이를 재며 경기도에서 두 번째로 높은 산이라거나, 전국 잣 생산량의 40퍼센트를 차지하는 잣나무 숲의 울창함 같은 것을 떠올리기도 한다. 옛 기억이 남아있는 사람들에게는 명지산에 기대고 살았던 화전민의 지독한 가난과 한국전쟁에 희생된 많은 사람들의 애환이 스치기도 할 것이다. 어리석은 사람이 머물면 '밝은 지혜'를 얻게 된다는 '명지'산을 오르면 또 어떤 생각들이 피어오를까.

산은 산이요, 사람은 사람이다

백둔리는 잣 백(柏)자를 쓰는 이름처럼 앞뒤를 둘러봐도 잣나무 숲밖에는 보이지 않는 마을이었다. 늘어선 펜션 단지와 각종 보양식을 파는 음식점의 숫자 만큼 명지산의 시간은 빠르게 흐른 것 같다. 육체는 시들고 정신만 푸드덕거릴 때 사람들은 산으로 가곤 한다. 몸과 마음의 상생을 위해서다. 그런데 명지산과의 만남은 신음을 내며 푸드덕거리는 희미한 정신마저 빼앗기는 듯 아찔하고 어색하기만 하다. 사람이 산을 떠난 탓이 크다. 삶으로서의 사람이 떠난 자리에 선택으로서의 삶이 들어섰다. 이제는 무성한 잣을 딸 인력이 없어 많은 잣나무 숲이 그대로 방치되고 있는 반면 철을 맞은 계곡 유원지에는 인파가 넘친다.

명지산은 1984년 군립공원으로 지정되었지만 봄, 가을 산불예방을 위해 마을 사람들이 입산을 통제하는 것 말고는 입장료도 받지 않는다. 그런데도 백둔리에서 산행을 시작하는 사람은 많지 않은지 사람의 흔적이 별로 보이지 않는다. 철조망이 쳐있는 사과밭을 지나면서 본격적인 산행이 시작된다. 아재비고개까지는 급할 것 없는 완경사의 오솔길이다. 그 길은 징검다리를 건너기도 하고 계곡의 굽이를 따라 돌아 오르기도 하는 자연스런 선이다. 이런

◀ 어깨까지 오는 풀숲은 헤치고 나아가기는 힘들지만 밀림에 들어온 듯한 기분을 자아낸다.

높이 1267m, 6시간 10분 ★★☆ ●●○

백두리 — **백두리 → 아재비고개** (2시간)
사과밭을 지나면서 본격적인 산행이 시작된다. 아재비고개까지는 완경사의 오솔길이다.

아재비고개 — **아재비고개 → 명지산 정상** (1시간 50분)
아재비고개부터 명지3봉이라 이름 붙여진 1199m봉까지는 어깨까지 덮는 무성한 수풀이 가로막는다. 풀 숲 사이로 난 길을 찾는 일은 쉽지 않다. 1199m봉 갈림길을 지나면 표지판 시설이 잘 되어있어 길을 잃을 염려도 없고 등산로도 널찍하다. 바위조각이 널린 좁은 명지산 정상은 시야가 트여 조망이 좋다.

명지산 정상 — **명지산 정상 → 명지폭포** (1시간 20분)
이정표를 따라 익근리 방향으로 발길을 돌린다. 능선에 난 계단 길을 한참 내려오면 물소리를 들을 수 있다. 하지만 익근리 계곡은 협곡처럼 되어있어 등산로와 멀다. 대신 주 등산로에서 60여m나 떨어져 숨어있는 명지폭포를 들러보기를 권한다. 명지폭포를 잘 보기 위해서는 이정표를 따라 계단을 내려가서 돌다리를 건너는 것이 좋다. 길을 내려오는 중간에 승천사라는 절이 있는데 잠시 쉬거나 목을 축일 수 있다.

명지폭포 — **명지폭포 → 익근리** (1시간)
길이 점점 넓어지고 계곡과 어우러진 풍경이 좋다. 익근리에 다가간다.

익근리

길을 걸을 땐 힘도 덜 들고 기분도 절로 좋아진다. 사람들이 떠나도 산은 산이고 사람들이 찾아도 산은 여전히 산이다.

아재비고개의 슬픈 전설

콸콸 쏟아지던 계곡물 소리는 고도를 높여갈수록 점점 잦아들고 희미한 물줄기마저 끝나면 눈앞에 공제선이 보이기 시작한다. 산행을 시작해 2시간이면 해발 900여 미터의 아재비고개 정상에 닿을 수 있다. 아재비고개에는 섬뜩하기도 하고 슬프기도 한 전설이 전해 내려온다. 옛날 백둔리로 시집을 왔던 여자가 아이를 가졌지만 몇 년째 가뭄이 들어 몸조리를 제대로 하지 못했다. 산달이 되어 고개를 넘어 친정집으로 향하던 여자는 정상에서 산통이 와 아이를 낳고 정신을 잃었다. 혼수상태에서 펄떡거리는 물고기를 잡아먹는 꿈을 꾸고 깨어났는데 낳은 아이는 간데없고 피 묻은 작은 주검만 있었더라는 이야기다. 아이를 잡아먹어 아재비고개라는 이름이 붙을 만큼 지독한 배고픔은 명지산의 역사 속에 분명 허구가 아닐 테다.

'걷고 싶은 길'과 '쉽게 걷는 길'

바위조각이 널린 좁은 명지산 정상은 걸어온 길 중 유일하게 산 전체를 바라볼 수 있게 시야가 트인 곳이다. 지나온 길 뒤로

명주실 한 타래를 다 감고도 남았다 하여 이름 붙은 명지폭포.

연인산이 서 있고 오른편으로 한북정맥의 등허리가 굽이쳐 흐르고 있다.

하산길에는 명지폭포에 들러보자. 주 등산로에서 60여 미터나 떨어져 숨어 있는데, 실타래를 다 풀어도 끝을 알 수 없다는 깊은 소와 우렁찬 물소리가 한 바가지나 땀을 흘린 무더운 산행 끝을 식혀준다. 내려갈수록 넓어지는 계곡처럼 사람 사는 곳으로 갈수록 넓어지는 등산로는 이제 땀을 흘려도 되지 않을 만큼 발걸음을 쉽게 한다. 하지만 진땀 흘리며 길을 찾았던 아재비고개 오르막과 가는 선으로 연결된 오밀조밀한 백둔리 계곡 상류의 기억은 '걷고 싶은 길'과 '쉽게 걷는 길'의 갈래에서 무엇을 택할 것인가 하는 고민을 하게 만드는 그 무엇이 있다.

명지산 산행은 익근리와 상판리 귀목마을을 들머리로 하는 경우가 많다. 주로 이용되는 산길은 익근리 원점회귀 코스이고, 귀목마을에서는 귀목고개나 아재비고개를 통해 정상에 닿는 코스가 있다. 정상에서 귀목마을로 원점회귀하거나 익근리로 하산할 수도 있다. 당일 근교 산행에 최적의 조건을 갖추고 있지만 여름철에는 넓은 가평천을 중심으로 피서객들이 많아 한적한 산행을 즐기기는 어렵다.

❶ 귀목마을에서는 명지산 정상까지 가지 않고 귀목고개를 통해 귀목봉에 오르는 경우도 많다. 되돌아오기까지 3시간 30분 정도 걸린다.

❷ 승천사~명지폭포~정상에 이르면 간 길을 되짚어 내려오거나 좀더 북쪽 능선을 따라 사향봉을 경유해 내려올 수도 있다. 시간은 조금 더 걸리지만 능선에서 조망이 좋다.

대중교통

가평터미널에서 백둔리, 익근리를 거치는 적목리행 버스는 1일 5회 운행된다(가평→적목리 08:00 11:00 15:10 16:40 19:20, 적목리→가평 07:00 10:20 12:00 16:10 17:50). 귀목마을 들머리로 가려면 현리에서 1일 10회 운행하는 상판리 행 버스를 타면 된다. 현리에서는 청량리나 춘천 행 버스가 많다.

자가용

경춘가도(46번 국도)를 타고 가다 청평을 지나 사기막 삼거리에서 가평군청·명지산·연인산 이정표를 보고 좌회전한다. 경춘선 철길이 놓인 굴다리 아래를 통과하자마자 우회전하여 가평군청 앞 큰 느티나무를 끼고 직진한다. 75번 국도와 만나는 신미식품 삼거리에서 직진하여 목동삼거리에 이르면 오른쪽으로 화악리(391번 지방도) 갈림길이 나온다. 그대로 75번 국도로 따라 왼쪽으로 꺾어 계속 직진하면 백둔리다.

숙박과 먹거리

명지산 주변에는 가평천과 조종천 계곡을 중심으로 많은 숙박시설이 산재해 있다. 비교적 깨끗한 시설의 펜션이나 방갈로는 백둔리에 많다. 별을 헤는 마을, 달빛사냥, 달빛고을 등의 펜션이 추천할 만하다.

익근리에는 명지산 들머리 주차장 앞에 식당을 겸한 민박 금자네집이 있다. 귀둔마을에는 식당과 민박을 겸한 소나무집유원지, 명지산휴양지, 드레골유원지 등이 있다. 음식 가격이 계절이나 인원 수에 따라 다르니 미리 문의해 보는 것이 좋다.

백둔리 자연학교 어린이 체험 학습장인 백둔리 자연학교는 사계절 내내 가족단위로 숲체험과 농사체험을 할 수 있다. 농작물을 직접 심고 가꾸는 작물재배, 별자리 관찰 등의 프로그램이 있고 그 밖에 주위의 자생식물 중 식용과 비식용 작물을 알아보고 냇가에서 우리나라 자생 민물고기를 관찰할 수 있다. 여름철과 겨울철에는 초등학생을 대상으로 2박 3일씩 12차례에 걸쳐 캠프를 운영한다. http://www.ebns.co.kr

귀목봉 청계산과 명지산의 중간에 있는 귀목봉(1,036m)은 이름 없는 고지로 귀목고개 위에 있다 하여 등산인들이 귀목봉이라 부르는 곳이다. 동쪽으로 명지산, 서쪽으로 청계산, 북쪽으로 강씨봉이 인접해 있다. 귀목봉은 산의 높이에 비해 전반적으로 경사가 완만하고, 험준하지 않아 수월한 등산을 즐길 수 있다. 등산길 중턱에는 크고 작은 폭포와 물웅덩이가 있으며, 주변에는 기이하게 생긴 바위들과 울창한 숲이 잘 어울려 있다. 귀목봉 정상에 올라서면 경기도 최고봉들인 화악산과 명지산을 조망할 수 있다.

백둔리 자연학교는 사계절 내내 열려있다.

승천사 명지산이 품고 있는 유일한 사찰인 승천사는 20년의 짧은 역사를 가진 비구니 도량이다. 가람이 많지 않고 규모가 작아 볼 거리는 많지 않지만 가정집 같이 소박한 멋이 있다.

대성리 국민관광지 경춘가도의 마석을 지나 대성리역을 중심으로 북한강변 264,000㎡에 이루어진 대성리 국민관광지에는 산책로, 피크닉장, 야영장, 숲길이 잘 조성되어 있고 편의시설도 다양하다. 숲 그늘 아래 산책로와 함께 펼쳐지는 강가의 운치가 그만이고 강 건너 마을을 오가는 배를 탈 수도 있다. 북한강과 합류되는 구운천이 바로 곁에 있어서 여름철에는 계곡에서 물놀이도 즐길 수 있다.

승천사의 저 불상은 무슨 생각을 하고 있을까.

25 지리산

떠나라!
어머니의 산,
넉넉한 품속으로

산은 지리산이다. 뜨거운 불덩이를 토해낸 한여름 태양과 온몸을 서늘히 적시고 사라지는 빗줄기 혹은 머리칼 날리는 바람……. 어깨를 짓누르는 배낭의 무게와 머리부터 발끝까지 솟은 땀방울도 어머니의 산, 지리의 푸른 심장 속에선 그 무엇과도 바꿀 수 없는 삶의 활력이다. 지리산(智異山 1915m) 주능선, 장장 25.5킬로미터. 노고단에서 천왕봉에 이르는 종주산행은 지리산 산행의 꽃이다. 주말산행에선 느낄 수 없는 장쾌한 지리산 종주, 직장인이라면 넉넉한 여름 휴가에 맞춰 보라. 여름, 바다로 향하는 마음을 잠시 접고 지리산 봉우리 끝에 서서 7월의 바람과 하나가 되고, 곳곳에 핀 야생화의 향기를 코끝으로 느끼며 딱 사흘만 지리산 사람이 되어보라. 산은 지리산이다, 이렇게 결론지을 수 있을 것이다.

천왕봉으로 떠나는 순례자의 길

전남 구례 화엄사에서 시작해 경남 산청 대원사로 내려서는 사흘간의 산중생활. 급할 것도 서둘 것도 없이 그 길을 걷는 그대에게 주능선 종주산행은 싱그러운 여름 꽃으로 피어날 것이다.

▲▲종주산행의 출발점인 노고단 고개. 이곳에 서면 바래봉부터 만복대까지 서북릉의 기다란 곡선은 물론 가야 할 주능선도 아득하게 보인다.

◀◀산수국 · 동자꽃 · 기린초 · 모싯대 · 패랭이꽃……. 한여름의 지리산은 야생화 천국이다. 바람에 실려 오는 꽃향기에 기분이 상쾌해진다.

◀ 저 아래 세석대피소가 보인다. 건물들이 너른 평원에 앉아 한가롭게 볕을 쬐고 있는 듯하다. 사진 송란옥.

▲ 둘째 날 잠을 청할 장터목대피소 가는 길. 세석에서 충분히 쉬고 길을 나선다. 사진 송란옥.

화엄사에서 '코가 땅에 닿을 만큼 힘들다'는 코재를 넘어 노고단에서 깔딱대는 숨을 고른다. 오후 햇살에 일그러진 노고단에 서서 멀리 무등산과 건너편 왕시루봉과 발끝에서부터 이어진 주능선 길을 찬찬히 훑어본다. 저 끝에 솟은 천왕봉이 운무 속에 이마를 가린 채 그리로 향하는 순례자들을 말없이 기다리고 있다.

천천히 한여름에 피는 산행의 꽃

온통 숲으로 둘러싸인 돼지령 고갯마루를 내려서자 곧 헬기장으로 쓰이는 너른 안부다. 가던 걸음을 멈추고 풀밭에 배낭을 내린다. 초록빛 사이사이로 고개를 내민 야생화에 얼굴을 박고 꿈을 꾸는 동안, 하루에 지리산 종주를 끝내려는 사람들이 노란색 리본을 달고 바쁘게 사라진다. 옛말에 '지리산은 웅장

높이 1915m, 2박3일 종주 ★★☆ ●●○

〈첫째 날, 6시간 50분〉

화엄사 / 3시간 30분 / 노고단

화엄사→노고단
화엄사에서 산행초입까지 30분 정도 아스팔트길을 지나고 자연관찰로로 꾸며진 정규 등산로를 3시간 남짓 오르면 노고단에 이른다.

노고단 / 1시간 40분 / 삼도봉

노고단→삼도봉
노고단에서 1시간쯤 오솔길을 오르면 노루목에 올라선다. 노루목에서 왼쪽은 반야봉이고 곧바로 내려서는 쪽이 천왕봉 방향이다.

삼도봉 / 1시간 40분 / 연하천대피소

삼도봉→연하천대피소
삼도봉에서 550여 개 계단을 내려서 화개재를 지나 토끼봉에 오른다. 토끼봉에서 다시 계단을 따라 연하천으로 내려선다.

〈둘째 날, 6시간 20분〉

연하천대피소 / 1시간 40분 / 벽소령

연천대피소→벽소령
연하천에서 벽소령까지는 암릉이 많아 전망도 좋고 길도 쉽다. 벽소령은 식수 구하기가 힘드므로 연하천에서 충분히 물을 담아 간다.

벽소령 / 3시간 / 세석

벽소령→세석
벽소령에서 45분쯤 가면 선비샘이다. 여기서 점심을 먹는다. 취사는 불가능하니 행동식으로 대체한다. 이후 세석까지는 봉우리의 오르내림이 심해서 힘든 구간이다.

세석 / 1시간 40분 / 장터목대피소

세석→장터목대피소
세석에서 충분히 쉬고 장터목으로 이동한다.

〈셋째 날, 6시간〉

장터목대피소 / 1시간 / 천왕봉

장터목대피소→천왕봉
장터목에서 천왕봉은 1시간이 걸리지만 일출을 보려면 해뜨는 시간보다 1시간 30분 먼저 대피소를 나서는 것이 좋다.

천왕봉 / 2시간 / 치밭목

천왕봉→치밭목
천왕봉에서 중봉, 써리봉을 지나 유평 방향으로 내려선다.

치밭목 / 3시간 / 대원사

치밭목→대원사
치밭목에서 유평까지는 2시간이 걸리고, 유평에서 대원사 정류장까지는 약 4km를 더 간다.

하지만 빼어나지 못하다(智異壯而不秀)'고 했지만, 이 산의 장엄함을 조금이라도 느끼려면 사브작사브작 붉은 흙을 밟으며 깊게 패인 계곡과 힘찬 능선을 차분히 감상하는 게 좋다. 그럴 때라야 웅장함과 함께 빼어남도 만날 수 있다.

무려 550개가 넘는 나무계단을 밟고 내려선 화개재에서 곧바로 토끼봉을 치고 오른다. 예전 화개 사람과 운봉 사람들의 물물교환 장소였던 화개재에서 토끼봉 오르는 길은 종주 첫날 가장 곤욕스럽지만 전망바위에 올라 천왕봉을 보는 남다른 재미가 있다.

지리산의 너른 품을 비추는 촛대봉

연하천에서 벽소령까지는 3시간이 조금 못 걸린다. 대부분 암릉이 섞인데다 무던해서 가다서다 쉬다 사진 찍기를 반복하는 일이 즐겁다. 형제봉과 잘록한 벽소령이 보이고 멀리 촛대봉과 천왕봉이 아스라한 영상으로 늘어서 있다. 벽소령에서 세석으로 가는 길은 주능선 산행 중 가장 어려운 구간으로 꼽힌다. 울퉁불퉁한 오르막 때문에 발을 한 번만 헛디뎌도 후드득 땀방울이 떨어지는 세석을 지나 이른 촛대봉. 이곳에 서면 노고단이나 반야봉은 물론이고 멀리 정령치를 휘도는 도로와 중북부 능선 상의 도솔암까지 또렷하

촛대봉에서 장터목대피소까지 이르는 약 1시간 40여 분의 길은 종주산행 중 제일 쉽고 아름다운 길로 꼽힌다.

게 들어온다. 천왕봉 너머 뜨겁게 떠오르는 태양과 노고단 능선 끝으로 선분홍 자욱을 남긴 채 마지막 숨을 토해내는 석양이 물드는 곳. 살을 에는 차가운 바람, 지독히도 새파란 하늘, 끝없이 펼쳐진 능선, 능선들……. 그리움의 꽃은 쉽게 시들지 않는다. 지리산에 익숙해지면 자꾸만 지리산 속을 파고들게 되는 법이다.

천왕봉에 서면 한 마리 새가 된다

부정한 사람은 오르지 못했다는 통천문과 바위 너덜을 지나면 곧 천왕봉, 남한 내륙에서 제일 높은 봉우리다. 천왕봉 정상에 서서 이틀간 만난 길들을 조심스레 더듬는 것은 종주산행자의 특권이자 의무다. 삿갓처럼 솟은 노고단과 젖무덤 같은 반야봉과 촛농처럼 흘러내린 촛대봉……. 저 능선 사이사이 저 깊은 골짜기 골골마다 살아 숨쉬는 모든 생명들의 호흡 소리가 들리는 듯하다. 차가운 손을 입 주위로 모아 편 채 크게 숨을 쉰다. 이럴 때에야 비로소 한 마리 새처럼 자유롭다. 산봉우리로 한없이 날갯짓 하는 초록의 새.

지리산은 금강산 · 한라산과 더불어 삼신산(三神山)의 하나로 꼽혔던, 우리가 이 땅에 태어나 살아가기 전부터 한반도 역사와 함께 해온 민족의 영산이다. 국립공원 제1호로 지정된 지리산은 한국 8경의 하나이고 5대 명산 중 하나다. 지리산 주능선은 단일 산으로는 우리나라에서 가장 길고 높은 등산로여서 초보자에서부터 전문산악인까지 다양한 코스로 즐길 수 있다. 숙박이 가능한 대피소 6개를 포함해 2~3시간 간격으로 샘터가 있고, 이정표와 표지기가 많아 초행자 또는 혼자서도 산행이 가능하다. 대피소를 이용하려면 사전 예약을 하는 것이 좋다.

❶ 화엄사에서 노고단까지는 대체로 잘 정비된 등산로이며 산행 중 좌우로 조그만 계곡을 만날 수 있다.

❷ 천왕봉~대원사 코스는 육산에선 보기 드물게 암릉이 많다. 철계단도 많고 코스도 길어 방심하면 사고를 당할 수 있으니 유의하자.

❸ 경우에 따라 천왕봉에서 다시 장터목대피소로 돌아와 백무동계곡으로 하산하기도 한다.

❹ 중산리 코스는 천왕봉으로 오르는 가장 빠른 길로, 당일 산행을 하려는 사람들이 주로 이용한다.

대중교통

서울 남부터미널에서 구례까지 버스가 07:30부터 19:30까지 2시간 간격으로 운행되며 소요시간은 4시간 정도다. 성삼재로 가는 대중교통은 구례에만 있다. 04:20부터 17:20분까지 하루 8회 운행되며 30분 정도 걸린다.

기차는 용산역에서 구례구역까지 06:50부터 22:50까지 하루 10회 운행하는데, 막차를 타면 기차 안에서 하룻밤을 보내고 아침 일찍 산행을 시작할 수 있다. 새벽 3시 23분 구례구역에 도착해서 구례 시외버스터미널로 이동 후 식사를 하고 화엄사 행 버스에 오르면 된다.

자가용

대전-통영간 고속도로 함양 나들목에서 88고속도로 남원 방향으로 가다가 19번 국도를 타고 구례 방향으로 가다보면 화엄사로 갈 수 있다. 88고속도로 남원 나들목이나 남해고속도로 하동 나들목에서도 19번 국도(구례 방향)를 타고 화엄사로 갈 수 있다.

숙박과 먹거리

첫째 날 - 연하천대피소는 식수가 풍부하다. 최대 수용인원이 35명으로 적은 편이므로 사전예약을 하는 것이 좋다.

둘째 날 - 장터목대피소에서도 식수와 간단한 간식을 구할 수 있다. 지리산 대피소 중 가장 붐비는 곳이므로 사전 예약이 필수다.

셋째 날 - 취사장과 화장실 시설이 있는 대원사야영장에서 숙박할 수 있다. 겨울철에는 이용 전 지리산관리사무소로 개방 여부에 대해 문의하는 것이 좋다.

더 알찬 여행 만들기

화엄사 한국 10대 사찰의 하나로 신라 사찰 가운데 지리산 입산 1호의 천년 고찰인 화엄사는 조계종 19교구 본사이기도 하다. 천년의 장구한 역사를 지닌 화엄종찰답게 각황전, 석등, 4사자5층석탑 등 국보 3점과 보물 5점, 천연 기념물 1점, 지방문화재 2점, 사찰문화재 29점이 보존돼 있다. 1979년 발견된 〈신라화엄사경〉에 의해 8세기 중엽 통일 신라 경덕왕 때 황룡사 소속의 화엄학 승려였던 연기가 창건한 절이라는 설이 유력시되고 있다. 노고단을 등에 업고 동쪽의 일류봉, 서쪽의 월류봉을 다스리며 지리산을 대표하는 화엄사는 경내의 장엄함 그 하나만으로도 찾는 이를 압도한다.

지리산 온천랜드 전남 구례군 산동면, 지리산의 기를 모아 만인에게 복을 준다는 만복대와 노고단 산자락에 자리한 지리산 온천랜드는 거대한 노천온천을 끼고 있어 산행의 피로를 풀기 좋은 곳이다. 1995년 게르마늄 온천수와 광천수를 이용해 만여평 규모로 형성된 지리산 온천랜드는 숙박이 가능한 온천관광호텔이다. 동시에 3천여 명이 입욕 가능한 대온천탕과 3단 자연폭포가 있는 노천탕을 비롯해 대온천탕 이용 고객은 무료로 입장할 수 있는 수영장과 각종 사우나 시설을 갖추고 있다. www.spaland.co.kr

대원사 산행 하산지점인 대원사 역시 신라 때 지어진 것으로 전해진다. 지리산의 동쪽 기슭에 있으며, 대한불교조계종 제12교구 본사인 해인사의 말사다. 1685년(숙종 12)에 창건하여 대원암이라 했고, 1890년(고종 27)에 중건하여 대원사라 하였다. 1955년 중창하여 비구니 선원을 개설했다. 이 절의 선원은 석남사, 견성암과 함께 한국의 대표적인 참선 도량으로 꼽힌다. 건물로는 대웅전 · 원통보전 · 응향각 · 산왕각 · 봉익루 등이 있고, 절 뒤쪽의 사리전에는 비구니들이 기거한다. 절 입구에 부도와 방광비가 있고, 선비들의 수학처인 거연정 등이 있다. 대원사의 유일한 국가 문화재는 자장율사가 불타의 사리를 봉안했다고 전해지는 다층석탑 뿐이다.

화엄사는 지리산에 처음으로 입산한 천년 고찰이다.

지리산 종주의 하산 지점인 대원사.

가을

능선 따라 억새물결 일렁이는 하늘바다

38
36
35
33
28
34
32
29
30
27
37
31
26

26 천관산

장흥 땅의 '큰산'에 암봉과 억새가 장관이라오

천관산. 장흥 땅에서는 으뜸으로 치는 산이다. 지리산, 내장산, 능가산, 월출산과 더불어 호남 땅 5대 명산으로 손꼽힌다. 천자의 면류관을 닮았다거나, 신라 김유신이 화랑시절 사랑했던 천관녀(天冠女)가 숨어살았다는 전설이라거나 또는 바람이 많이 분다 하여 천풍산(天風山), 가끔 흰 연기와 같은 이상한 기운이 서린다 하여 신산(神山), 천관보살이 머무는 지제산(支提山) 등으로 불렸다거나 하는 산 이름 유래가 전한다. 그러나 오랜 세월 이 산자락에 기대 생을 이어온 가난한 농꾼과 고기잡이에게는 그저 '큰산'으로 부르면 족했다.

산사람을 게으르게 만드는 산

천관산에 오를 때는 게으름을 피워도 된다. 어떤 코스라도 한나절이면 다 돌 수 있기 때문이다. 하지만 단지 그런 이유 때문만은 아니다. 천관산은 느릿느릿 걸으며 둘러볼 것이 많다.

장천교를 건너면 굵은 소나무 숲이 이어지고 장천교부터 장천재(長川齋)에 이르는 100미터 정도의 계곡은 존재 위백규 선생이 청풍담(淸風潭) · 백설뢰(白雪瀨) · 도화

▲▲ 천관산의 대명사가 되어버린 억새와 기암들. 드넓은 억새밭에 불쑥불쑥 솟아오른 암봉들은 기이한 풍경이기도 하다. 푸르른 가을 하늘과 억새와 기암들.

◀◀환희대에서 천관산 최고봉인 연대봉까지의 정상능선은 서편제 가락을 연상케하는 부드러운 평원이다. 가을이면 억새가 장관을 이룬다.

◀ 정원석이란 이름이 붙은 기암. 돌 틈마다 지나가는 이의 소원이 담긴 작은 돌탑이 빼곡하다.

량(桃花梁) · 세이담(洗耳潭) · 명봉대(鳴鳳臺) · 추월담(秋月潭) · 청령뢰(淸靈瀨) · 와룡홍(臥龍弘) 등 장천8경이란 이름을 지어 붙인 장천동이다. 풍호대를 지나면 수령 600년이 넘는다는 소나무 태고송이 장천재를 향해 비스듬히 몸을 기울인 채 산사람들을 맞이한다.

체육공원을 지나면서부터는 전망 좋은 바위를 하나 지나면 쉬어가기 좋은 너럭바위가 나타나고, 기묘한 형태의 암봉들이 연달아 길을 막아선다. 쉬어가기를 마다하기 힘들다. 그러니 너도나도 물을 마시거나 바람을 맞거나 사방을 조망하는 게으름을 부리게 되는 것이다.

정상능선의 억새밭이 장관

천관사 쪽 능선에도 몇 개의 기묘한 암봉이 솟아올라 있다. 솜털구름이 지나가는 새파란 하늘을 이고 늠름하게 혹은 찌를 듯 솟은 암봉들 사이를 돌아가는 것은 억누르기 힘든 즐거움이다. 이 암봉을 지나면 어떤 형상의 바위가 또 나타날까 하는 호기심이 자꾸만 발걸음을 재촉하게 한다. 하늘을 받쳤다는 천주봉을 지나 드디어 환희대에 도착한다. 편평한 바위 몇 개가 포개져 그곳에 올라 주변을 둘러보기 좋은 환희대에서는 지나온 능선의 바위들을 모조리 볼 수 있다. 그리고 동쪽 눈앞에 펼쳐지는 광경은 바로 억새의 바다! 환희대에서 천관산 최고봉인 연대봉까지의 평퍼짐한 능선에는 이제 막 패기 시작한 억새이삭이 허옇게 일렁이고 있다. 바닷가로부터 불어온 바람이 아직 푸르른 억새 잎을 흔들어대면 그 푸르고 허연 일렁임은 마치 파도처럼 눈부시다.

높이 723m, 4시간 30분

★☆☆
●○○

장천재

장천재 → 대세봉

장천교를 건너면 굵은 소나무 숲이 이어진다. 장천교부터 장천재에 이르는 100m 정도의 계곡은 장천8경이란 이름을 지어 붙인 장천동이다. 길 오른쪽에 '풍호대'라는 전망대가 있다. 풍호대를 지나면 수령 600년이 넘는다는 소나무 태고송이 보인다. 체육공원을 지나면서부터 산행은 기묘한 형태의 암봉들이 연달아 길을 막아서서 지루하지 않다. 종봉에는 작은 굴이 하나 있다. 나무계단을 따라 종봉 왼편을 돌면 노승봉이란 암봉이 나타난다. 대세봉 앞에는 천관사를 기점으로 오르는 등산로와 만나는 삼거리가 있다.

1시간 40분

대세봉

대세봉 → 환희대

연이어 나오는 암봉들 사이를 돌아가다보면, 하늘을 받쳤다는 천주봉이 나온다. 그리고 곧이어 환희대에 도착할 수 있다. 편평한 바위 몇 개가 포개져 주변을 둘러보기 좋은 환희대는 지나온 능선의 바위들을 전부 볼 수 있다. 그리고 동쪽에 장대하게 펼쳐진 억새 바다를 볼 수 있다. 연대봉에 가기에 앞서 근처에 있는 구룡봉에 다녀오는 것도 좋다.

20분

환희대

환희대 → 연대봉

펑퍼짐한 능선을 따라 키 큰 억새를 지나다보면 헬기장이 있는 닭봉을 지나고, 금수굴 능선으로 갈리는 갈림길 앞에 서게 된다. 연대봉쪽으로 계속 나아간다.

30분

연대봉

연대봉 → 장천교

억새밭을 뒤로 하고 장안사로 이어지는 능선길로 접어든다. 정원석을 지나면 양근암이 있고, 길을 따라 계속 내려가면 곧 장천교다.

2시간

장천교

억새밭 사이 기암괴석과 그 너머 다도해까지

연대봉을 향해 억새 밭 사이 길을 따라 걷는다. 키 큰 억새가 지나갈 때마다 서걱거린다. 연대봉까지의 주능선길은 거의 평지나 다름없이 이어져 있다. 이 억새 무성한 정상능선에서는 해마다 10월이면 억새축제가 열려 전국의 등산인들이 구름처럼 몰려온다. 어디 억새 무성한 산이 천관산뿐인가마는 억새밭 사이사이의 기암괴석과 그 너머로 보이는 다도해의 풍광을 따라올 산이 또 있으랴. 정상 능선에서는 어느 곳으로든 막힘없이 통쾌한 조망이 펼쳐진다. 그중 점점이 떠 있는 다도해의 풍광은 한 폭의 그림인 듯싶다.

연대봉에서는 한라산이 보인다

천관산에서 가장 높은 봉우리인 연대봉에는 1986년 복원한 봉수대가 있다. 고려 의종 3년(1149년) 봉수대를 처음 쌓아 개축을 거듭했고, 왜적의 침입을 장흥의 억불산과 병영면 수인산으로 알렸던 곳이다. 연대봉 봉수대는 과거 한라산의 봉화를 내륙으로 연결하던 곳이라 전한다. 하여 날씨만 맑다면 한라산의 모습을 볼 수도 있지 않을까 하는 기대도 할 수 있겠지만, 그렇게 좋은 날씨를 만나는 게 어찌 쉬우랴. 다도해의 풍광을 실컷 본 것으로 만족해야 한다.

연대봉 정상의 봉수대. 날씨만 맑다면 한라산이 보인다고 한다.

하산길을 배웅하는 남은 이야기들

파도처럼 일렁대며 파도소리를 들려주던 억새밭을 뒤로 하고 장안사로 이어지는 능선길로 접어든다. 산을 오르며 주워담은 이야기만으로도 충분히 풍성한 산행인데, 산은 아직도 들려줄 이야기가 많은가 보다. 이런저런 이야기들이 남아 하산길을 배웅한다.

여전히 능선에는 제각각 사연과 이름을 단 바위들이 나타나고, 다채로운 형상으로 등산로 한가운데를 차지하고 있는 정원석의 틈에는 지나가는 사람들이 쌓아놓은 작은 돌탑들이 또 무수하다. 거기에 작은 돌멩이 하나 더 보태며 작은 소망도 하나 더 보탠다. 정원석을 지나면 나타나는 것은 양근암이다. 뒤에서 보면 그 이름에 맞는 모양새가 전혀 연상이 되지 않지만 앞에서 보면 제법 위세가 그럴듯한 남근석이다. 건너편 능선의 금수굴과 비슷한 높이에 자리잡고 있어 그 음양의 조화가 제법 신비롭게 여겨진다.

천관산

산행은 대개 장천재, 천관사, 탑산사 등 3개 기점에서 시작된다. 이중 가장 많은 사람들이 장천재 주차장을 기점으로 삼는다. 장천재 주차장에서는 정상능선으로 올라가는 세 개의 등산로가 있어 원점회귀 산행이 가능하고 능선마다 기암괴석이 즐비해 산행이 지루하지 않다. 특히, 장천재를 거쳐 환희대에 오른 다음 연대봉 정상을 거쳐 하산하는 원점회귀 코스를 추천한다. 이 코스에는 능선상에 기암괴석이 즐비하고 조망이 시원해 잠시도 지루하거나 힘든 줄 모르고 산행을 마칠 수 있다. 탑산사 입구에는 작은 주차장이 있으며 입장료는 없다. 산행 내내 남쪽으로 펼쳐지는 다도해의 풍광을 감상할 수 있다.

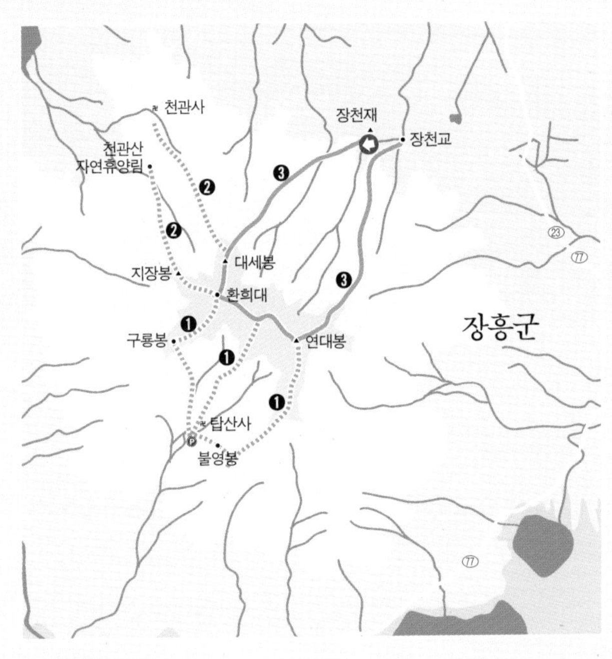

❶ 탑산사를 기점으로 삼을 경우 가장 짧은 시간 안에 정상능선까지 오를 수 있다. 탑산암지와 구룡봉을 거쳐 환희대와 연대봉을 들러 불영봉으로 하산하는 원점회귀 산행도 가능하다.

❷ 천관사를 기점으로 삼을 경우 환희대까지 호젓한 산행을 즐길 수 있지만 불편한 교통을 감수해야 한다.

❸ 봄에는 장천재 일대의 동백 숲과 연대봉 능선의 진달래 군락이 아름답고, 가을이면 정상 능선의 억새군락이 장관을 이뤄 많은 사람들이 찾는 코스다.

대중교통

서울 센트럴시티터미널에서 장흥까지 가는 버스가 08:50(우등) 15:40(우등) 16:50(일반) 하루 3회 출발한다. 약 5시간 소요. 장흥에서 관산읍까지는 07:30부터 22:30까지 30분 간격으로 군내버스가 다닌다. 관산에서 장천재로 들머리를 잡으려면 택시를 이용하는 것이 좋다.

자가용

호남고속국도 동광주 나들목으로 나와서 29번 국도를 따라 화순을 거쳐 장흥읍으로 들어선 다음 23번 국도를 따라 진행하면 된다. 서해안고속국도를 타고 올 경우에는 목포에서 목포-광양간 4차선 국도를 이용하여 순지 나들목이나 향양 나들목으로 진출하여 23번 국도를 따르면 된다.

숙박과 먹거리

장흥읍내와 관산읍내에 모텔과 여관이 여럿 있다. 관산읍 농안리 천관사 뒤편에 있는 천관산자연휴양림을 이용하는 것도 좋다. 방촌리 천관산관광농원에서도 민박이 가능하며, 식사도 가능하다. 음식점은 담소원, 신녹원관 등이 있다.

더 알찬 여행 만들기

천관산문학공원 천관산 남쪽 탑산사 바로 아래 자리한 천관산문학공원은 지난 2002년 1월 완공되었다. 한승원, 이청준, 송기숙, 이승우, 이대흠 등 이 고장 출신 문인들은 물론 구상, 안병욱, 김병익, 박범신, 차범석, 양귀자, 이호철 등 50여 명의 유명 작가들의 육필원고를 바위에 새겨 모아 두었다. 탑산사를 기점으로 천관산 산행시 한번 둘러 볼만하다.

방촌유물전시관 관산읍 방촌리는 유서 깊은 마을이다. 마을 곳곳에 선사시대 유적인 고인돌이 남아있으며, 장흥 위씨의 고택들이 잘 보존되어 있다. 1993년 문화마을로 지정되었으며 문화유산 답사행렬이 끊이질 않고 있다. 농경과 주거, 음식과 복식문화, 놀이문화, 세시풍속 등의 각종 유물과 이 고장 출신 존재 위백규 선생의 여러 유물 등을 볼 수 있다.

장천재 1978년 9월 전남유형문화재 제72호로 지정된 장천재(長川齋)는 조선 중종 때 강릉참봉 위보현이 장천동에 어머니를 위한 묘각을 짓고 승려로 하여금 이를 지키게 한 것이 그 유래가 되었다. 1659년(효종10) 사찰을 철거하고 재실을 창건하였으며, 1873년(고종 10) 현재의 형태로 중수하였다. 조선 후기 호남실학의 대가 존재 위백규(魏伯珪 · 1727~98)가 이곳에서 수학하고 후배를 양성했다 하며, 여러 학자들이 시문을 교류했던 곳이라고 전한다. 현재도 장흥위씨 방촌계파의 제각으로서 이용된다. 장천재 앞 수령 600년의 태고송과 주변 동백숲도 볼만하다.

정남진 천문과학관 정남진 천문과학관은 장흥읍에서 멀지 않은 억불산 중턱에 있다. 시청각실, 기계실, 전기실, 주관측실, 보조관측실, 전시실, 천체투영실(모션 시뮬레이터) 등의 시설을 갖추고 있으며 특히, 7m 높이의 주관측실에는 400mm의 반사굴절 망원경이 장착되어 있다. 천체투영실에는 시뮬레이터가 있어 실제 우주여행을 하는 듯한 체험을 할 수 있다.

천관산문학공원. 바위에 새긴 문인들의 육필원고.

장천재는 여러 학자들이 시문을 교류했던 곳이다.

27 내장산

안으로 감추고 다스려 꽃을 피우는 산

내장산이 붉다. 내장사 일주문 단풍터널은 붉다 못해 뜨겁다. 백팔번뇌를 잊으라고 심은 108그루의 단풍나무 그늘에는 출렁이는 사람의 물결 요란하다. 이 길은 어쩌면 삶이란 그렇게 피할 수 없는 번뇌임을 깨닫게 하는 역설의 길인지도 모른다. 늦가을 내장산에서는 그저 묵묵히 사람의 바다를 거슬러 올라야 한다. 한 발, 한 발 땀 흘려 고도를 높이면 비로소 마음이 열리고 눈이 열리는 산길의 가르침은 이 산에서도 예외가 아니다. 높은 곳에서는 거추장스럽기만 하던 사람들도 한 점 붉은 꽃으로 산 속에 묻힌다. 내장(內藏), '밖으로 드러나지 않게 안에 간직한다'는 범상치 않은 이름에 비로소 고개가 끄덕여진다.

원심력과 구심력을 이용한 산행

내장산의 몸뚱이는 아홉 개의 뼈로 구성되어 있다. 시계 방향으로 장군봉 · 연자봉 · 신선봉 · 까치봉 · 연지봉 · 망해봉 · 불출봉 · 서래봉 · 월영봉이 그것이다. 내장 9봉 종주는 원심력과 구심력을 이용하면 더욱 즐거운 산행이 된다. 구심력은 각 봉우리에서 내장산의 속내를 들여다보는 것이고, 원심력은 능선에서 동서남북을 조망하는 것이다.
내장 9봉 종주 길은 어디서든지 조망이 좋지만, 특히 장군봉에서 연자봉 가는 길의 동서남북 조망은 탁월하다. 우선 반대편인 북쪽으로 수수한 서래봉 암봉이 항상 오른쪽을 지킨다. 암봉 너머에는 정상에 통신 시설이 있는 모악산이 우뚝하다. 남쪽으로는 무등산이 둥근 머리를 내민다. 멀리서 봐도 후덕한 어머니의 산이다. 남서쪽으로는 백암산 학바위 · 상왕봉 · 입암산의 갓바위, 그 너머 방장산이 가깝게 보인다.

내장산 최고의 명당

연지봉에서 두 팔을 벌려 감싸안으면 내장 9봉이 품안으로 들어온다. 억새 너

◀ 내장사 뒤로 멀리 서래봉이 보인다. 이곳은 본래 영은사 터고, 서래봉 아래 백련암이 옛 내장사 자리다. 내장사 뜨락에 가을이 무르익었다. 사진 김종권(곡성 섬진강문화학교 남도사진전시관 관장).

높이 763m, 7시간 30분

★★☆
●○○

구간	소요시간	설명
추령 → 장군봉	1시간 10분	추령 주차장에서 능선으로 향한 철문이 길의 초입이다. 장군봉 가는 길은 산행에서 가장 심한 급경사 구간이다.
장군봉 → 신선봉	1시간 20분	장군봉에서 연자봉 가는 길의 동서남북 조망이 좋다. 연자봉에 내려오면 신선봉을 앞에 두고 평퍼짐한 안부가 나온다. 기암괴석 금선대를 거치면 신선봉이다.
신선봉 → 까치봉	1시간 20분	까치봉 가는 길은 완만하다. 까치봉 못 미쳐 '입암산성 7km'표지판이 있다.
까치봉 → 망해봉	50분	망해봉 못미쳐서 오른쪽 먹뱀이골 입구로 급경사를 지나면 까치봉으로 올랐던 계곡의 합수점이다. 다시 5분이면 망해봉으로 가는 이정표가 있는 삼거리 합수점이다.
망해봉 → 불출봉	40분	불출봉 가는 길의 풍경이 내장 9봉 종주에서 가장 멋지다.
불출봉 → 서래봉	1시간 10분	서래봉으로 오르는 철계단 길과 암릉 코스의 갈림길에 도착해 곧장 산죽밭을 헤치면 암릉 코스, 왼쪽으로 우회하면 계단길이다.
서래봉 → 월영봉	1시간	서래봉을 지나면 삼거리가 나온다. 월영봉에 가려면 서래봉 동릉을 타고 빗재로 내려서야 한다.
월영봉 → 집단시설지구	40분	월영봉에서 송이바위를 거쳐 하산하거나, 다시 빗재를 통해 하산한다. 하산로를 따라 내려와 큰길로 빠져나가면 집단시설지구다.

머로 암봉으로 이루어진 망해·불출·서래봉은 근육 좋은 육식동물이 달려가는 모습을 떠오르게 한다. 그 동물이 달려가는 방향으로 장엄한 산줄기들이 첩첩 쌓여있다. 동쪽으로 가장 먼 산줄기 중에서 머리가 둥근 게 반야봉이고, 오른쪽 옆 뾰족한 봉이 노고단이다. 운이 좋으면 내장산에서 지리산을 만난다.

연자봉에서 내장산 안쪽(북쪽)으로 지능선이 뻗어 있는데, 그 끝에 전망대가 걸려있다. 이곳의 수려한 전망 때문에 케이블카가 건설되었다. 불출봉에서 보면 전망대가 새의 머리, 몸통이 연자봉, 장군봉과 신선봉이 두 날개에 해당된다. 풍수지리적으로 벽련암을 내장산 지구에서 최고의 명당으로 치는 이유는 제비가 새끼에게 모이를 주는 형국이기 때문이다. 모이를 받아먹는 자리가 바로 벽련암이다.

내장 9봉 종주 중 가장 멋진 풍경

산불감시초소가 자리 잡은 망해봉은 그 이름처럼 동쪽으로 곰소만을 사이에 두고, 선운산과 변산이 아스라이 펼쳐졌다. 가깝게는 정읍과 태인의 벌판이 황금빛을 뿜어낸다. 망해봉에서 불출봉 가는 길은 내장 9봉 종주에서 가장 멋진 풍경이 나타나는 구간이다. 멀리 가로 방향으로 펼쳐진 첩첩 산들을 향해 불출과 서래 암봉이

수려한 서래 암봉과 전망대. 전망대에 서면 내장산 최고의 명당자리인 백련암의 빼어난 모습을 볼 수 있다.

세로 방향으로 돌격하는 기세다. 그 기운을 지켜보면서 마음속에서 불끈 솟는 힘을 느낄 수 있다. 역시 내장산은 만만한 산이 아니다.

마지막 봉우리 월영봉을 찍고

빗재 사거리에 도착하니 날이 어둑어둑해졌다. 빗재는 과거 내장사 스님들이 정읍으로 마실 나가는 지름길이었다고 한다. '탐방로 아님' 푯말이 붙은 길이 정읍으로 가는 지름길이다. 그 길로 가면 야영장으로 떨어진다. 산행은 내장 9봉을 모두 밟아보는 것이 목표이니 월영봉을 찍고 하산하기로 한다. 월영봉에서 송이바위를 거쳐 하산하는 길이 있지만, 사람들이 다니지 않아 길이 희미한데다가 급비탈이 있어 어둠 속에서는 위험하다. 날이 저물었거나 날씨가 좋지 않을 때는 다시 빗재를 통해 하산하는 게 좋다. 월영봉에서 다시 빗재로 되돌아와서는 벽련암 길로 접어든다. 길은 평지처럼 유순하다.

내장산은 내장사를 가운데 놓고 내장 9봉이 원을 그리면서 산의 뼈대를 형성하고 있다. 그 뼈대의 중심에서 영취봉 능선이 내장사 쪽으로 내려오면서 원을 가르게 된다. 따라서 내장 9봉과 영취봉 능선 사이에 계곡이 발달했다. 내장사 왼쪽이 금선계곡, 오른쪽 원적계곡이 있지만 물이 적어 볼품이 없다. 이러한 지형으로 인해 등산로는 내장사 일주문을 중심으로 능선에 올랐다가 계곡으로 내려오는 원점회귀 코스가 발달했다. 종주가 아닌 산행은 서래봉이나 신선봉 중에 하나를 선택해야 하는데 많은 사람들이 암릉과 단풍이 어울린 서래봉 쪽을 선호한다.

❶ 내장 9봉을 종주하려면 추령에서 시작하는 게 좋다. 햇빛을 등 뒤에 두고 산행하기 때문에 반짝이는 단풍을 볼 수 있다.

❷ 원점 회귀를 통한 종주를 하려면 유군치에서 시작하여 서래봉을 찍고 벽련암으로 내려오면 된다. 물론 그 반대도 가능하다.

❸ 일주문~내장사~비자나무군락지~원적암~벽련암~일주문까지 3.6km에 이르는 자연관찰로는 내장산 국립공원에서 운영하는 자연해설 프로그램에 참여할 수 있다.

❹ 일주문~내장사~금선폭포까지의 가벼운 코스로 금선계곡을 따라 올라간다.

대중교통

서울 센트럴시티터미널에서 06:30부터 23:00까지 고속버스가 30분 간격으로 운행하며 3시간 걸린다. 정읍터미널에서 내장산까지는 71번 시내버스가 20분 간격으로 다닌다. 시내버스는 터미널과 정읍역 앞에서 71번이 20분 간격으로 다닌다. 기차는 정읍역에 내린다. 용산역에서 출발하는 호남선 기차가 05:20부터 23:10까지 다니며 3시간 30분 걸린다.

자가용

승용차는 호남고속도로 정읍 나들목으로 나온다. 29번 국도를 타고 수통목을 지나 49번 지방도를 타면 내장저수지를 지나 내장산 상가지구에 다다른다. 서울에서 내장산까지 4시간 정도 걸린다.

숙박과 먹거리

숙소는 내장산 집단시설지구와 정읍 시내를 이용한다. 집단지구에는 많은 모텔들과 민박촌이 있지만 시내 장급 모텔과 여관이 시설도 좋고 값도 싸다. 집단지구에서 가장 유명한 음식점은 삼일회관이다. 산채 음식을 잘하는 집이다. 정읍 시내에는 외부인들에게 알려지지 않는 좋은 한정식 식당이 있는데, 이곳이 '정촌'이다. 한정식, 가정식 백반이 맛있는데 5천 원. 백반만으로도 훌륭하고 기품 있는 남도의 밥상을 만끽할 수 있다. 주말 단체손님은 예약이 필수.

내장사 아름다운 내장산국립공원의 품안에 안겨 있는 내장사는 백제 무왕37년(636년)에 영은조사가 창건했다고 전해지며, 한때는 50여 동의 대가람이 들어섰던 때도 있었지만, 정유재란과 한국전쟁 때 모두 소실되고 지금의 절은 대부분 그 후에 중건된 것이다. 금산사와 함께 전라북도의 대표적인 절이다. 내장산 봉우리들이 병풍처럼 둘러싼 가운데에 자리 잡아 주변경치가 매우 아름다우며, 특히 가을철 단풍이 들 무렵 절 주변의 아름다움은 이루 말할 수 없다. 백양사, 방장산, 장성호, 담양호 등이 주변에 있고 주요문화재로는 내장사 이조등종이 보존되어 있다

백학 관광농원 백학관광농원은 백제의 고도 정읍시의 자랑인 내장산 국립공원과 역사적으로 유서깊은 입암산의 중간에 있는 삼신산 아래에 자리 잡고 있다. 선진국에서 성공하고 정착된 녹색관광인 농촌민박관광을 도입, 환경농업,역사,문화체험의 다양한 프로그램을 제공하는 휴식처로 개원했다.무공해 유기농으로 재배한 농산물을 중심으로 엮어내는 건강음식과 "동이학교"란 자체 문화프로그램을 운영해 고등학생 이상의 성인들을 대상으로 3박4일의 문화교실과 규수학당 등을 열고 있다. 수혈식 순 황토흙으로 지은 황토방에 묵으며 건강식을 즐기고, 내장산을 올라보고, 동이학교 문화수련에 참여하는 일정으로 주말이나 휴가철을 이용해 보람 있는 시간을 접해 볼 수 있다.

내장산 일주문을 지나면 단풍터널이 나온다.

금선계곡 내장산국립공원 안에 있는 금선계곡은 내장사로부터 왼쪽 계곡으로 금선골을 지나 신선봉(763m)까지 이르는 계곡을 말한다. 내장산은 예부터 호남의 금강산이라 불리웠으며 이 계곡의 가을단풍은 나라 안에서 가장 빼어나다고 할 만하다. 계곡의 이름도 주변의 단풍이 비단으로 수를 놓은 듯하다고 해서 '금선계곡'이라 불린다. 다른 지역에 비해 단풍 기간도 길다. 금선폭포는 도덕폭포와 신선봉과 용굴암과 더불어 매력적인 관광 대상이다.

금선계곡의 기름바위.

28 속리산

구리 빛 근육처럼 꿈틀대는 백두대간

우람한 바위들은, 그렇다고 둔하지도 않아서, 하늘을 자르려는 듯 톱날을 세운다. 속리산은 백두대간 어느 산지에서도 볼 수 없는 바위미를 자랑한다. 충청지방 옛사람들이 바다를 못 보고 평생을 보낼 것을 우려해 스스로 그렇게 태어난 것인지, 속리산에 비가 내리면 곳곳에서 바다가 탄생하고, 섬이 나고, 줄기에서 뻗은 가지들은 거친 파도처럼 내륙인을 자극한다. 천황봉 · 비로봉 · 길상봉 · 문수봉 등 9개 봉우리를 거느리고, 문장대 · 입석대 · 경업대 등의 바위벽이 곳곳에 호위병처럼 둘러선 명산. 깊은 숲과 기암괴석에 섞여있자면 누구나 '속리(俗離)'를 경험할 수 있다.

바위같이 묵묵한 사람들이 사는 숲

법주사에서 꽤 걸어나오면 비로산장을 만날 수 있다. 속리산에 터를 잡은 지 마흔 해가 훌쩍 넘어선 산장은, 아름드리 나무와 계곡 틈에서 속리산의 일부처럼 굳어진 곳이다. 주인장 내외와 그림을 그리는 막내딸이 산 속으로 들어선 일행을 반가이 맞아주는 이곳에서부터 산행의 기대감을 느낄 수 있다.
상고암에 들어서면 단박에 명당임을 알아챌 수 있다. 비로봉은 두말할 것도 없고 정면에 속리산이 낳은 산자락들이 둘러서 있다. 그 사이로 새로 생긴 헬기장을 볼 수 있다. 낯선 풍경으로 보일 수도 있겠지만, 헬기장이 만들어지기 전까진 마을 사람들이 지게에 냉장고를 지고 오는 등 고생이 이만저만 아니었다고 한다. 돈을 받고 한 일도 아니라니 이 지역에 뿌리 내린 불심이 참으로 지극하다. 헬기장 뒤쪽으로 올라서면 천황봉부터 입석대~신선대~문장대 능선과 관음봉에서 속사치를 거쳐 묘봉까지 이어진 암릉이 시원하게 열려 있다. 속리산 최고의 바위미를 이루는 서북릉 지역에서 누구라도 숙연해지지 않을 수 없다.

대간과 정맥을 한곳에 모은 힘

조릿대숲 오르막을 올라서고 바위날등을 넘어서면 속리의 최고봉을 눈앞에

◀ 묘봉 정상 부근의 바위에 등산객의 그림자가 새겨졌다. 멀리 눈을 돌리면 도명산 · 낙영산 줄기가 보인다.

높이 1058m, 7시간

★★☆
●○○

지점	소요시간	구간
법주사	50분	**법주사 → 세심정 휴게소** 매표소를 통과해 오리숲으로 들어선다. 세심정 휴게소에 닿으면 길은 이곳에서 두 갈래로 나뉜다.
세심정 휴게소	30분	**세심정 휴게소 → 상환암** 갈림길 오른쪽으로 가면 10여 분 거리에 비로산장이 있다. 비로산장에서 상환암까지는 꾸준한 오르막이지만 경사가 급하지 않다.
상환암	1시간	**상환암 → 상고암** 상환암에서 천황봉으로 오르는 길은 막아 놓아서 정상에 오르려면 계단을 따라 다시 내려와야 한다. 이정표가 가리키는 대로 올라서면 상환암에서 닫은 문이 어렴풋이 보인다. 상환암을 떠나 40분 정도 올라서면 천황봉이 1.2km 남았다는 이정표가 있다. 여기서 왼쪽으로 가면 상고암이다.
상고암	30분	**상고암 → 천황봉** 천황봉으로 오르는 길은 두 군데다. 상고암을 나서자마자 왼쪽 이정표를 따라가거나, 처음 들어섰던 갈림길까지 나가는 방법이다. 어느 곳으로 가든 곧 만난다. 오르는 도중 경업대 이정표를 지나는데, 나중에 문장대로 가려면 이곳까지 되돌아와 경업대 방면으로 가야 한다.
천황봉	1시간 10분	**천황봉 → 입석대** 북쪽으로 울퉁불퉁 이어진 허연 암릉길을 따라 걷는다.
입석대	1시간	**입석대 → 문장대** 입석대에서는 길이 두 갈래로 나뉜다. 어디로 가든 상관없다. 조금 더 가다 계단을 마주치고, 그 계단을 내려서면 경업대 갈림길이다. 직진한다.
문장대	2시간	**문장대 → 법주사** 문장대에서부터 세심정 휴게소까지 되돌아오는 길은 잘 정비되어 있어서 어렵지 않다.
법주사		

서 볼 수 있다. 속리산 최고봉을 알리는 정상비 너머로 지리산까지 이어진 백두대간과 한남금북정맥 능선이 구릿빛 근육처럼 꿈틀댄다.

속리산의 상징은 문장대라 해도 지나친 말이 아니다. 천황봉은 그 이름 하나와 4미터 차이의 높이로 보상을 받고 있을 뿐. 그러나 사람이 많고 적음을 두고 산의 의미를 찾을 수는 없는 법이다. 대간과 정맥이 한 번에 만나는 곳이니 천황봉은 사람들의 이목을 잡아끈 문장대를 두고 서운해할 필요가 없을 것이다. 대간길, 정맥길이 아슬아슬 문장대를 비껴가는 반면 대간을 뛰는 사람도 정맥을 걷는 사람도 모두 천황봉을 거쳐야 한다. 어찌 보면 그것이 진정한 '천황'의 품격일지도 모르겠다.

천황봉을 기준으로 북쪽으로 울퉁불퉁 이어진 허연 암릉길이 보인다. 멀리 엄지손톱처럼 솟은 문장대도 보인다. 등산로 중간중간 넘고 돌아서야 할 기기묘묘한 암릉들이 바쁜 걸음을 더디게 만든다.

생명력이 넘치는 바위들의 향연

세심정에서 보현재를 거치면 문장대로 직접 오를 수 있지만, 경치가 빼어난 경업대를 들르는 것이 더욱 좋다. 계절을 잊고 연신 시원한 바람이 부는 세심정 주변은 굵은 소나무들과 산죽, 그리고 계곡이 어울

문장대에서 본 우람한 관음봉 줄기. 뼈대에 바위를 붙여놓은 듯한 모습이다.

려 그윽하다. 완만한 계곡은 상고암 갈림길부터 급경사를 이룬다. 팍팍한 돌계단길이 끝없이 이어지다 돌연 수려한 바위들이 앞을 가로막는 구간이 있다. 조선 중기의 임경업 장군이 수도했다는 경업대와 입석대, 신선대다. 특히 입석대에서 신선대로 이어지는 능선 위에서는 바위들의 향연이 펼쳐진다. 그중 하늘을 향해 우뚝 솟은 입석대 바위는 수려한 자태를 뽐내고 있다. 왼쪽의 좁은 바위틈을 간신히 비집고 올라서면 이름 그대로 입석대의 우뚝 솟은 일자형 바위탑을 경험할 수 있다. 조망을 즐기려는 사람들은 오르기 쉬운 바위에 앉아 가만히 바람을 쐰다. 몸을 움츠리면서도 선불리 내려설 수 없는 건 조망의 멋 때문이다. 거칠 것 없이 불어오는 바람과 아득한 산 아래 풍경을 아찔하게 만끽할 수 있는 장소. 그 기억을 잊지 못한 사람들이 끊임없이 찾아오는 곳이다.

속리산은 태백산맥에서 남서쪽으로 뻗어 나오는 소백산맥 줄기 가운데에 솟아 있다. 산행에 앞서 법주사로 들어서기 전, 매표소에서부터 2km의 오리숲길을 걸어야 한다. 법주사에서부터 세심정 휴게소까지는 차량이 통제돼 있어 1시간 정도 걸어야 한다. 휴게소에서 왼쪽 길은 문장대, 오른쪽 길은 천황봉 가는 길이다.

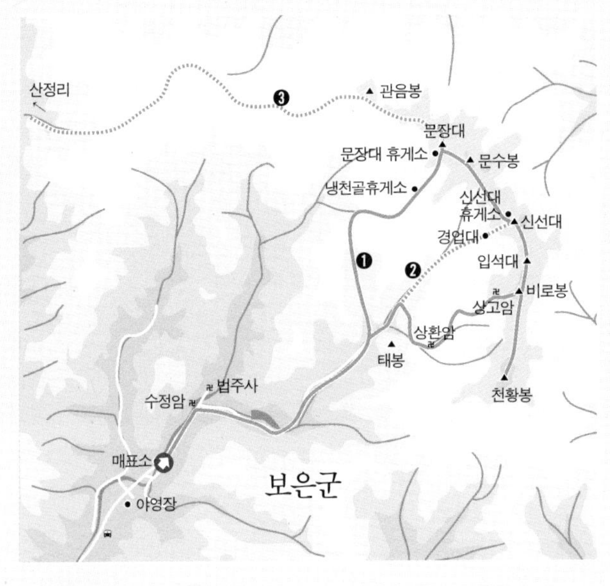

❶ 세심정 휴게소에서 문장대를 거쳐 천황봉으로 가도 된다.

❷ 경업대 갈림길에서 왼쪽으로 가면 경업대를 거쳐 법주사로 하산할 수 있다.

❸ 문장대에서 관음봉, 묘봉을 지나 산정리로 가는 코스는 속리산 바위미의 진가를 맛볼 수 있다.

대중교통

법주사 쪽은 보은·청주·대전을 중간경유지로 이용한다. 동서울터미널에서 속리산까지 07:30부터 18:30까지 13회 배차되어 있으며 3시간 30분이 걸린다. 청주 가경동시외버스터미널에서 속리산은 06:40부터 20:40까지 30분 간격으로 버스가 운행된다. 소요시간은 1시간 40분이다. 대전 동부터미널에서 속리산은 06:30부터 20:10까지 운행하는데 시간표가 자주 바뀌므로 사전 문의가 꼭 필요하다.

자가용

자가용은 청주나 대전 나들목으로 나와 보은을 거쳐 속리산으로 향한다. 화양계곡은 청주, 증평, 괴산 쪽이 가깝다.

숙박과 먹거리

법주사 앞 집단시설지구에는 식당과 숙소가 넘친다. 식당은 평양식당의 인심이 넉넉하다. 버섯전골과 올갱이 해장국을 잘한다. 숙소는 레이크힐스 속리산호텔, 로얄호텔 등이 있다. 속리산 깊숙이 자리 잡은 비로산장에서 하루 묵는 것도 좋다.

더 알찬 여행 만들기

화양동계곡 화양계곡은 도명산과 낙영산을 연결하여 산행 할 수 있어 산과 계곡을 함께 즐기기에 안성맞춤이다. 넓고 깨끗한 반석과 우뚝한 기암절벽, 울창한 수림과 계류가 어울려 절묘한 조화를 이루고 있다. 일찍이 그 조화에 끌려 많은 선비들이 화양동을 즐겨 찾았지만, 그곳을 가장 아끼고 사랑했던 사람은 우암 송시열(1607~1689)이었다. 조선 중기의 대사상가 우암은 중앙 정계에서 물러나 있을 적마다 이곳에 은거하여 주자학을 연구하고 후학을 양성했다고 한다.

선유동계곡 화양동도립공원 내에 있는 선유동계곡은 이중환이 〈택리지〉에서 화양동계곡과 함께 '금강산 남쪽에서는 으뜸가는 산수'라고 칭송한 곳이다. 조선시대 이황이 송면리 송정부락(당시에는 칠송정)에 있는 함평 이씨댁을 찾아갔다가 이곳 경치에 반하여 아홉 달 동안 머물면서 제1곡 선유동문(仙遊洞門), 제2곡 경천벽(擎天壁), 제3곡 학소암(鶴巢岩), 제4곡 연단로(鍊丹爐), 제5곡 와룡폭(臥龍爆), 제6곡 난가대(爛柯臺), 제7곡 기국암(碁局岩), 제8곡 구암(龜岩), 제9곡 은선암(隱仙岩) 등 9곡의 이름을 지었다고 한다. 화양동계곡이 남성적인 반면 여성적인 아름다움을 지닌 계곡이다.

삼년산성 신라 자비마립간 13년(470년)에 축성을 시작해 3년만에 완성했다고 해서 삼년산성이라는 이름이 붙은 곳이다. 신라가 서북지방으로 세력을 확장하는 데 가장 중요한 전초기지였을 것으로 추측하고 있으며, 삼국통일 전쟁 때 태종 무열왕이 당나라 사신 문도를 이곳에서 맞아하기도 하였다. 고려 태조 왕건은 이 성을 점령하려다가 크게 패하였던 곳이다. 우리나라의 대표적인 석축산성으로 평가되며 성내에는 아미지라는 커다란 연못이 있다.

아홉 골짝 기암괴석이 있는 화양구곡. 사진 양원.

축성 3년만에 완성한 삼년산성. 사진 양원.

29 마이산

두 봉우리가 보여주는 변화무쌍한 춤사위

마이산은 보는 장소와 거리에 따라 변화무쌍한 얼굴을 보여준다. 서로 마주한 수마이봉과 암마이봉은 바라보는 거리와 방향에 따라 하나로 보이다가 둘로 바뀌고, 토끼 귀가 말 귀가 되고, 하늘로 치솟으려는 우주 왕복선도 되고, 구름이 낀 날에는 나비처럼 나풀거리기도 한다. 조선 전기 사림의 조종(祖宗)으로 추앙받던 점필재 김종직은 말년에 진안을 유람하다 마이산을 보며 시를 한 수 남겼는데, 거기에 빼어난 구절이 들어있다. '아름다운 봄 죽순 같은 자태를 / 서로 사랑할 뿐 기댈 수는 없구나' 마이산의 모습은 서로 만날 수는 없지만 깊이 사랑하는 두 남녀의 춤사위 같다.

백두대간을 향해 뻗어나가는 길

합미산성 들머리는 찾아내는 일부터 녹록치 않다. 그 옛날 진안 일대의 가장 큰 곡창지대였다는 마령벌을 지나 제멋대로 자란 수풀을 헤치고 언덕을 올라서야 한다. 하지만 산길은 제 몸뚱이를 제대로 드러내지 않는다. 그렇게 20분쯤 지나면 거의 무너져 내려 바닥에 돌무더기만 여기저기 흩어진 합미산성에 닿는다. 성곽 원형이 겨우 30미터 정도밖에 남아있지 않은 합미산성은 마령평야에서 거둬들인 관곡을 쟁여놓기 위해 쌓은 것으로 추정되지만 제대로 기록이 남아 있지 않아 정확한 축조 연대나 용도는 알 수 없다. 이제부터는 등산로가 잘 정비되어 있다. 그러나 광대봉에 이르기 바로 전 덕천교 코스와 만나는 지점부터 오르막이 험해진다. 간간이 박혀있는 덩치 큰 바위들은 급한 경사를 타고 오르다 잠시 뒤돌아 너른 마령평야를 내려다보며 숨을 고르도록 여유를 주기도 한다.

청산은 나를 보고 말없이 살라 하고

시간이 흐를수록 서서히 드러나는 마이산 종주의 참맛은 이제부터다. 들머리에서 3.3킬로미터쯤 떨어진 광대봉에 올라서면, 암마이봉과 수마이봉이 찬

◀ 지금은 오를 수 없는 암마이봉은 무척 가파른 봉우리다. 암마이봉에 오를 때는 몇 번쯤 수마이봉을 향해 멈춰서서 숨을 고르게 된다. 사람들의 발길이 전혀 닿지 않은 원시의 수마이봉이 웅장한 자태를 뽐내고 있다.

높이 685m, 5시간 20분

★★☆ ●○○

합미산성
합미산성 → 광대봉
합미산성 들머리는 원강정마을과 월운마을 중간에 30번 국도 상에 있다. 도로가에 덩그러니 선 이정표를 보고 찾아야 한다. 들머리에서 풀이 무성한 길을 20분쯤 헤쳐 가면 거의 무너져 내린 합미산성에 닿는다. 이제부터 잘 정비된 등산로를 따라간다. 광대봉이 가까워지면서 경사가 급해지고, 철계단이나 바위에 단단히 고정시킨 굵직한 로프가 더러 눈에 띄기 시작한다.

1시간 20분

광대봉
광대봉 → 비룡대
광대봉에서 내려서는 길은 거대한 역암덩어리에 박힌 돌멩이들이 자칫 발을 걸어올 수 있으니 고정로프를 이용하는 것이 안전하다.나옹암을 지나고 40분쯤 더 가야 비룡대에 다다른다.

1시간 40분

비룡대
비룡대 → 암마이봉 앞
비룡대에서 능선길을 따라 봉두봉을 향해 간다. 봉두봉을 지나면 길이 갈리는데, 왼쪽 암마이봉을 돌아 천황문에 이르는 길은 통제되어 있어 갈 수 없다.

1시간 30분

암마이봉 앞
암마이봉 앞 → 탑사, 은수사, 천황문
암마이봉 앞에서 탑사를 거쳐 은수사, 천황문에 이른다.

30분

탑사, 은수사, 천황문
탑사, 은수사, 천황문 → 북부주차장
포장도로를 따라 내려가면 북부주차장이 나온다.

20분

북부주차장

연히 솟아오르고 저 멀리 덕유와 남덕유의 능선이 아스라이 흐른다. 금남호남정맥 가운데 떡 버티어 서서 운장산으로 차고 오르는 금남정맥과 영취산에서 덕유로 장쾌하게 뻗어나가는 백두대간을 한번에 껴안는다. 떼기 힘든 발을 옮겨 이동하면 어느새 옛 금당사 자리 고금당 나옹암과 조우하게 된다. '청산은 나를 보고 말없이 살라 하고/창공은 나를 보고 티 없이 살라 하네/탐욕도 벗어놓고 성냄도 벗어놓고/물같이 바람같이 살다가 가라 하네' 고려 말 고승 나옹선사가 읊었다는 시. 깎아지른 벼랑 끝 원시의 풍경 속에서 나옹선사의 나지막한 읊조림이 들려오는 듯하다.

두 눈으로 다 담지 못하는 풍경의 파노라마

나옹암을 뒤로 하고 40분쯤 걸어가면 원래 있던 바위 위에 나무를 거의 베어내지 않고 지었다는 누각 비룡대(飛龍臺)에 올라설 수 있다. 암마이봉, 수마이봉이 성큼성큼 걸어온 듯 가까이에 있다. 암마이봉 왼쪽으로 봉우리 네 개가 차례로 이어진 삿갓봉이 눈에 들어오고, 암마이봉 바로 앞쪽으로 봉두봉(鳳頭峯)도 보인다. 360도 한 바퀴를 휘돌아 펼쳐지는 파노라마를 인간의 눈으로도, 사진으로도 그대로 담아내지 못하는 게 안타까울 뿐이다.

연등에 불을 밝히면 탑사는 더욱 신비롭다.

하늘을 향해 쌓아올린 인간의 염원

능선길을 따라 걷다가 훼손으로 출입이 통제된 암마이봉 앞에서 돌아서야 한다. 아쉬움에 묻혀 여러 차례 걸음을 멈출 수밖에 없다. 조금씩 봉우리에서 멀어져갈 즈음, 암마이봉 아래 탑사에 닿는다. 흔히 이갑룡 처사가 홀로 쌓은 것으로 알려진 마이산 탑군은 고려를 침략했던 몽골군이 미처 후퇴하지 못하고 숨어들어 쌓은 것이라는 주장과 함께 태조 이성계가 반역을 막기 위해 비밀리에 쌓은 것이라는 설도 있다. 끝없이 쌓아올린 인간의 염원, 아슬아슬한 자태로 하늘을 향해 선 80여 기의 돌탑군. 좀더 가까이서 탑을 구경하고 싶어 했던 인간들의 욕망은 이미 40여 기의 돌탑을 무너뜨렸다. 이제라도 한 걸음, 두 걸음 더 뒤로 물러설 일이다.

암마이봉과 수마이봉 사이 천황문에서 고단한 다리를 쉬어간다. 수마이봉으로 난 계단을 따라 100미터 올라간 화엄굴에서 가뭄에도 마르지 않는다는 석간수로 목을 축인다.

마이산 두 봉우리 중 오직 암마이봉만 오를 수 있었는데, 훼손이 심해 지금은 이 마저도 출입을 통제하고 있다. 관리사무소에서 전문연구소에 복원을 의뢰해 놓았고 복원 후에 개방할 예정이다. 마이산은 사계절 모두 좋지만 봄과 가을이 가장 화려하다. 벚꽃축제는 4월 하순경 5일간 열리는데, 흰 꽃들과 어두운 바위가 어울려 묘한 매력을 발산한다. 가을 산불방지 기간인 11월 1일~12월 15일까지는 일부 산행 코스가 통제될 수 있으므로 관리사무소에 확인하고 계획을 세우는 게 좋다.

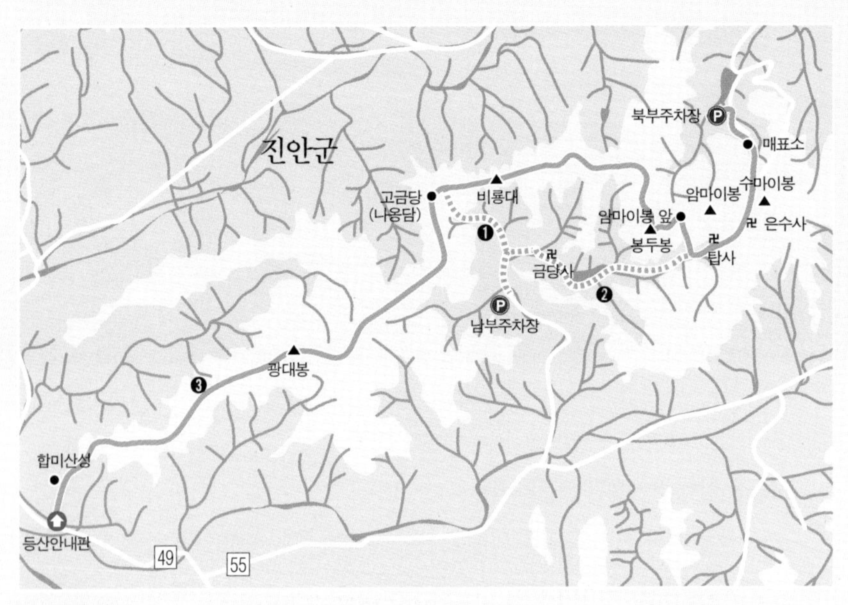

대중교통

서울 센트럴시티터미널에서 진안으로 가는 시외버스가 10:10 15:10에 있고, 진안에서 서울 행은 10:30 14:30에 있다. 전주에서는 진안 행 버스가 06:00부터 21:30까지 15분 간격으로 있다. 진안에서 마이산으로 가는 버스가 북부 행은 07:30부터 18:00까지 30분 간격으로 있고, 남부(탑사) 행은 09:50 12:50 13:40 16:40에 있다.

자가용

승용차는 전주나 무주를 기점으로 삼는다. 서울과 수도권에서는 대진고속도로 무주 나들목으로 나와 30번 국도를 타면 진안까지 30분 걸린다. 전주에서 진안까지는 도로가 좋아져 40분 정도 걸린다.

숙박과 먹거리

먹거리와 잠자리는 마이산 북부 지역에 모여 있다. 북부 지역 들어가는 입구에 에덴장이 좋다. 이 여관은 시설도 깨끗하지만 옥상 및 방에서 바라보는 마이산 두 봉우리가 근사하다. 진안의 먹거리는 돼지고기다. 다른 지역보다 맛이 좋은 비결은 생육 기간이 보름 정도 길고, 물이 좋기 때문이다. 북부 주차장 내에 일품가든의 돼지고기가 일품이다. 진안시내에서는 애저찜(새끼돼지 찜)의 원조인 진안관이 유명하다.

❶ 고금당~비룡대~봉두봉~탑사~은수사~천황문으로 이어지는 코스는 능선 상에서 조망이 좋고 탑사 등 마이산의 속살을 두루 감상할 수 있다. 들머리는 남부주차장에서 10분 거리인 관광통역안내소 왼쪽으로 나있다.

❷ 남부에서 북부를 관통하여 마이산 내부인 탑사와 은수사 등을 둘러보는 산책 코스다.

❸ 마이산 서쪽 합미산성에서 출발하는 종주 코스가 대표적이다.

금당사 대한불교조계종 제17교구 금산사(金山寺)의 말사. 814년(헌덕왕 6) 중국 승려 혜감(惠鑑)이 창건하였다. 여러 차례 중수하였는데, 약 300여 년 전에 현재의 대웅전이 건립되었다. 목불좌상과 보물 괘불을 소장하고 있다. 유서 깊은 절이지만 규모가 너무 커져 운치가 없어졌다.

탑사 1976년 4월 2일 전라북도기념물 제35호로 지정되었다. 조선 후기 임실에 살던 이갑용(李甲用)이라는 사람이 25세 때인 1885년(고종 25)에 입산하여 은수사에 머물면서 솔잎 등을 생식하며 수도하던 중 꿈에서 신의 계시를 받고 돌탑을 쌓기 시작, 10년 동안에 120여 개에 달하는 여러 형태의 탑을 쌓았다고 한다. 크고 작은 자연석을 차곡차곡 그대로 쌓아올려 조성한 이 돌탑들은 높이 1m 쯤에서 15m 의 것까지, 각양각색의 형태다. 그는 조의악식(粗衣惡食)으로 수도하며 낮에는 멀리서 돌을 날라다가 밤에 탑을 쌓았는데, 천지음양의 이치와 8진도법(八陣圖法)을 적용, 돌 하나하나를 쌓아올림으로써 돌탑이 허물어지지 않게 하였다고 한다. 현재는 피라미드형 등 여러 모양의 탑 80여 기가 남아 있다.

새단장이 한창인 금당사. 사진 양원.

은수사 은수사는 볼거리가 많다. 우선 우람한 암마이봉과 각도에 따라 다르게 보이는 수마이봉이 장관이고, 천연기념물 청배실나무와 줄사철나무, 국내에서 가장 크다는 북도 경내에 있다. 또한 겨울철에 정화수를 떠놓으면 역고드름이 생기는 현상으로 유명하다. 은수사 청실배나무는 1997년 12월 30일 천연기념물 제386호로 지정되었다. 일명 아그배 또는 독배라고도 한다. 조선 태조 이성계가 마이산을 찾아와 기도를 마친 뒤, 기도를 원만히 마쳤다는 증표로 씨앗을 심었는데 그 씨앗이 싹이 터 이 나무로 자라났다고 한다. 이 지역 사람들은 마이산의 은수사를 중심으로 태조의 업적과 명산 기도에 얽힌 전설을 기리기 위해 해마다 마이산제와 몽금척(夢金尺:일명 금척)을 시연한다.

볼거리 많은 은수사. 사진 양원.

30 **영남알프스**

하늘바다에서 헤엄치는 푸른 고래

고래의 고장

울산 가까이에는 뭍에도 거대한 고래가 산다. 경상북도 청도군과 경상남도 밀양시 그리고 울산광역시에 잇닿아 있는 운문산, 가지산, 신불산, 재약산을 한 마리 거대한 고래라 불러도 좋다. 하늘 바다에 헤엄치는 등이 높고 푸른 고래는 흰 산에 대한 절절한 그리움 때문에 '영남알프스'라는 이름까지 얻었다. 바다에서 대륙을 잊지 못한 고래나, 낮은 산에서 높은 산을 그리워하는 산사람이나 똑같은 젖먹이 종족이다.

세상의 속도를 잊고 걷고 또 걷자

배낭이 커질수록 기대도 커진다. 침낭과 매트리스를 넣는 순간 낯선 하늘과 그 저녁의 이내와 뭇별들이 그려진다. 작은 풀벌레들의 은밀한 노래까지 귀담아 들을 준비가 됐다. 무거우면서도 이렇게 행복한 짐이 또 있을까.

석골사에서 계곡을 따라 물길을 두 번 건너 조금 지루하다 싶게 숲을 따라 고도를 높인다. 처음부터 탁 트인 산의 날등을 타고 오를 수도 있지만 출발은 고요하면서도 조금은 힘든 길이 좋다. 하늘을 가린 어두운 숲을 통과하면서 산길에 맞추어 호

▲ 종주는 산의 뿌리를 이해하는 일이다. 그래서 천천히 걷고 산자락에 기대 쉬면서 그의 내면으로 깊이 다가서는 여유가 있어야 한다. 신불산에서 영축산으로 가는 길.

◀◀ 신불평원 가로질러 영축산으로 가는 길.

◀ 영남알프스에 부는 모진 바람을 견디는 억새는 이 산자락의 자랑이다.

흡을 가다듬고 억지로라도 고요한 시간을 가질 필요가 있다. 그래야 높은 곳에서 활짝 열리는 풍경에 대한 기쁨도 커질 터.

상운암 채마밭 너머에 있는 한반도

산등성이에 다다를 무렵 거대한 너덜지대가 앞을 막는다. 산이 제 살을 깎아 만든 돌멩이들 위에 사람의 흔적이 닿아 있다. 산에 남은 사람의 흔적이야 곱게 보일 것 하나 없지만 소박한 염원을 담은 돌탑들은 정겹다. 돌탑들이 길게 이어진 꼭대기는 높은 망루의 난간처럼 돌들이 쌓여있다. 첩첩이 이어지는 산줄기들의 실루엣을 바라보며 비로소 높이를 실감하게 하는 곳이다. 발아래 계곡에는 단풍이 곱다. 단청도 꽃 창살도 없는 슬레이트 지붕에 군불을 때는 구름 위의 소박한 암자. 뜨락에는 옹글게 여문 배추와 무가 심어진 채마밭이 정갈하다. 그 너머로 한반도 모양을 한 바위덩어리가 땅 위로 이마를 드러내고 누워있다. 백두대간의 등줄기 윤곽 그대로 바위가 도드라져 있고, 제주도도 구색을 맞추어 봉긋 얼굴을 내밀고 있다. 차고 단단한 물맛 또한 오래도록 입안에 남는 곳이다.

신불산 정상의 신령한 독수리

신불산 정상에 서면 영남알프스의 기운이 하나로 응축된 영축산의 모습을 가장 잘 감상할 수 있다. 커다란 날개깃을 펼쳐들고 바다로 향해 비상하는 신령한 독수리. 그 큰 새의 몸통과 꼬리 부분이 거대한 신불평원 억새밭이다. 억새는 바람을 가르며 바다로 날아가는 독수리의 부드러우면서도 꼿꼿한 깃털이다. 억새밭을 에두른 단조성터의 돌무더기를 넘어 청석좌골로 하산한다. 보

높이 1240m, 2박 3일 종주 ★★☆ ●●○

〈첫째 날, 9시간 30분〉

석골사 → 운문산
석골사 3시간 30분 운문산
석골사를 지나면 길이 세 갈래로 나뉘는데, 억산 방향으로 오른다. 억산에서 딱밭재를 거쳐 운문산까지 간다.

운문산 → 가지산
운문산 3시간 가지산
운문산에서 약 40분 정도 가면 아랫재다. 여기서 진행 방향으로 직진하는 길이 가지산 가는 길이다.

가지산 → 배내고개
가지산 3시간 배내고개
가지산에서 길이 두 갈래로 갈라지는데 남쪽으로 석남터널을 향해 간다. 석남터널에서 능동산 정상을 지나 배내고개로 간다.

〈둘째 날, 6시간 30분〉

배내고개 → 신불평원
배내고개 4시간 30분 신불평원
배내고개에서 30분이면 배내봉에 닿고 여기서부터 신불평원까지는 길이 훤하다.

신불평원 → 배내산장
신불평원 2시간 배내산장
신불평원에서 청석좌골로 하산한다. 에베로리지로 가는 길 입구에 포부대 사격장으로 진입을 금지한다는 표지판이 있다. 이 표지판에서 서쪽으로 억새밭을 가로질러 단조성터 돌무더기를 지나면 서남쪽으로 나뭇가지에 청석좌골로 하산하는 표지기가 걸려 있다.

〈셋째 날, 5시간 40분〉

배내산장 → 고사리분교 터
배내산장 2시간30분 고사리분교 터
배내산장에서 배내골 상류를 따라 5분 정도 걸어 올라가면 자연농원 입구 앞에 공중화장실이 있고, 그 옆 노란색 등산로 표시 푯말을 따라간다. 사자평이 보이는 안부(일명 코끼리능선)로 올라서 곧장 억새밭으로 내려서면 고사리분교 터가 나온다.

고사리분교 터 → 표충사
고사리분교 터 3시간 10분 표충사
표충사로 바로 하산하는 길이 있지만 종주를 하려면 여기서 오른쪽 재약산 방면으로 간다. 사자봉을 지나 표충사로 하산한다.

름달이 뜰 때 다시 와야지, 아니 손톱달이 뜰 때 눈이 아프게 쏟아지는 별들을 맞으러 다시 와야지 다짐하면서. 이곳에 누워 마른 잎새와 함께 어둠과 새벽이슬을 맞아 보지 않고는 함부로 억새를 이해한다 말하지 말라.

고사리학교, 잃어버린 오지를 그리워하다

고사리분교 터를 찾는 일은 허망하다. '산동초등학교 사자평 분교 터. 1966년 4월 29일 개교해 졸업생 36명을 배출하고 1996년 3월 1일 폐교되었음.' 경상남도 교육감 명의의 교적비만 덩그러니 남은 운동장. 세상과 등지고 숨어 살던 화전민 마을을 찾은 한 처녀가 산자락에 짐을 풀고 아이들을 위해 책을 펼쳐들었던 곳. 바위틈에 핀 여린 고사리를 닮았다며 '고사리학교'란 푯말 하나 내걸고 공부를 시작한 하늘 아래 첫 교실. 그러나 아름다운 이야기가 세상에 드러나면서 오히려 무서운 일이 벌어졌다. 억새밭이 흑염소를 잡고 술판을 벌이는 산상 유원지로 변했으니, 참다못한 땅 주인 표충사에서 부처님 머리 꼭대기에서 벌어지는 난삽한 술판을 걷어치우기에 이르렀다. 지금도 여전히 차로 동동주를 실어 나르는 행상이 몇 사람 있지만 사자평 마을은 흔적도 없다.

교적비만 덩그마니 남은 고사리학교. 여기 뛰어놀던 아이들도 지금쯤 세상의 오지를 그리워하는 도시민이 되었을 터.

종주는 산의 뿌리를 이해하는 일

배내골에서 사자평까지 오르는 길은 지그재그로 자연스럽게 고도를 높이는 한적한 나무꾼의 옛길 그대로여서 좋다. 수미봉은 바위가 꽃처럼 피어난 아름다운 봉우리다. 수미봉에 오르면 2박 3일간의 긴 여정이 파노라마처럼 펼쳐져 있다. 180도로 빙 둘러쳐진 산길을 되짚어보면 '이 먼 길을 어찌 왔을까' 하고 스스로 대견하기까지 할 것이다. 끝이 보이기 시작하면 마지막 고지인 재약산 최고봉 사자봉이 한결 가깝게 느껴진다. 서쪽 하늘을 향해 그윽하게 고개를 쳐든 사자의 옆얼굴도 온화해 보인다. 종주는 산의 뿌리를 이해하는 일이다. 그래서 천천히 걷고 힘이 들면 산자락에 기대 쉴 수 있는 여유가 있어야 한다. 산의 가슴 한가운데 등을 눕히고 오늘 걸어온 길과 내일 다시 올라야 할 길을 더듬으며 조금씩 산의 내면으로 다가가는 은밀한 즐거움이 있어야 한다. 산에서 속도는 더 많은 것을 잃어버리게 한다. 뒤를 돌아보며 되짚어 볼 것들이 많아지니 하산길에는 더욱 걸음이 더디다.

영남알프스는 '영남의 지붕' '영남의 병풍'이라 불린다. 울창한 숲과 깊은계곡, 이루 헤아릴 수 없는 나무들, 기묘한 바위들이 서로 어우러져 어디를 가나 절경을 이뤄 사시사철 사람들의 발길이 끊이질 않는다. 계곡은 운문사 위쪽인 학심이 계곡이 유순하면서 부드럽고, 상류에는 20m 높이의 학소대 폭포가 장관을 이룬다. 석골사의 상운암 계곡과 운문령 아래에 놓인 삼계리 계곡도 널리 알려져 있다. 운문사에서 오르는 길은 2008년 12월 31일까지 출입이 불가능하므로 다른 들머리를 이용해야 한다.

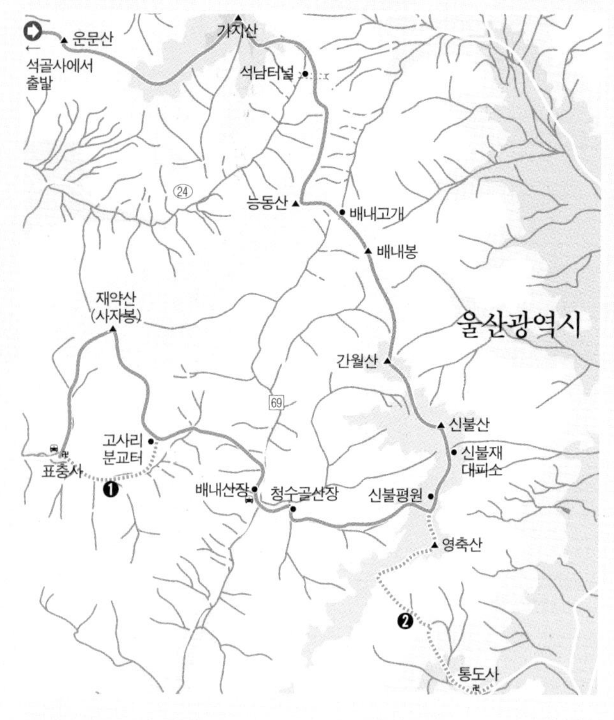

❶ 표충사는 교통이 편리하고 볼거리가 많아 재약산 산행 들머리로 많이 이용된다.

❷ 통도사 방면에서 보이는 동사면은 절벽이나 급경사 오르막을 이루고, 능선 또한 기복이 심하고 바위 구간이 많아 체력 소모가 많다.

대중교통

산행 들머리인 석골사로 가려면 우선 버스나 기차를 타고 밀양으로 가야한다. 밀양 시외버스터미널에 석골사, 표충사로 가는 버스가 있다. 배내골로 가려면 언양터미널 후문에서 06:20 11:00 16:30에 운행하는 버스를 타면 된다.

자가용

밀양에 갈 때는 경부고속도로에서 구마고속도로를 탄다. 창녕 나들목으로 나와 24번 국도를 따라가면 된다.

숙박과 먹거리

첫째 날 – 배내고개에서 1박할 경우 69번 지방도가 지나는 도로 옆 주차장에서 야영할 수 있다. '배내골 이천리 안내도' 앞의 포장마차 선경이엄마네로 미리 연락하면 밤늦게라도 식수를 구할 수 있다. 배내골로 내려가면 민박집이 많다.
둘째 날 – 배내산장에서 숙박과 식사, 친절한 산행 안내를 받을 수 있다. 죽전마을에서도 숙박할 수 있고, 신불재대피소에서는 식수와 간단한 간식을 구할 수 있다.
셋째 날 – 표충사 입구 지수화풍에서 민박과 식사가 가능하다.

더 알찬 여행 만들기

운문사 운문, 가지, 지룡산 등의 드넓은 품에 안겨있는 운문사는 비구니 승가대학이 있는 청정도량으로 유명하다. 과거에는 신라 화랑들의 수련장이었으며 일연이 이곳에서 삼국유사를 집필했다고 알려져 있다. 단풍 물든 경내도 빼어나지만 부속암자인 청신암과 내원암 가는 길이 고요하기 때문에 산책로로도 그만이다. 운문사에는 많은 보물이 있지만 학인스님들이 새벽예불을 올리는 장엄한 합송이 특히 아름다운 보물이다.

호박소와 오천평반석 밀양 남명리에는 24번 국도 아래로 얼음골 방향으로 내려가는 길이 나온다. 이 길로 들어가면 매표소가 나오고, 다시 5분 달리면 호박소 주차장이 나온다. 호박소는 주차장에서 걸어서 10분 거리에 있다. 흔히 호박소라 부르는 구연은 움푹 파인 모양이 절구(臼)와 같다고 하여 구연(口淵)이라 이름 붙었다. 넓은 화강암으로 이루어진 이 곳은 예로부터 밀양의 기우처로 알려져 있다. 호박소에서 다시 40분 걸어 계곡을 오르면 오천평반석이라 부르는 거대한 반석이 나온다.

어둠이 내려올 무렵 운문사 대웅전에 불이 켜진다.

얼음골과 꿀사과 천연기념물로 지정된 얼음골은 겨울에는 얼음이 얼지 않고, 여름에 어는 신비한 골짜기다. 높이는 700m, 햇볕이 들지 않는 40° 경사의 재약산 북사면에 위치해 그 앞에 서면 서늘하다 못해 오싹하다. 아쉽게도 얼음골 앞에 철조망이 쳐져 얼음 관찰이 쉽지 않다. 얼음골 지역 일대에는 많은 사과밭이 눈에 들어온다. 선선한 이 지역의 기후 덕분에 당도 높은 꿀사과가 만들어진다고 한다. 밀양의 제1 특산품으로 대접받는 이곳 사과에는 꿀(당분으로 노랗게 된 부분)이 유독 많다.

얼음골 꿀사과에는 꿀이 유독 많다.

31 무등산

들뜨거나 호들갑스럽지 않은 내 어머니

무등산은 산이 아니다. 낮은 데로 임하는 뜨겁고 치열한 정신이다. 무등산이 그 둔중한 산마루 위로 날마다 붉은 태양을 끌어올리지 않았다면, 사람들은 차마 살아갈 기력을 차리지 못했을지 모른다. '죽음을 넘어 시대의 어둠을 넘어' 다시 일어서던 사람들 눈길 닿는 곳마다 무심한 듯 사람의 마을을 굽어보던 산. 최후의 항쟁을 하다 쓰러져간 오월의 청년들도 이렇게 말했다고 한다. "나중에 무등산에나 묻어줘요." 광주 사람의 오랜 무덤이던 무등산은 이 땅의 새날을 연 한 시대의 무덤이기도 했다. 무등산 자락에서 북쪽으로 흐르는 석곡천 가의 무덤 동산, 무등산은 광주의 어머니다.

산록의 넉넉한 품

암반으로 이루어지다시피한 계곡 바닥에는 풍부한 수량의 물이 흐른다. 바위는 검은 빛이 난다. 중머리재로 올라가면서 새인봉 쪽을 바라보면 새인봉은 능선 굴곡이 많은 아름다운 바위산의 모습을 보여준다. 중머리재는 새인봉보다 높아 길을 따라 올라가면 그쪽 능선이 발아래 보이기 시작한다. 그러나 무엇보다 점점 틔어오는 시야를 사로잡는 것은 무등산 산록의 넉넉한 품이다. 급하지 않은 사면에 작은 골짜기는 물론, 별다른 작은 굴곡도 없이 일정하게 펼쳐지는 산록은 상당부분이 너덜지대로 돼 있고 잡목숲이 뒤덮다시피하고 있지만, 그 넓고 가지런함으로 사람의 가슴을 툭 틔어놓는다.

산록을 지나 너덜지대가 유난스럽고 약간 후미진 곳이 오면 거기서부터는 계곡에 서식하는 거목활엽수 숲이 산록 위에서 아래로 일정한 벨트를 이루며 펼쳐져 있다. 개울은 보이지 않으나 아마 산록의 물이 모이는 곳인 듯싶다. 이곳 바로 아래에서 개울이 시작되는 것을 보면 알 수 있다. 숲지대를 지나 급경사에 만들어진 계단을 딛고 올라가면 억새지대가 나오고 곧 중머리재 위에 올라서게 된다. 중머리재는 문자그대로 스님 머리처럼 삭발한 듯한 민둥능선이다. 이 능선은 무등산 산행에서 대개의 경우 피해 갈 수 없는 중요한 고개다.

◀ 장불재에서 입석대로 가는 길. 지천으로 깔린 억새들이 너울댄다.

높이 1186.8m, 5시간 50분 ★★☆ ●○○

지점	소요시간	구간
증심사	50분	**증심사 → 중머리재** 증심사 계곡에서 올라가는 길은 좁은 협곡을 이루고 있는데 좌우에는 가게들이 계속 이어지고 길은 콘크리트 포장도로다. 길을 따라 가다보면 새인봉으로 가는 길과 중머리재로 가는 길이 나눠는 길목이 있다.
중머리재	40분	**중머리재 → 중봉** 중머리재에서 중봉으로 올라가는 길은 급경사다. 중간에 작은 소나무숲이 있고 잡목숲과 너덜지대를 지나면 입석들이 여기저기 보이는 작은 입석대가 나타난다.
중봉	30분	**중봉 → 장불재** 서석대와 입석대를 시나 징불재를 오른다. 장불재는 해발 900m대의 고원 능선으로 여름에는 초원, 가을에는 억새, 겨울에는 설화나 빙화로 장관을 이루는 곳이다.
장불재	1시간	**장불재 → 규봉암** 장불재의 억새밭을 지나 규봉암 쪽으로 발걸음을 옮기다 보면 매우 독특한 너덜길이 나타난다. 너덜길을 지나면 수많은 기암괴석들이 곳곳 에 솟아 있는 규봉에 이르게 된다. 규봉 밑에 자리잡고 있는 규봉사 앞마당에 서면 멀리 화순 땅의 평야지대가 보인다. 또 장불재 남쪽 KT중계소를 지나 남동쪽으로 뻗은 백마능선을 따라 안양산을 거쳐 안양산자연휴양림으로 내려설 수도 있다.
규봉암	1시간 20분	**규봉암 → 꼬막재** 너덜로 이루어진 내림길을 걷다가 약간의 경사면 흙길로 내려가면 꼬막재다. 꼬막재에서는 담양 일원을 조망할 수 있다.
꼬막재	1시간 30분	**꼬막재 → 원효사** 계곡길을 따라 무등산장을 지나면 원효사에 도착한다.
원효사		

무지개 돌이 빛나는 하늘님의 집

어디를 바라보아도 모난 곳 없이 후덕해 보이는 산등성이에 예사롭지 않은 모습으로 솟구쳐 오른 선돌 무더기들이 빛난다. 무돌 · 무당 · 무덤산으로도 불리던 옛 이름부터 서석산이란 역사서의 기록까지 모두 이 상서로운 돌의 기운을 떠받드는 것과 연관이 있다. 거무스름한 돌무더기에서 '무지개를 뿜는 돌'이란 아름다운 이름을 끌어올리는 것을 보면 이 산에 대한 옛 사람들의 사랑을 짐작하게 한다.

천왕봉 아래 에둘러 있는 서석대 · 입석대 · 규봉은 예부터 풍요와 다산을 기원하는 거대한 힘의 상징으로 떠받들어졌으리라. 이 신성한 돌 앞에서는 바위만 보면 몸이 달아오르는 사람들도 함부로 기어오르는 것을 삼간다. 그 기운을 빌어 태어난 무등산의 아들, 딸들은 빛나는 돌의 기개를 닮아 어둠을 뚫고 일어서 스스로 새로운 세상을 여는 빛이 되었다.

높이를 드러내지 않는 평등의 산

무등산 정상은 군 시설물로 인해 갈 수 없다. 정상을 뒤로하고 장불재로 내려선 다 규봉과 꼬막재를 거쳐 하산하는 길은 인적이 없고 너무 조용해 이전 길과는 사뭇 대조적인 모습이다. 간간히 쉬어가는 사이 나무 숲 사이로 무등산 정상이 바라

무등산을 이야기하면서 빼놓을 수 없는 우람한 돌기둥 입석대. 예전에는 이곳에 입석암이라는 암자가 있었다고 한다.

보인다. 제일 높은 천왕봉 아래로 지왕봉 · 인왕봉 모두 3개의 봉우리가 모여 정상부를 이루고 있지만 그저 하나의 봉우리인 듯 무등의 능선은 아무 욕심 없이 하늘에 그은 한 가닥 선이다. 그뿐이 아니다. 주위의 그 어떤 산과도 견줄 수 없는 해발 1,200미터에 가까운 높은 산임에도 불구하고 그 높이를 조금도 드러내지 않는 모습을 하고 있다.

옛말에 얼굴은 그 사람이 살아온 삶의 기쁨과 절망이 고스란히 드러나는 작은 무대이기에 나이 마흔이 넘으면 얼굴이 그 사람의 삶을 보여준다 했던가. 완만하면서도 무덤덤한 무등산의 얼굴은 무언의 메시지다. 지도 위의 등고선이 보여 주는 무등산의 모습도, 지금 바라보는 무등산의 모습도 산의 마음을 그대로 보여주고 있다. 이름과 하나도 다르지 않은 무등의 산, 평등의 산이다.

무등산

산행 기점은 크게 광주 쪽의 증심사·원효사지구(산장)·지산유원지, 화순 쪽의 만연사·수만리·안양산 자연휴양림으로 나눌 수 있는데 대부분 증심사와 원효사를 기점으로 산행을 한다. 광주시내에서 대중교통편으로 쉽게 접근할 수 있고 등산로가 잘 발달되어 있기 때문이다. 무등산 정상인 천왕봉과 북릉을 거쳐 꼬막재까지 이어지는 능선은 군사시설물로 인한 입산통제구역이므로 정상인 천왕봉을 중심으로 빙 돌아가게끔 등산로가 나 있다.

❶ 능선 허리를 타고 정상을 중심으로 한 바퀴 도는 종주 코스는 무등산과 주변의 다양한 산세를 고루 둘러 볼 수 있다.

❷ 중봉 능선길은 조망이 뛰어나다. 산행은 대개 무등산 관리사무소에서 아스팔트길을 따라 늦재까지 오른 다음 능선길로 진입, 중봉을 거쳐 장불재까지 간다.

❸ 화순 쪽 코스들은 광주 쪽에 비해 조용해서 호젓한 산행을 즐길 수 있지만 교통이 불편하다.

대중교통

광주시내에서 15, 27, 52, 771, 555, 1001, 1187번 버스를 타고 증심사나 원효사에서 내린다. 서울에서는 05:40부터 24:00까지 30분 간격으로 고속버스가 운행한다. 용산역에서 출발하는 광주 행 기차는 05:20~23:10, 하루 18회 운행힌다. KTX는 하루 13회 운행되며 2시간 50분 걸린다.

자가용

무등산 등산 기점이 되는 증심사는 광주시내에서 화순방면 남문로로 진행하다 전남대 병원을 지나 좌회전하면 된다. 원효사의 경우 호남고속도로 동광주 나들목을 빠져나와 우회전하여 산수동5거리를 지나 지산유원지 입구, 청암교를 거쳐 닿을 수 있다.

숙박과 먹거리

무등산 등산로 증심사 쪽에는 보리밥집들이 즐비하고, 원효사 쪽에는 '산장'이라는 이름이 붙은 닭고기와 오리고기집들이 유명하다. 이중 증심사 입구의 대지식당은 '광주 김치대축제'에서 문화관광부 장관상을 받은 솜씨로 유명한 집으로 옛날 순대·보리밥이 맛있다. 뿐만 아니라 근처 김밥집에서 덤으로 싸주는 김치들도 맛있다. 숙박은 무등파크호텔, 신양파크호텔 등을 이용할 수 있다.

더 알찬 여행 만들기

의재미술관 의재미술관은 무등산 서쪽 기슭 증심사로 오르는 등산로 입구에 자리 잡고 있다. 허백련 화백이 광복 직후부터 타계할 때까지 작품 활동에 매진했던 곳에 지어진 미술관에는 사군자와 서예 등 선생의 시기별 대표 작품과 미공개작 60여 점을 비롯해 낙관과 화실인 춘설헌 현판, 사진과 편지 등 각종 유품이 전시되고 있다. 의재미술관은 그 자체만으로도 하나의 좋은 작품으로 무등산 등산로의 지형적 요건을 그대로 살려 '2001년 한국건축문화대상'을 수상하기도 했다.

충효동 도요지 무등산 북쪽 능선 자락에 자리한 충효동 도요지(사적 제141호)는 조선 초기의 관요였던 곳이다. 이 부근에는 고려 말부터 조선 초기까지의 가마터가 많이 분포되어 있는데 이중 가장 규모가 크고 다양한 도자기를 구워내던 곳이 바로 이곳이다. 충효동 도요지의 가마는 현재 보호각 안에 보존되어 있고, 분청사기전시실이 있어 분청사기 변화 과정을 다양한 출토 유물과 함께 상세히 설명해 놓았다.

무진고성 산수동 오거리에서 전망대 쪽으로 오르는 곳에 길 양편으로 길게 늘어선 옛 성터다. 무등산 북쪽 지맥인 장원봉을 중심으로 잣고개의 장대봉과 제4수원지 안쪽의 산 능선을 따라 남북 약 1km, 동서 약 500m, 전체 길이 3.5km의 타원형으로 둘러싸여 있다. 백제의 영향을 받아 통일신라시대 쌓은 무진도독성터와 관련된 배후산성으로 추정된다. 시 지정 기념물 제14호로 지정되어 있는 이곳은 광주 시가지를 조망하기에도 좋다.

환벽당 광주 충효동의 환벽당(도지정 기념물1호)은 송강 정철이 과거에 급제하기 전까지 10여 년 동안 머물며 공부했던 곳이다. 송강의 '성산별곡'에는 푸른 대숲에 둘러싸여 있는 환벽당 주변의 산수경관이 잘 담겨있는데, 현재 대숲은 남아있지 않지만집 뒤 비탈과 축대 아래의 커다란 배롱나무가 인상적이다.

의재미술관은 건물 그 자체가 하나의 작품이다.

무진고성에서는 광주 시가지를 조망하기 좋다.

32 경주 남산

신라 천년을 보듬은 바위의 미소

높지 않은 남산의 산길을 걸으면 돌부리에 채이듯 쉽게 유물들을 만난다. 그 많은 불상과 탑 그리고 폐사지의 주춧돌까지 하나하나 눈길을 주다 보면 어느새 사방의 모든 바위마다 불상이 새겨져 있는 것 같은 환각이 일 정도다. 천년 전 고대인의 흔적을 안고 살아가는 도시 경주, 그 중심에 우뚝 선 남산은 신라의 모든 것을 담고 있는 고갱이임에 틀림없다. 동시에 '남쪽에 있는' 실체로서의 산이 아니라 따스하고 환한 '삶의 남쪽을 그리워'하던 신라 사람들의 지향이 만든 꿈같은 산이기도 하다. 그래서일까, 경주 남산이란 이름에는 남다른 울림이 있다.

골골마다 사연 없는 곳이 없구나

산행 들머리인 용장골은 금오봉과 고위봉에서 흘러내린 물이 만나 이룬, 남산에서는 제법 큰 골짜기다. 계곡은 크게 열반골과 절골로 나뉘고 다시 탑상골과 은적골, 비석대골 등 무수한 골짜기로 나뉜다. 여느 산이라면 무슨 골이라 할 것도 없을 작은 지류에까지 저마다의 이름이 붙은 까닭은 남산의 이력이 깊은 탓이다. 열반골은 이름도 심상치 않거니와 골짜기마다 줄지어 선 비파바위, 이무기바위, 곰

▲▲토함산 위로 떠오른 겨울 태양이 남산 신선암 마애보살상을 발그레하게 물들이고 있다. 남산의 일출은 동쪽 토함산에 가려 극적인 맛은 없지만 세상을 비추는 한줄기 진리의 빛을 찾는 구도자의 얼굴에서 새로운 빛을 발견할 수 있다.

◀◀ 산 전체를 기단으로 삼아 쌓아올린 용장사터 삼층석탑. 멀리 보이는 봉우리가 고위봉이다.

◀ 황남빵을 쌓아놓은 듯한 대좌에 앉아있는 용장사터 삼륜대석불좌상. 김시습이 이곳에서 〈금오신화〉를 썼다고 전해진다.

바위, 흔들바위 그리고 '분암(糞岩)'이라고 표시된 똥바위까지 예사롭지 않은 바위들이 줄지어 늘어서 있다. 당연히 그 무수한 바위들은 인생사를 그대로 옮겨다 놓은 듯 저마다 속뜻을 지니고 있다. 걸음은 열반골에서 이무기 능선으로 접어든다. 이곳은 전부터 경주지역 산악인들이 '남산 리지'라고 부르며 다니던 길로 주변에 마땅한 암장이 없는 가운데 '바위맛'을 볼 수 있는 유일한 장소였다고 한다. 하지만 찾는 사람이 늘면서 위험한 구간에는 고정로프를 설치해 놓아 이제는 누구나 오를 수 있는 길이 되었다.

먼 과거와 같은 산 아래 세상

고위봉에 오르기 전, 임도에서 잠시 내려와 용장사터를 향해 간다. 능선에서 내려와 가장 먼저 만나는 삼층석탑은 남산 전체를 기단 삼아 쌓은 탑이다. 절벽에 서서 천년 비바람을 맞고도 당당히 서 있는 탑을 보면 굳이 불교를 믿지 않더라도 그 장엄함에 발걸음을 멈추게 된다. 탑이 바라보는 산 아래 세상은 먼 과거와 같다. 이곳은 천상의 세계, 속인은 머무를 수 없는 상상의 땅 유토피아가 된다. 팽팽한 절벽의 수직과 발아래 보이는 서라벌 너른 수평의 조화는 더할 것도 덜 것도 없는 신라인들의 정신세계를 고스란히 보여준다.

부조로 새긴 마애여래좌상을 지나다 보면 곳곳에 널린 바위 조각에 쐐기자국을 볼 수 있다. 바위 비탈에 수톤은 되어 보이는 채석 흔적을 보고 미스터리라거나 현대과학으로는 풀 수 없는 석공술이라는 생각은 접어두자. 그건 위대

높이 494m, 5시간 40분

★☆☆
●○○

지점	시간	구간	설명
용장골	1시간	**용장골 → 이무기 능선**	용장골에서 열반골로 난 포장도로를 따라 간다. 열반골에서 왼쪽 능선을 따라붙는 암릉길이 이무기 능선이다.
이무기 능선	30분	**이무기 능선 → 고위봉**	크고 작은 바위턱을 오르내리다 보면 고위봉에 닿는다.
고위봉	20분	**고위봉 → 산정호수**	고위봉을 지나 10분쯤 가면 백운재다. 이정표가 있는 사거리에서 왼쪽으로 내려가면 사자봉 아래 있는 산정호수와 만난다.
산정호수	20분	**산정호수 → 칠불암**	봉화대 방향으로 발길을 튼다. 봉화대에서 칠불암까지는 완만한 능선을 따르다 급경사의 암반길을 내려가야 한다. 멀리서 보면 길이 끝나는 곳이 아닐까 하는 생각이 드는 벼랑에 다다르면 그곳에 신선암 마애보살상이 있다. 마애보살상을 지나 절벽을 끼고 돌아 100m쯤 내려가면 칠불암이다.
칠불암	40분	**칠불암 → 임도(남산 순환도로)**	내려간 길을 다시 올라와 봉화대 능선을 따라간다. 이영재에 이르면 임도(남산 순환도로)가 나온다.
임도(남산 순환도로)	40분	**임도(남산 순환도로) → 용장사터**	임도는 금오봉 발치까지 이어지만 오른쪽으로 나있는 골을 따라 용장사터에 들러보자. 비석을 세우려고 바위를 파낸 자리만 남아있는 비석대를 지나 200m쯤 가면 용장사터로 가는 길과 만난다.
용장사터	40분	**용장사터 → 금오봉**	다시 거슬러 올라와 임도를 따라가면 금오봉이다.
금오봉	1시간 30분	**금오봉 → 삼릉**	상사바위와 바둑바위 쪽으로 하산길을 잡는다. 유적들을 구경하며 냉골 하산로를 따라 삼릉까지 내려간다.
삼릉			

한 인간정신과 땀이 만들어낸 노력의 결실일 테니까. 다이너마이트와 중장비에 익숙해진 현대인의 시간으로는 쉽게 상상할 수 없는 다른 개념의 시간을 살던 우리의 모습이다.

경주 황남빵을 연상케 하는 세 개의 기단 위에 세워진 삼륜대좌불을 만나면 '악'하는 비명이 터져 나온다. 부처의 목이 떨어져 없기 때문이다. 그런데 이곳 말고도 남산의 무수한 불상들이 목 없는 모습을 하고 있다. 유독 불두(佛頭) 훼손이 많은 데 대해 어느 학자는 "불상 중 목 부분이 약하기도 하지만 숭유억불정책의 조선과 일제강점기를 거쳐 오며 일부러 훼손시킨 경우도 많은 것 같다"는 의견을 내기도 했다.

가장 많은 유적이 묻혀 있는 냉골

상사바위에서 내려다보이는 마애대좌불을 시작으로 냉골 하산로는 눈이 즐거운 길이다. 남산 발굴 유적이 가장 많은 이곳은 그동안 다리품을 팔아온 노력을 갚아줄 만큼 보따리 가득 이야기를 담아준다. 누군가 그랬다. 남산의 불상은 바위에 새긴 것이 아니라 바위 속에 숨어있는 부처를 찾아낸 것이라고. 예술성이나 고고학적 가치를 따져 묻기 전에 첫인상만으로도 그 불상들은 예사롭지 않은 서기를 낸다. 머리만 양각으로 새기고 몸통은 평면

한 면에 3개, 바위 4면에 각각 하나씩 모두 7개의 부처상이 새겨진 칠불암 마애불.

에 새긴 마애대좌불. '시간이 없어 몸통은 대충 새겼나보다' 이런 생각이 들만도 하지만 전체를 놓고 보면 산과 바위까지도 부처로 보았던 신라인들의 불심을 엿볼 수 있다. 상선암 물줄기에 목을 축이고 아래로 난 길을 따르다 주 등산로를 버리고 불상답사코스 표지판이 있는 왼쪽 작은 길로 가면 제7절터로 이름 붙여진 곳에서 석조여래상을 만나게 된다. 그런데 얼굴 생김새가 꼭 나병환자 같다. 복원 과정에서 깨진 턱을 시멘트로 새로 덧붙였기 때문이다. 돌팔이 의사가 병 고치려다 오히려 부작용만 키운 셈이다. 손으로 잠시 입을 가리고 보면 이만큼 잘 생긴 부처도 없다. 안타까운 일이다. 바위 주름을 그대로 살려 새긴 선각아미타삼존상은 유심히 들여다봐야 그 모습이 보인다. 또한, 바위 위쪽에 올라보면 전각을 세웠던 홈과 함께 가로로 긴 홈통이 패여 있다. 부처님 얼굴로 빗물이 흘러내리지 않게 물길을 돌리는 수로로 사용되던 곳으로 신라인의 지혜를 엿볼 수 있는 흔적이다.

이쯤 되면 발길에 차이는 돌 하나까지 조심히 밟을 수밖에 없다. 흙 속에 묻혀 있는 천년의 세월은 함부로 대할 수 없는 인간 이상의 시간이다.

경주 남산은 야외박물관이라 불릴 만큼 문화유적이 많다. 따라서 남산의 참맛은 곳곳에 보석처럼 박혀 있는 문화유적들이 산과 어떻게 조화를 이루고 있는지를 감상하는 데 있다. 산이 낮고 여러 갈래의 등산로들이 뚜렷하게 나 있어 초행에도 표지판 안내만으로 충분히 산행이 가능하다. 들머리는 주차 시설과 대중교통 이용이 편리한 서남산의 삼릉과 용장골 입구, 동남산의 통일전 입구를 가장 많은 사람들이 찾는다. 등산로 입구에는 대형 슈퍼나 매점이 없으므로 산행에 필요한 준비물 들은 모두 경주 시내를 이용하는 것이 편하다.

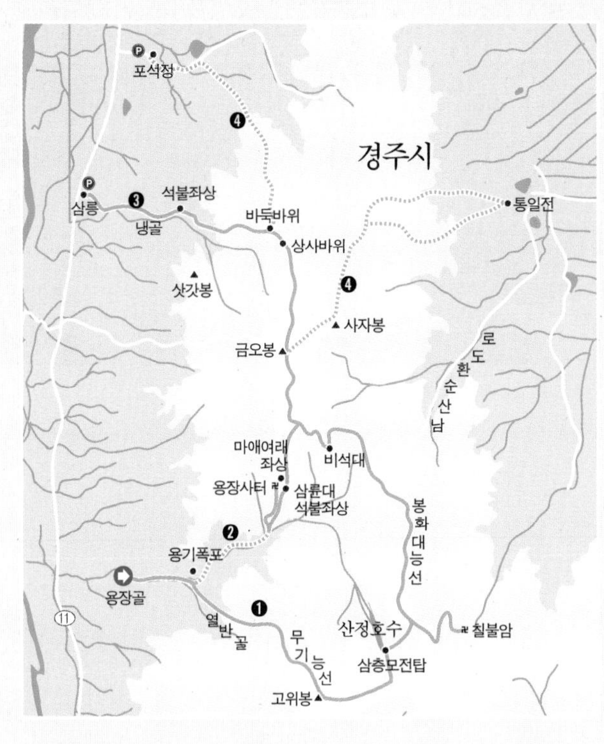

❶ 이무기능선은 줄을 잡고 바위를 타고 오르는 구간으로, 산악전문가가 아니어도 '바위맛'을 볼 수 있다. 단, 유물을 볼 수 없다는 단점이 있다.

❷ 용장사터에서 용장골로 내려오는 길은 보름달이 뜨는 때 달의 기운을 가장 충만하게 받을 수 있는 곳이라고 한다.

❸ 서남산 삼릉에서 출발할 경우 등산로 상에 유물이 가장 많다.

❹ 동남산 통일전에서 출발할 경우 포석정으로 내려오면 된다.

대중교통

경주 버스터미널 앞에서 10분 간격으로 남산 가는 버스가 있다. 서남산(삼릉) 방면은 봉계, 박달, 명계, 안심, 현동 행 버스를, 동남산(통일전) 방면은 통일전을 경유하는 불국사행 버스를 타면 된다.

자가용

경부고속도로 경주 나들목을 나와 경주시내로 그대로 직진하면 잠시 후 오른쪽에 산군을 이루는 곳이 경주국립공원 남산지구다.

숙박과 먹거리

남산 주변에는 마땅한 숙박지가 없으므로 경주 시내나 보문관광단지, 토함산자연휴양림 등을 이용한다. 삼릉 주변에는 메밀칼국수집들이 유명한데, 산자락 주변 식당은 아침 식사를 할 수 있는 집이 거의 없어서 경주 시내나 보문관광단지를 이용해야 한다. 경주하면 생각나는 황남빵은 시내 곳곳에서 살 수 있다.

더 알찬 여행 만들기

국립경주박물관 남산과 경주를 깊이 있게 이해하려면 산행에 앞서 박물관에 먼저 들러보는 게 좋다. 박물관에는 성덕대왕신종(국보 제29호)과 같은 국보급 유물을 비롯하여 남산에서 출토 된 다양한 유물들도 전시 되고 있다. 고속버스터미널 또는 경주역에서 11, 600, 603번 버스를 이용해 박물관 앞에서 내린다. http://gyeongju.museum.go.kr

삼릉 경주남산에서는 보기 드물게 울창한 소나무 숲을 이룬 곳에 신라 8대 아달라왕, 53대 신덕왕, 54대 경명왕의 능으로 추정되는 세 왕릉이 있다. 삼릉골(냉골)이라 부르는 이 골짜기에는 경주만산에서 가장 많은 불상들이 모여 있고, 왕릉 주위의 소나무 숲이 아름다워서 눈이 즐거운 곳이다.

신라문화원의 달빛과 별빛 역사기행 달빛 신라역사기행은 매월 보름 전후 토요일, 16:00부터 22:00까지 낮 시간 동안 전문 가이드를 통한 신라 역사 기행을 마치고 달밤에는 탑돌이와 국악공연 등의 문화행사를 갖는다. 별빛이 명징해지는 매월 그믐날 전후에는 토요일, 16:00부터 21:30까지 노서리 고분군, 대릉원, 첨성대, 계림, 월성, 안압지 등 야간 조명이 갖추어진 문화유적지를 문화유산해설사와 함께 돌아보고, 차 문화 체험행사를 갖는다. www.silla.or.kr

경주남산연구소 문화유적답사 매주 일요일과 공휴일에 서남산(삼릉에서 용장까지-매월 첫째, 셋째, 다섯째 일요일과 공휴일) / 동남산(국사골, 지바위골-매월 둘째 주 일요일) / 남남산(열암골, 새갓골, 칠불암-매월 넷째 주 일요일) 코스로 09:30부터 15:30까지 문화유적답사를 실시한다. 또한 보름 전후 토요일 밤(3~9월 19:30, 10~2월 19:00)에는 남산 달빛기행도 열린다. 매회 선착순 50명을 모집하며 각자 점심 도시락과 산행에 필요한 준비를 해야 한다. 참가비는 없으며, 홈페이지를 통해서만 접수를 받는다. www.kjnamsan.org

국립경주박물관의 성덕대왕신종. 사진 김영록.

솔숲에 둘러싸인 삼릉.

33 청량산

강물 거슬러 올라 영남 선비문화를 꽃피우다

산이 사람을 기르는 것이야 자명한 일이지만 크지도 높지도 않은 청량산이 유명세를 얻은 데는 예부터 걸출한 인물들이 많았기 때문이다. 흔히 주왕산, 월출산과 함께 우리나라 3대 기악이라 부르는 청량산의 화려한 바위꽃들이 나비와 벌을 부르듯 사람들을 끌어들인 탓이다. 도산서원으로 구름처럼 모여들던 퇴계의 후학들에게 이 물줄기를 거슬러 올라 성지 순례하듯 청량산을 유람하고 유산기를 쓰는 것은 하나의 통과의례였다. "유산하는 자 기록이 있어야 하고 기록이 있어야 유산이 유익하다"는 가르침은 성리학도에게 내려진 교시와 같았다. 결국 청량산은 강을 따라 꽃을 피운 영남 선비문화의 산실이 된 것이다.

다리품 파는 것이 두렵지 않은 산

입석에서 적당한 비탈을 따라 서서히 오르다 보면 채 땀을 빼기도 전에 금세 풍혈대에 이른다. 발아래 청량산의 속살을 가로지르는 도로가 구불구불 이어지는 모습이 진초록 캔버스 위에 붓질을 한 것 같아 새롭다. 계속 오르면, 금세 어풍대에 닿는다. 연꽃의 꽃술 자리에 있다는 청량사가 한눈에 내다보인다. 산행을 시작한 지 한 시간도 안 돼 이렇게 눈을 호사시키는 풍경들을 쉽게 만날 수 있는 산은 드물다. 그만큼 오밀조밀 맛있는 산이다.

김생굴을 보고 되돌아 경일봉을 오르는 데까지 채 20여 분이 더 걸리지 않는다. 그러므로 청량산에서는 조금 더 다리품 파는 일을 두려워하지 않아도 된다. 한석봉의 어머니는 김생과 청량봉녀의 전설을 익히 알고 있었던 모양이다. 청량봉녀는 불을 끄고 길쌈을 해서 김생과 글씨를 겨루고 그의 무릎을 꿇게 했다. 수도자에게 그런 뼈아픈 채찍을 주는 사람만큼 고마운 것이 또 있을까. 청량봉녀는 이 산의 호랑이였다는데, 호랑이는 떠난 지 오래고, 김생굴 터는 나무들이 우거져 시야를 가리고 있다. 굴 옆 김생폭포도 물이 줄어 후둑후둑 굵은 물방울만 떨군다. 그걸 맛나게 받아먹는 사람들만 즐겁다.

◀ 산 북쪽 위 뒤실의 고랭지 밭에서 바라본 청량산이다. 유람하는 자는 쉽게 볼 수 없는 청량산의 이면이다.

높이 870m, 7시간

★★☆

입석 — 입석 → 금탑봉

입석에서 오르는 길은 지루하지 않을 정도의 적당한 비탈을 따라 서서히 고도를 끌어올린다. 금탑봉 바로 아래에는 어풍대·요초대·총명수·감로수·풍혈대 등의 볼거리가 있다.

50분

금탑봉 — 금탑봉 → 경일봉

경일봉을 오르는 길은 가파른 흙길이라 미끄러짐에 유의해야한다. 경일봉 아래, 오산당 뒤편의 절벽 중간에 김생굴이 있다. 이 김생굴을 보고 되돌아 와서 경일봉을 오르자.

40분

경일봉 — 경일봉 → 자소봉

자소봉에 오르는 철계단은 경사가 급한 편이라 주의를 요한다. 자소봉에는 청량산 안쪽 첩첩 산국인 봉화 일대의 동북쪽 산세를 볼 수 있는 전망대가 있다. 참고로 자소봉 꼭대기는 바위봉우리로 되어있어 일반인은 못 올라간다.

1시간

자소봉 — 자소봉 → 장인봉

장인봉을 향하는 막바지 오르막은 가파르고 미끄러운 데다 낙석이 많다. 조금 지나면 장인봉 오르는 철 계단이 나온다.

2시간

장인봉 — 장인봉 → 병풍바위

장인봉을 내려와 병풍바위를 에돌아 청량사로 들어간다. 여기서부터는 계단이 아니라 보드라운 흙길이다.

1시간 30분

병풍바위 — 병풍바위 → 청량사

청량사로 가는 중에 어풍대에서 청량사를 조망할 수 있는데, 이곳은 밑은 절벽이고 바람이 심하게 부는 곳이라 주의한다.

30분

청량사 — 청량사 → 선학정

가파르고 구불구불한 시멘트 포장도로라 넘어지지 않게 유의한다.

30분

선학정

붓글씨 하나로도 사람을 울리려면

글씨 하나로 성인의 반열에 오른 신라인 김생은 청량산이 있는 봉화군 재산면 출생으로 알려져 있다. 〈삼국사기〉에서 "부모가 한미(寒微)하여 가계를 알 수 없다. 어려서부터 글씨를 잘 썼는데 나이 80이 넘도록 글씨에 몰두하여 예서·행서·초서가 모두 입신(入神)의 경지였다"전해주는데, 엄격한 골품제도 속에서 '가계를 알 수 없는 한미한' 평민의 아들이 귀족들이 우러러는 성인으로 추앙받기까지는 얼마나 치열한 공부와 수련이 있었을까.

금탑봉 아래 남은 김생굴은 그가 청량산에서만 10년 동안 먹을 갈았던 곳이라 전한다. 바위를 깎아놓은 듯 힘차고 날카롭다는 그의 글씨는 현재 국립박물관에 있는 〈태자사낭공대사백월서운탑비(太子寺朗空大師白月栖雲塔碑)〉에 남아 있다. 글씨를 보는 심미안이 없더라도 비석에 새겨진 공력을 느껴보는 것만으로도 충분히 감동적이다. 이는 그의 글씨를 흠모한 승려 단목(端目)이 김생의 행서 3,500자를 집자(集字)해 완성한 비문이다. 비문이 세워지자 중국과 일본에서까지 본을 뜨기 위해 사람들이 모여들 정도로 글씨 하나로 수많은 사람의 마음을 움직이는 경지에 오르기까지 그의 수련은 어떠했을까.

신라인 김생이 10년간 수도하며 글씨를 익혔다는 김생굴. 그는 봉화군 재산면 출생으로 알려져 있다.

히말라야의 산간마을을 걷는 듯

청량산 정상인 장인봉을 향하는 길은 다리 근육이 놀랄 만치 힘이 든다. 그 골짜기에서 혼쭐이 난 사람들은 결국 장인봉 오르는 철 계단 앞에서 주저한다. 그러나 산은 늘 고생한 만큼 선물을 준다. 수풀에 가려 답답한 정상 대신 50여 미터 아래쪽에 멋진 전망대가 숨어 있다. 도산구곡의 하나인 청량곡을 내려다 볼 수 있는 곳이다. 청량산 바위 벼랑 아래 굽이쳐 흐르는 낙동강을 보지 못한다면 이 산을 올랐다 할 수 없다.

장인봉을 내려와 청량사로 드는 길은 계단을 오르내리느라 놀란 다리 근육을 위로하는 보드랍고 착한 흙길이다. 산 중턱 붉은 고추밭 사이로 길이 흘러간다. 히말라야를 다녀온 사람들은 고도만 낮다 뿐이지 네팔의 산간마을을 걷는 기분이라고 입을 모은다. 우리 땅에 마지막으로 남은 '오래된 미래'는 이런 곳이 아닐까. 고추와 대추 농사로 사는 늙은 두 내외만 남은 쇠락한 산마을이 애잔하게 발목이 잡아서일까. 숨이 멎을 듯, 길은 더 눈이 부시다.

청량산은 주세붕(周世鵬)이 명명한 12봉우리(일명 6 · 6봉)가 주축을 이루며, 산의 형태는 그리 높지 않으나 기암절벽으로 이루어져 있고 중간 중간 길이 가파르고 낙석이 많아 조심해야한다. 오산당과 내청량사를 거쳐 주봉우리인 장인봉 정상에 오르면 낙동강과 청량산 줄기를 내려다볼 수 있다. 하산은 보살봉과 김생굴 · 외청량사를 지나 다시 입석으로 내려오는 길이 잘 알려진 코스다.

❶ 산행 시작은 입석에서 오르는 길이 가장 편안하고 경치가 좋다. 각자의 산행 여건에 따라 길게는 7시간에서 2시간 내외의 다양한 코스를 선택할 수 있다.

❷ 청량산 열두 봉우리 가운데 정상까지 올라갈 수 있는 곳은 경일봉, 자소봉, 연적봉, 장인봉, 축융봉 등이다. 이중 자소봉, 연적봉, 장인봉은 철계단을 올라갔다 그 길로 되돌아 내려와야 한다.

❸ 선학정에서 청량사까지는 가파르고 구불구불한 시멘트 포장도로가 힘에 부친다. 그 밖의 길은 대체로 편안하고, 안내판과 표지기가 많아 길 찾기에 어려움이 없다.

대중교통

동서울터미널에서 봉화로 가는 고속버스가 1일 6회 운행한다. 봉화나 안동까지 와서 청량산 행 시내버스를 이용한다. 봉화~청량산(북곡 가송 방면 이용, 06:20 09:20 13:30 17:40) 안동~청량산(67번, 05:50 08:50 10:00 11:50 15:50 17:50)

자가용

중앙고속도로를 이용할 경우 풍기 나들목에서 나와 영주~봉화간 자동차전용도로를 이용한다. 봉화 읍내까지 와서 울진방면 36번국도를 타고 춘양을 지나 안동방면 35번국도로 갈아탄다. 명호면 소재지를 지나면 청량산 집단시설지구에 이른다. 중앙고속도로 서안동나들목을 이용하면 안동시내를 거쳐 청량산으로 갈 수 있는데, 단풍철에는 정체가 심하다.

숙박과 먹거리

청량산식당은 민물매운탕이 맛있는 집이고 청량산맛고을식당은 민박을 겸한다. 산촌미락회 회원의 집인 까치소리는 전통 황토집에서 민박을 할 수 있고 식당도 겸한다.매표소 안쪽으로 도립공원 내에도 오래된 민박집이 세 곳 있다. 입석 등산로 바로 앞에 있는 청량산휴게소의 경우, 단풍철 주차 문제를 해결 할 수 있는 장점이 있으나 시설은 노후한 편이다.

산꾼의 집 청량정사의 요사채 건물에 있는 산꾼의 집에서 주인인 이대실씨가 무료로 제공하는 9가지 약초를 달여서 만든 구정차를 맛봐야 청량산의 맛을 제대로 음미할 수 있다. 누구나 자유롭게 무료로 차를 마시고 찻잔을 씻어 놓기만 하면 된다. 이대실씨는 달마를 그리고 도자기를 구우며, 청량산 바람과 함께 대금과 가야금을 즐기는 예인이다.

청량산박물관 2004년 11월 문을 연 청량산박물관은 봉화 지역의 역사와 전통 문화 속에서 청량산을 조명한 의미 있는 곳이다. 청량산 인근 지역의 향토역사자료와 민속자료, 산의 지형을 한눈에 감상할 수 있는 조형물과 자연자원 그리고 청량산박물관에서 직접 발굴한 '수산'이란 글씨가 새겨진 기와파편 등의 각종 유물들을 볼 수 있다. 관람료는 무료로 청량산집단시설지구 내에 있다.

퇴계 옛길과 농암 종택 청량산자락을 휘감아 도는 낙동강물이 가장 아름다운 풍광을 만들어 내는 곳, 안동시 도산면 가송리 강변에 있는 농암 종택에서 숙박과 식사가 가능하다. 종택 바로 앞에 모래사장이 있는 강변에서 물놀이도 할 수 있다. 무엇보다 퇴계가 청량산을 오가던 아름다운 옛길이 '예던길'이란 이름으로 복원돼 있는데, 산과 강을 낀 아름다운 트레킹 코스(종택에서 왕복 1시간 거리)다. 농암 이현보의 17대 종손 이성원(청량산문화연구회 회장) 씨가 600년 된 긍구당을 옮겨오며 안동댐으로 수몰된 종가를 복원한 곳으로, 청량산이 일군 문화의 향기를 체험할 수 있는 곳이다. 청량산에서 안동으로 가는 35번 국도를 따라 가다 고산정, 농암종택 표지판을 보고 좌회전해서 들어간다.

산꾼의 집에서 차를 마시고 쉬었다 가자.

농암종택은 퇴계옛길로 이어진다.

34 대둔산

수직의 전율을 느끼게 하는 '두 얼굴의 산'

만경평야 한 자락 너른 들판 사이를 달려와 불현듯 만나는 대둔산, 그 육중한 바위 기둥들은 첫 대면부터 수직의 전율을 느끼게 한다. 피할 수 없는 수평과 수직의 대립 구도로 말이다. 대둔산은 두 얼굴의 산이다. 발을 담근 곳도 충청도와 전라도를 경계로 하는 두 곳이다. 남과 북에서 바라보이는 산의 모습도 충청도 쪽은 그네들의 느릿느릿한 말씨처럼 완만한 육산이고 전라도 쪽은 호남의 억센 발음처럼 거친 골산이다. 지리적으로 충청도와 전라도에 걸쳐진 셋방살이지만 병풍을 둘러친 듯 암벽이 도열해 있어 위풍당당하고 숨김이 없는 산이다.

새벽 해가 뜨기 전에

대둔산 남쪽 발치 괴목동천이 흐르는 옥계동 입구에서 산을 오른다. 2차선 도로에서 축대 위쪽으로 곧바로 올라가기 때문에 처음부터 길이 급하다. 헤드램프 빛을 따라 돌계단이 희부옇게 빛난다. 등 뒤로는 17번 국도를 사이에 두고 대둔산과 갈라진 천등산이 시커먼 어깨를 세우고 버티고 있다. 숲이 열리는 산등성이까지 쉬지 않고 걷는다. 어둠 속으로 푸른 기운이 밀려든다. 높이 오를수록 대기가 한결 푸르고 가벼워지는 느낌이다. 동쪽 하늘에 구름들이 벌써 붉은 띠를 두르기 시작한다. 서둘러야 한다. 해가 떠오르는 건 순식간이다. 지구는 지금 해를 향해 시속 1,639킬로미터(적도 기준 자전 속도)로 뺑뺑이를 돌고 있지 않은가. 신선바위 안내판을 지나 '간첩바위'라는 표지판이 검푸른 여명 속에 우뚝 서 있다. 이름만으로도 한국전쟁 당시 빨치산과 경찰토벌대의 치열한 격전지였던 대둔산 산자락의 섬뜩한 상처를 생생하게 보여준다. 기록에 따르면 당시 이 산에서 사살된 빨치산만 2,287명, 전사한 경찰은 1,376명에 이른다지만 그건 문서 상의 수치일 뿐, 이 산자락에 묻은 피눈물을 어떻게 수학적으로 계량할 수 있을까. 해가 뜨면 수풀과 산그늘 속에 숨어 낮게 엎드려야 했던 사람들, 산으로 들어간 사람들은 살기 위해 산짐승의 눈과 귀를

◀ 옥계동에서 마천대로 이어지는 남릉의 전망대. 산은 낮아도 장엄한 첩첩산국의 파노라마를 감상할 수 있는 곳이 많다.

높이 877.7m, 7시간 10분 ★★☆ ●●○

옥계동 → **안심사삼거리** (2시간)
옥계동 입구에서 산을 오르면, 2차선 도로에서 축대 위쪽으로 곧바로 올라가기 때문에 처음부터 길이 급하다. 신선바위 안내판을 지나 '간첩바위'라는 표지판이 나오면 여기서 정상인 마천대까지 4km이다.

안심사삼거리 → **마천대** (2시간)
안심사삼거리를 지나면 사람 키를 덮는 조릿대 숲이 나오는데, 조릿대들이 억세고 키가 커서 길을 혼동하기 쉬우므로 표지판을 잘 보고 이동한다. 마천대 직전에 음료와 컵라면 정도를 파는 노점(대략 9시~18시 사이 운영)과 낙조산장이 있는데 낙조산장은 사람이 상주하지 않아 평일이나 비수기에는 비는 날이 많다.

마천대 → **낙조대** (40분)
낙조대 가는 길은 능선 아래쪽으로 낙조산장을 거쳐 가는 길과 암릉을 따라 가는 길이 있는데, 암릉을 따라 가는 것이 조망은 좋지만 안내판이 따로 없다. 낙조대는 철조망으로 둘러쳐진 문을 통과해야 한다.

낙조대 → **석천암** (1시간)
낙조대에서 서쪽으로 암릉을 따라 석천암까지 내려가는데, 오솔길을 넓히고 나무계단을 깔아 길을 정비해 한결 수월해졌다. 석천암에는 약수터가 있어 식수를 확보할 수 있다.

석천암 → **수락리** (1시간 30분)
수락폭포에서 선녀폭포로 이어지는 물의 길을 따라 내려가면 수락리 뒷산인 군지골 숲을 지나고 이어서 수락리에 다다른다.

닮아갔을 것이다. 그들에게 세상이 훤하게 드러나는 저 태양은 희망이었을까, 서치라이트 불빛 같은 공포였을까.

방류하듯 쏟아져 내리는 구름바다

붉은 새벽 하늘을 바라보는 것도 잠시, 북동쪽에서 파도처럼 밀려오는 운해에 놀라 한동안 걸음이 멎는다. 전라도와 충청도의 경계인 북동쪽 배티재에서 마치 수문을 열고 댐을 방류하듯 구름이 쏟아져 내린다. 진산자연휴양림이 있는 산등성이의 송신탑만 검은 바다 위에 표류하는 돛대마냥 도드라져 있을 뿐, 구름바다는 꾸역꾸역 낮은 산들을 삼키고 있다. 이른 아침 17번 국도를 따라 도경계를 넘는 운전자들에겐 지옥 같은 안개라고 한다. 똑같은 구름 알갱이가 바라보는 위치에 따라 천국과 지옥을 만들고 있다.
고도를 높여 북상할수록 어둠은 수그러든다. 어둠 속에서는 모두가 한 무더기의 숲이지만 빛은 나무들 하나하나를 독립된 개체로 드러나게 한다. 산도 마찬가지다. 한 꺼풀 어둠을 벗겨 낸 산들이 각각 제 모습을 드러낸다.

우주는 사람을 겸손하게 한다

하늘에 가닿는다는 대둔산 정상 마천대의 높이는 반올림까지 해도 878미터다. 옛사

금강구름다리와 삼선계단은 대둔산의 명물이다. 1977년 전라북도에서 도립공원으로 지정한 이후 관광지 개발을 목적으로 생겨났다.

람들은 채 1,000미터를 오르지 않고서도 하늘 가까운 곳이라 경이로워 했다. 8,000미터 위로 아니 대기권 밖을 넘나드는 우리에겐 그만큼 하늘이 낮아진 것이다. 그렇다고 해서 오늘날 정신의 고도가 높아졌다고 말할 수 있을까. 마천대에서 낙조대까지 산등성이를 따라 걷는다. 발아래 수직의 세계로 비상하려는 클라이머들의 요람인 대둔산 바윗길들이 모여 있다. 숲이 울창한 서쪽 산비탈은 군데군데 붉은 기운이 감돈다. 독수리바위 아래 벼랑에 석천암이 등을 기대고 있다. 도인들이 떠난 석천암 절집을 한 마디로 설명하기는 어렵다. 도인들의 운명은 어떤 것인가. 주역이 해석하는 세계나 개인의 운명에 대한 사주풀이들을 그들은 자신의 운명을 정하는데도 사용할 것이다. 그저 우주와의 관계 속에 나를 읽고 이해하려는 일이겠구나 생각할 뿐이다. 관계를 돌아보는 일은 중요하다. 더욱이 사람과 사람 사이 뿐 아니라 자연과 우주 속에서 나를 돌아보는 일은 분명 사람을 겸손하게 만든다.

대둔산을 오를 때 완주 쪽에서는 집단시설지구의 케이블카를 이용해 산을 오르는 사람들이 많다. 케이블카에서 내려 구름다리와 삼선계단을 거쳐 마천대까지 30분 정도 걸리지만 탐방객이 집중적으로 몰리는 단풍철에는 정체된다. 구름다리와 삼선계단 모두 일방통행으로 올라가는 것만 가능하다. 집단시설지구에서 배티재에 못 미쳐 17번 도로변 용문골 입구에서 산행을 시작하면 용문굴과 칠성봉 전망대를 거쳐 마천대를 오를 수도 있다. 대둔산 동쪽 바위군락을 한 눈에 조망할 수 있는 코스다.

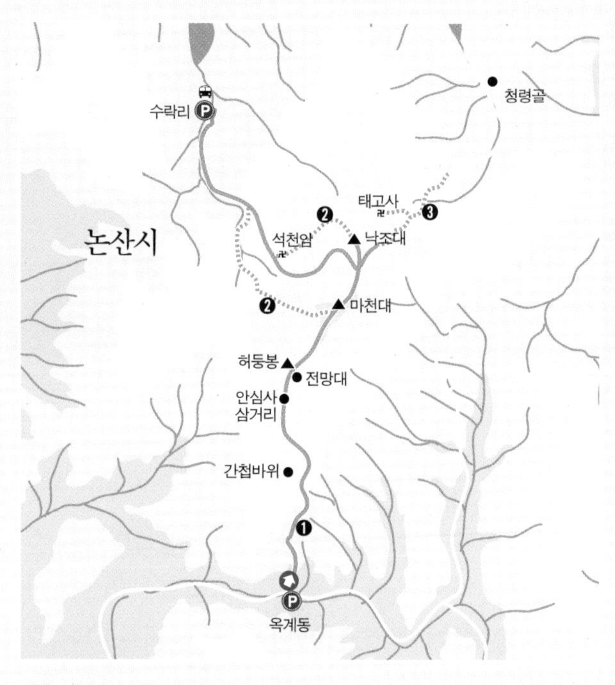

❶ 옥계동~허둥봉~마천대 코스는 대둔산 남쪽 암릉을 따라 오르는 코스로 조망이 뛰어나다. 중간에 안심사에서 올라오는 길과 수락리 쪽 등산로와 만난다.

❷ 수락리에서는 군지계곡을 따라 선녀폭포~수락폭포 지나 220계단을 통해 마천대로 오르거나 석천암에서 독수리바위 위쪽 암릉을 따라 낙조대를 거쳐 마천대를 오를 수 있다.

❸ 태고사 쪽은 태고사 입구까지 시멘트 포장된 임도를 따라 오르다 화장실 앞 공터에서부터 산길로 접어든다.

대중교통

논산 수락지구는 논산 직행버스터미널 옆 시내버스정류장에서 '논산~연산~벌곡~수락'행 버스를 이용한다. 완주 산북지구는 대전, 금산, 전주 등지에서 대둔산행 버스를 이용한다.

자가용

대전-통영간고속도로 추부 나들목으로 나와 복수를 거쳐17번 국도를 이용해 진산 방향으로 가면 대둔산으로 진입할 수 있다.

숙박과 먹거리

숙박시설과 식당 모두 완주군 쪽이 월등히 많다. 태고사 매표소 주변은 식당이나 매점 같은 다른 편의시설이 없기 때문에 산행에 필요한 것은 미리 준비해야 한다. 진산자연휴양림은 배티재 휴게소에서 5분 거리에 대둔산의 동남쪽 암릉이 한눈에 조망되는 곳이다. 완주 쪽은 전라도식 한정식 백반과 전주비빔밥 등이 유명하고 수락계곡은 보리밥과 직접 만든 손두부 집이 많다.

이치전적지 배티재 휴게소가 있는 자리는 임진왜란 당시 권율장군이 웅치를 넘어 전주로 입성하는 왜군과 싸워 크게 이긴 이치대첩 전적지다. 배티재에서 진산방면 도로 왼쪽에 이치대첩비를 세운 비각과 성역지가 있다. 이치대첩비(충청남도 문화재자료 제25호)는 1944년 일본에 의해 폭파된 파편을 진산면사무소에 보관해 왔고, 현재 비석은 후손들이 새로 세운 것이다. 이치대첩 당시 싸울 때 나던 쇳소리가 이치에서 약 10km 떨어진 금성면 상가리 금곡까지 들렸다고 해서 금곡사(金谷祠)와 함께 세워진 비석이 복원되면서 현재 자리로 옮겨졌다. 배티재는 이치(梨峙) 또는 배티, 배재라고 부르는 게 옳다.

태고사 신라 원효가 절터를 찾아내고 사흘 동안 춤을 추었고, "태고사의 터를 보지 않고 천하의 승지를 말하지 말라"는 한용운의 전설이 전해진다. 이곳에 서면 눈 앞에 펼쳐지는 풍광이 장쾌하다. 입구에는 우암 송시열이 쓴 석문(石門)이라는 글씨가 암각된 바위가 일주문을 대신하고 있다.

대둔산 왕벚나무 자생지 대둔산에 있는 왕벚나무 자생지는 천연기념물 제173호다. 1965년 4월 대둔산과 완도군 보길도에서 왕벚나무가 발견되기 전까지는 일본에서 재배되는 왕벚나무가 오직 한라산에서 건너간 것으로 보고 있었다. 그러나 한국 본토인 대둔산에서 왕벚나무가 발견됨으로써 대둔산산(産)의 왕벚나무가 일본 왕벚나무의 원종일 수도 있다는 추측이 가능하게 되었다.

현재의 이치대첩비는 후손들이 새로 세운 것이다.

태고사에 서면 시원한 풍경이 눈앞에 펼쳐진다.

35 마니산

산등성이를 걷는 듯,
바다 위를 걷는 듯

물길이 바뀔 때마다 속살을 드러내는 섬이 있었다. 갯벌은 이따금 기름진 평야가 되고 섬사람의 마음이 되고 그네들 삶의 터전이 되었다. 그 섬 가장 높은 산에는 까마득한 시간을 거슬러 오래된 이야기가 전해온다. 마니산. 마니산의 매력은 산 정상에서부터 드러난다. 함허동천까지의 아기자기한 능선 코스가 마치 바다 위를 걷는 듯한 느낌을 준다. 마니산 정상에서의 일출은 동해안의 일출과는 다르다. 바다에서 해가 떠오르는 동해안과 달리 산 너머에서 시뻘건 태양이 떠오르는 장면이 주변의 산, 바다와 어우러져 장관을 이룬다.

바다와 뭍이 하나 되는 성스런 머리

산과 섬은 한 몸이다. 산은 높아서 멀고 섬은 바다 건너 멀다. 그리운 것들은 모두 그렇게 먼 곳에 있는 것인지, 아니면 멀리 있기 때문에 그리운 것인지……. 강화도는 가까우면서도 먼 섬이다. 그 섬에서 가장 높은 산 마니산(摩尼山 · 469m)은 낮으면서도 높은 산이다. 겉보기에는 산과 섬이 또 강과 바다가 나뉠지라도 근본은 한 뿌리에서 시작되었다. 육지에서 떨어져나가 바다 가운데 홀로된 섬 강화에, 다시

▲ 동이 틀 무렵 남쪽 여차리와 북쪽 상방리를 잇는 길이 산을 관통하는 큰뫼넘이 고개에서 바라본 마니산 동릉.

◀◀ 산의 남쪽 장화리에서 바라본 마니산.

◀ 마니산 종주길, 작은뫼넘이 직전에서 만날 수 있는 휘파람바위.

바다를 메운 땅 위에 산이 있다. 마니산이 눈으로는 보이지 않는 뿌리에 대해 다시 생각하게 하는 데는 그런 이유가 있다.

초지대교를 건너면서도 전혀 섬이란 걸 실감하지 못하는 섬이 강화도지만, 작은 암봉에 서서 바라보는 이곳은 영락없는 섬이다. 이제 바다는 끝을 알 수 없는 곳까지 아득히 물러나 있고, 태양빛을 받은 갯골은 대자연이라는 거대한 캔버스 위 한 점 그림이 되어 다가온다.

화강암이 내뿜는 전국 제일의 생기처

산은 분오리 돈대가 있는 동쪽에서 장곶 돈대와 선수 돈대가 있는 서쪽 끝까지 길게 가로누운 모습이다. 기골이 단단한 짐승이 가슴 한가득 원대한 힘을 품고 웅크린 듯하다. 그 기운 센 산의 뼈대는 지질시대의 산물인 '마니산 화강암'으로, 선이 굵고 단단한 등줄기가 강화 남단을 병풍처럼 둘러막고 있다. 닮은꼴을 찾아 이름 붙이기 좋아하는 산사람들은 용트림치는 듯한 마니산 등줄기를 설악의 공룡능선에 빗대기도 한다. 그 단단한 멧부리 아래 사기리, 동막리, 흥왕리, 여차리, 장화리, 상방리, 덕포리 등지에서 사람들이 오밀조밀 기대 산다. 강화만을 따라 남쪽 바다로 나가면 500여 미터도 안 되는 낮은 산이지만 절로 경건한 마음으로 산을 우러르게 된다.

하늘로 통하는 관문 같은 능선길

산행은 단순히 일정한 거리를 평면적으로 돌아다니는 도보여행과는 또 다른 의미를 가지고 있다. 도보여행이 횡으로 나타나는 평면적 여행의 궤적이라면 산행은 평면적 궤적을 벗어난, 입체적 공간으로의 여행이다. 그래서 산은 평

높이 469m, 6시간 30분

★★☆ ●○○

진개 — **진개 → 마니산 정상**

사람들이 많이 찾는 곳은 아니지만 등산로가 뚜렷하고 능선을 따라 길이 이어져있어 길을 잃을 염려는 없다. 또, 길 중간 중간 리본이 매어져 있다. 대체로 부드럽고 완만한 능선길이나, 정상으로 이어지는 길은 바위 능선으로 이루어져 있다.

2시간 30분

마니산 정상 — **마니산 정상 → 참성단**

주능선과 만나는 지점부터 참성단까지는 암릉으로 이어진 길이라 주의를 요한다. 매 구간마다 바위 오른쪽으로 우회로가 나있다. 노약자나 암릉 경험이 없는 등산객들은 우회로를 이용하는 것이 안전하다.

30분

참성단 — **참성단 → 314m봉**

참성단부터 약수터 쪽 하산로 삼거리까지는 경사가 급한 내리막길이 몇 구간 있다. 무릎이나 발목을 다치지 않도록 주의한다. 낙타 얼굴을 닮은 바위를 지나고 나면 산길은 이제껏 걸어왔던 길과는 전혀 달라진다. 낙엽 쌓인 부드러운 산길을 걸을 수 있다.

1시간 10분

314m봉 — **314m봉 → 작은뫼넘이**

314m봉을 내려서면 바로 휘파람바위 앞이다. 휘파람바위를 돌아 뒤쪽 너럭바위에 올라서면 선수포구가 가까이 보인다.

20분

작은뫼넘이 — **작은뫼넘이 → 선수포구**

작은뫼넘이를 지나 상봉을 거쳐 선수포구로 하산하는 길은 처음 10분 정도 급경사 오르막길을 제외하면 완만한 능선길이다.

2시간

선수포구

면의 공간으로부터 새로운 공간으로의 초월이라는 상징성을 가진다.

참성단을 향하는 여정에 나타난 주능선은 지금껏 지나왔던 산길과 달리, 정상으로 이어지는 길이 바위 능선을 이루고 있다. 이곳에서 보는 산길은 과연 하늘로 통하는 관문 같다는 생각이 들정도로 신묘하다. 사방으로 내려다보이는 해안풍경은 '넓은 바다 먼 하늘이 만리나 터졌네'라고 읊었다는 고려 말 이색의 시구가 그대로 탄성이 되어 터져 나올 것 같은 모습이다. 그뿐인가, 능선 양 옆으로 넓게 펼쳐진 강화의 들판도 절경이다.

하늘과 땅이 만나는 곳에 쉬 닿을 수가 없구나

하늘과 땅이 만나는 곳. 이곳에서 나라를 연 단군왕검이 하늘에 제사를 지냈다. 그리고 후세의 많은 왕들 또한 나라의 번영을 기원하며 제를 올렸다고 전해진다. 하지만, 하늘과 땅을 상징하기 위해 원형과 사각형으로 쌓았다는 참성단의 모습도, 천제 때 물을 길어 바쳤을 제단아래 우물도 볼 수 없다. 그곳에는 제단의 해묵은 바윗돌이 아니라 높디높은 울타리와 철조망이 기다리고 있기 때문이다. 등산객의 무분별한 출입과 행동으로 인한 참성단의 훼손을 막기 위해 강화군에서 마련한 조치다. '새해나 개천절 행사, 성화 채화 등을

휘파람바위 앞 너럭바위에 서면 상봉 너머 선수포구로 이어지는 마니산 줄기가 한눈에 들어온다.

제외하고는 출입을 금한다'는 안내판이 보인다. 과연 이것만이 문제 해결의 유일한 방안이었을까.

실팍한 나무를 길러내는 맑은 물

참성단을 뒤로하고 상봉으로 향한다. 산길에는 상방리에서 올라오는 등산객들의 행렬이 이어진다. 멀리 작은뫼넘이를 지나 상봉, 그리고 그 너머 선수포구로 이어진 능선이 꿈길처럼 아득하다.

유난히 상처가 많았던 강화도. 병자호란 · 신미양요 · 병인양요 · 운요호 사건 등 나라의 빼놓을 수 없는 사건을 함께한 강화. 그 비극의 시작은 단 하나, 한양과 가깝다는 것 때문이었다. 어느 누군가가 말했다, "강화도를 알면 우리나라 역사의 반을 아는 것"이라고. 발길은 이제 뭍으로 떠나는 곳에 서 있고, 미처 그 깊이를 온전히 알기도 전에 떠나야 한다. 하지만 아쉬워하지는 말자. 이 해가 지더라도 내일은 내일의 태양이 떠오를 테니.

마니산

주능선은 정상 서쪽 1.2km 떨어진 참성단을 중심으로 동쪽능선은 암릉, 서쪽 능선은 부드러운 흙길로 되어있다. 산행 들머리는 분오리 진개, 내리 선수포구, 함허동천 시범야영장, 정수사, 마니산국민관광지, 상방리 화도초등학교 등 모두 6곳이다. 진개 쪽 들머리는 등산로 입구에 안내 표지판이 없어 들머리를 놓치기 쉬우므로 주의해야 한다.

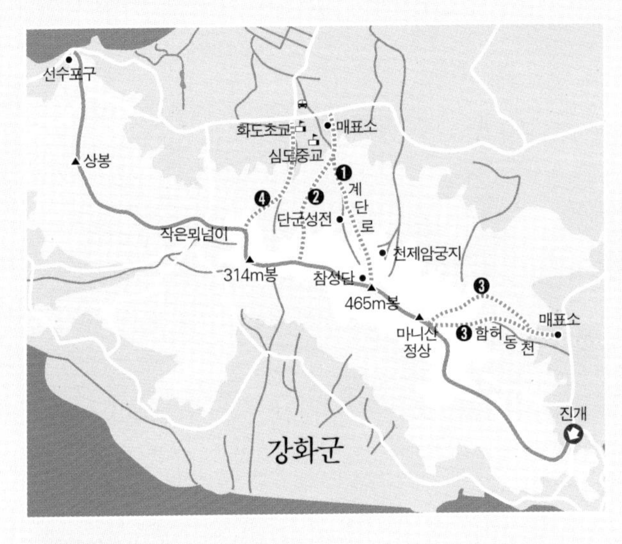

❶ 마니산기도원을 지나면 서부터 참성단 아래까지 918개의 계단으로 이루어진 계단로는 참성단에 오르는 가장 짧은 길이다.

❷ 능선을 따라 이어지는 단군로는 계단로에 비해 호젓한 산행을 즐길 수 있다.

❸ 함허동천 코스는 함허동천 계곡을 따라 오르는 계곡길과 계곡 오른쪽 능선을 따라 오르는 능선길로 2개의 길이 나있다. 계곡길은 거리는 짧지만 경사가 급하고, 능선길은 무난한 편이다.

❹ 상방리 화도초등학교 코스는 찾는 사람들이 적어 길이 뚜렷하지 않은 편이다.

대중교통

버스는 서울 신촌정류장을 이용한다.
강화읍에서 마니산국민관광지 방면으로 갈 경우 20분 간격으로 운행하는 군내버스를 이용한다. 그 외 안양·영등포·광명 등지에서도 강화 행 버스가 약 30분 간격으로 있다.

자가용

올림픽대로를 타고 공항 방향으로 달리다 행주대교 남단을 지나 강화 이정표 방향을 따르면 48번 국도에 접어든다. 김포 누산교차로에서 대곶 방면으로 좌회전한 후 덕포진, 대명리를 지나 초지대교를 건너면 강화로 접어들게 되는데, 다리 건너편 갈림길에서 우회전해 84번 지방도로를 따른다.

숙박과 먹거리

화도면 사기리 함허동천 계곡 입구에 함허동천 시범야영장이 있다. 계곡주변으로 70여개의 야영 데크와 취사장이 설치되어 있고 넓은 운동장과 체력단련장 등을 갖췄다. 민박은 신동진, 심용식 씨 집 등을 이용할 수 있고 파인힐 모텔, 신선놀이 펜션 등에서도 숙박할 수 있다. 마니산국민관광지 입구 단골식당은 꽁보리 산채비빔밥이 유명하다.

선수포구 어판장 화도면 선수포구는 전국적으로 유명한 밴댕이촌이다. 밴댕이를 취급하는 횟집 10여 곳이 몰려있다. 밴댕이는 5~7월이 제철이어서 다른 계절에는 밴댕이회를 맛 볼 수 없지만 밴댕이젓과 새우젓을 싸게 구입할 수 있다. 인근에는 서해 낙조로 유명한 장화리 낙조 조망지가 있다. 석모도와 어울려 펼쳐지는 낙조가 일품이다. 강화 초지대교를 건너 우회전한 뒤 전등사 방향으로 좌회전하면 선수포구로 이어진다.

전등사 단군의 세 아들이 쌓았다고 하는 정족산 삼랑성 내에 있다. 경내에는 보물로 지정된 대웅전, 약사전, 범종을 비롯해 실록을 소장했던 사고지와 조선 왕실의 족보를 소장했던 선원보각지가 남아 있다. 선원보각지는 고려시대 팔만대장경을 봉안했던 장경각이 있던 곳이기도 하다.

천제암 궁지 마니산 참성단에서 하늘에 제사를 지낼 때 사용할 제기와 제물 등을 준비한 던 곳으로 정확한 창건연도는 알 수 없고, 고려시대에 이미 세워져 있던 것으로 알려져 있다. 삼단 석축으로 되어 있으며 약 230㎡ 넓이에 4개의 돌기둥이 남아 있고 근처 바위에 암각된 금표 표지와 우물이 남아있다. 마니산관광단지에서 전등사 방향으로 가는 길목의 문곡부락 버스 정류장에서 개울을 거슬러 올라가 상수원보호구역 표지판 지나 산으로 난 오솔길로 20여 분 정도 올라간 곳에 있다. 찾아가는 길 중간에 별도의 유적지 안내 표지판이 없다.

강화역사관 강화읍 갑곶리에 있다. 1988년 개관, 4개의 전시실에 고대부터 근대까지의 전쟁사, 문화재 등을 전시했다. 석기시대부터 이어진 선조들의 생활 모습, 팔만대장경 제작과정, 병인양요와 신미양요를 거쳐 강화도 조약을 맺기까지 고려에서 근현대에 이르는 강화의 역사가 망라되어 있다. 역사관 아래에는 외적의 침입을 막기 위해 조선시대에 심어진 천연기념물 제78호 탱자나무가 있다.

선수포구는 밴댕이로 유명한 곳이다.

참성단에서 지내는 제사를 준비하던 천제암 궁지.

36 소요산

자유롭게 거닐었더니 접힌 산이 펼쳐지는구나

소요역에 내려 고개를 내밀면 저만치 부채꼴 모양의 소요산이 펼쳐있다. 하지만 소요산의 머리만 힐끗 보았다고 해서 미리 그 산의 속내를 짐작할 수는 없는 것. 소요산은 발품을 팔아 땀으로 보기 전까지는 꼭꼭 감추어져 있는 '접힌 산'이기 때문이다. 어느 시인의 말했던가. '모든 꽃 피는 일이 살아서 다치는 일'이라면 모든 낙엽 지는 일은 죽어서도 사는 일이다. 그래서 추울수록 붉게 뜨거워지다 목을 떨군 낙엽들은 그 아무것도 아닌 흙길에 누워서도 가을산으로 사람들의 발을 이끈다. '접힌 산'을 펼치기 위해서. 소요산의 소요(逍遙)는 자유롭게 슬슬 거닌다는 뜻이다.

원효와 함께 소요하는 산

매표소를 지나 일주문에 이르는 길까지 오면 비로소 소요산의 발치에 다다른 것이다. 원효폭포가 흐르는 아담한 광장은 소요산 단애(斷崖)의 시작이다. 가을 소요를 위해 찾은 걸음이라면 벤치에 앉아 말라가는 폭포의 여린 숨소리에 귀를 기울이라. 길은 폭포 뒤로 굽이굽이 돌아간다. 저만치 높다란 계단 끝에 천년고찰 자재암이 있다. 우리는 종종 오래된 것을 마주했을 때 만질 수 있고 볼 수 있고 흠집이 없는

▲▲소요산 최고봉 의상대(587m)에 서면 말발굽형으로 생긴 5개 봉우리가 한눈에 들어온다. 능선에는 바위로 된 구간이 많지만 산세가 험한 것은 아니기에 말 그대로 소요하기 좋다. 때때로 귀를 거슬리게 하는 미군 사격장의 포탄소리만 아니라면.

◀◀ 소요산 입구에서 원효폭포에 이르는 2km 구간은 단풍나무숲길을 조성해 산책로로 좋다.

◀공주봉 못 미쳐 옛 절터와 일주문으로 하산하는 길 중간에 있는 샘터.

데서 가치를 찾는다. 그런 걸 찾으러 자재암에 왔다면 당장 돌아내려갈 일이다. 한국전쟁 이전부터 숱하게 소실되고 망가져 온 자재암은 고작 40여 년 전부터 새로 짓기 시작한 사찰이기 때문이다. 자재암은 범부의 가치를 떠난 고고한 전설이 있다. 원효, 그 이름이 곧 자재암이요 소요산이다. 한국의 산에서 원효와 인연을 맺지 않은 곳이 얼마나 될까. 그런데도 자재암은 의심할 나위 없는 진짜배기다. 고려 문인 이규보는 그의 시에서 원효가 이곳에 오면서 물이 솟아올랐다고 밝히고 있고 조선 현종 때의 학자 미수 허목은 〈소요산기〉에서 원효대사가 이곳에 처음 절을 지었다고 적고 있다. 자재암에는 종교적인 면뿐 아니라 서지학적으로도 가치 있다는 보물 1211호 〈반야바라밀다심경약소〉가 보관되어있다지만 그보다 눈길을 끄는 건 원효가 들어가 참선했다는 동굴이다. '나한전'이라는 간판이 붙어있는 동굴은 좁은 참선이 아니라 마음껏 뒹굴어도 될 만큼 널찍하다. 오랜 가뭄에도 마르지 않은 나한전 옆의 석간수는 이규보가 읊었던 그 원효의 샘인가보다. 계곡물은 썩어서 흐르는데 석간수는 맛이 좋다.

소요산 5개봉 연속종주에 도전하다

병풍처럼 둘러쳐진 소요산은 여섯 개 봉우리로 되어있다. 가장 변두리에 붙은 공주봉은 지나치는 경우가 많기에 소요산 종주를 했다고 하면 백운대 3개와 나한대, 의상대를 말한다. 소요산 5개봉 연속종주인 것이다. 하백운대와 중백운대는 금세 오른다. 상백운대에서 의상대에 이르는 길은 본격적인 암릉

높이 536m, 4시간

★☆☆
●○○

구간	시간	설명
매표소 → 하백운대	30분	본격적인 산행에 앞서 자재암과 나한전을 살펴보는 것도 좋다. 하백운대까지는 급경사의 비탈길이지만, 두툼한 로프를 잡고 오를 수 있다. 산마루턱에 가끔씩 나타나는 너른 전망대가 가파른 길 가는 이들의 벗이다. 노송사이로 보이는 까마득한 계곡은 소요산의 진경을 보여준다. 삼십여 분 오르면 돌탑이 보인다. 하백운대다.
하백운대 → 중백운대	15분	능선에 올라서면 한숨 돌려도 된다. 고만고만한 오르내림이 이어진다. 중백운대까지는 천천히 걸어도 15분이면 되는데, 봉우리라기보다는 둔덕이다.
중백운대 → 상백운대	30분	상백운대는 모르고 지나치기 십상이다. 봉우리 옆으로 우회로가 잘 나있기에 생각 없이 걷다가는 엉뚱한 길로 빠질 수 있다. 너른 바위턱이 있어 쉬어가기 좋다.
상백운대 → 나한대	1시간	상백운대에서 나한대를 거쳐 의상대에 이르는 길은 본격적인 암릉 구간이다. 가파른 구간은 없지만 바위는 미끄러울 수 있으니 주의 요망. 나한대 앞에서는 길이 무척 가파르다.
나한대 → 의상대	15분	의상대로 가는 길은 나무로 만든 데크가 뽀송뽀송하니 걷기 좋고 포천시 신북면의 풍경도 시원스레 펼쳐 친다.
의상대 → 절터	1시간 30분	공주봉을 앞두고 아래로 가는 길과 만난다. 잠시 공주봉에 들를 수도 있다. 20여 분을 내려오면 샘터가 나오고 곧이어 절터다.

이다. 그러나 긴장할 필요는 없다. 암릉이라 말하는 여느 바위능선처럼 가파른 구간은 없기 때문이다. 하지만 여전히 바위는 미끄럽다. 나한대 오르는 길은 소요산 5개봉 종주의 백미요 하이라이트다. 한참이나 헐떡이며 쇠 난간을 붙잡고 오른 끝에 봉우리의 꼭지가 보인다. 의상대에 서면 비로소 소요산 5개봉을 다 밟은 것이다. 의상대는 최고봉이라는 이름에 걸맞게 지금까지 지나쳐온 봉우리보다 훨씬 경치가 트였다. 북적대는 정상을 벗어나 잠시 소요하고 싶다면 의상대에서 뻗어 내린 지릉을 따라 30미터만 내려가면 된다. 소요산 최고의 전망대라고 이름붙이고 싶은 너른 반석은 그대로 누워 한잠 자고 싶은 곳이다.

떠났던 그 자리로 다시 돌아오는 하루

마지막 남은 원효의 해골바가지 같은 한 모금 물을 삼킨다. 남은 것은 하산이다. 공주봉 아래서 계곡으로 접어들어 20여 분 아래로 가면 샘터가 나온다. 오래 전부터 그 자리에서 지나는 이들의 갈증을 달래줬는듯 정다운 모습이다. 샘터 앞의 녹슨 철제 표지판이 그런 정감을 더한다.
산을 다 내려와 처음 들어섰던 절터로 향한다. 옛 절터에서는 깨진 기와조각 하나 볼 수 없다. 그저 지세로 미루어 보아 단단

청량폭포는 자재암 바로 옆에 있지만 옹벽을 쌓아 사람들의 발길을 막아놓았기에 이끼가 무성하다.

한 암반을 뒤로 하고 앞으로는 바람이 들락거릴 경치가 트여있어 이곳이 절이 될 만한 땅이었구나 하고 추측할 뿐이다. 잡초가 무성한 절터에는 하산을 마친 사람들이 다리쉼을 하도록 벤치가 놓여있다. 여기서 출발지였던 원효폭포까지는 5분도 걸리지 않는다.

아직 석양도 저물지 않았다. 이제 매시 43분에 출발하는 소요산역 발 의정부행 기차표를 끊어놓고도 시간이 남는다면 역 앞 실내야구장에서 배트나 신나게 휘두르거나 발음도 어려운 벨기에 · 룩셈부르크군 참전기념비에 가서 그동안 못다 피운 담배나 한 대 태울 일이다. 죽어서도 사는 낙엽의 계절에 소요산역을 떠나 소요산역으로 돌아온 사람들의 하루.

소요산은 주능선을 경계로 해 동서로 동두천시와 포천시에 걸쳐있지만 대부분의 등산로는 동두천쪽으로만 나있다. 등산로는 자재암을 중심으로 부채 모양으로 펼쳐져 있기 때문에 원점회귀산행에 적합하다. 자재암 방면으로 가면 일주문을 지나 왼편으로 약수터가 있고 벤치가 놓여있는 광장 뒤로 원효폭포가 흐른다. 이후 공주봉 아래 샘터를 제외하고 산행 중 물을 구할 곳은 없으므로 미리 준비한다.

❶ 소요산 입구 산림욕장에서 등산을 시작하거나 매표소 바로 못 미쳐 왼쪽으로 난 오솔길로 올라가면 자재암을 거치치 않고 능선을 따라 하백운대로 갈 수 있다.

❷ 상백운대~나한대 구간은 전체적으로 암릉의 모습을 하고 있지만 등반장비가 필요할 정도는 아니다.

❸ 의상대에서는 평탄한 길을 따라 공주봉까지 곧장 갈 수도 있고 보조로프가 걸린 능선을 따라 금송굴 방면으로 하산하는 길도 있다.

❹ 등산로 중간에 하산할 수 있는 길이 여러 갈래므로 1시간 30분에서 4시간까지 다양한 코스를 잡을 수 있다.

대중교통

서울 수유시외버스터미널에서 소요산행 36번, 136번, 139번을 타면 된다. 이 버스는 의정부 시장과 국철 의정부북부역, 동두천을 경유한다. 수유동에서 소요산까지는 1시간 30분이 걸리고 배차간격은 20분이다.
의정부역에서 소요산역까지 1호선이 개통되어 소요산 행 첫차 05:53, 막차 23:29까지 전철을 이용할 수 있다. 소요시간은 33분

자가용

동두천을 지나 3번 국도를 이용해 전곡 방향으로 소요동까지 간다. 소요동에서는 표지판을 따라가면 소요산 주차장까지 갈 수 있다.

숙박과 먹거리

소요산 입구에 식당과 여관 등 위락시설지구가 있다. 소요산에서 버스로 15분 거리인 동두천 시내에도 여관 등 숙소가 많다. 음식점은 소요산 입구 신흥숯불갈비가 깔끔하다. 송어회가 푸짐하며 돌솥영양밥·갈비탕도 있다.

더 알찬 여행 만들기

자유수호평화박물관 소요산 입구에서 오른편으로 300m 지점에 있는 자유수호평화박물관은 한국전쟁에 대한 이해와 유엔 참전국과의 우호증진을 위해 2002년 개관했다. 참전 21개국과 관련한 유물 및 군사자료를 전시하고 있다. 야외전시장에는 각종 군사무기를 전시해놓았고 1층 특별전시실에는 노르웨이 참전 유물, 2층에는 유엔 참전국 유물과 전투 디오라마, 3층에는 동두천의 어제와 오늘, 한국전쟁사 등 영상 관람을 할 수 있도록 해놓았다.

소요단풍문화제 소요단풍문화제는 동두천시에서 주최하고 동두천예총에서 주관하는 가을 축제다. 단풍철에 열흘 정도 동두천시민회관과 소요산 야외음악당 등지에서 열린다. 행사 내용은 해마다 다른데, 보통 만남의 장, 화합의 장, 완성의 장이라는 3개 주제로 열리며 만남의 장에서는 동두천에 주둔하고 있는 미군 군악대의 공연도 열린다. 이밖에 소요산 야외음악당에서는 옛 소리 공연, 청소년 풍물축제, 아트페스티벌, 소요장사 씨름대회 등과 문화재 전시, 천연염색 체험 등 다양한 프로그램이 진행된다.

소요산 산림욕장 소요산 입구에는 산림욕장을 만들어놓아 본격적인 등산뿐 아니라 하루 산책을 하기에도 좋다. 산림욕장 입구는 주차장 건너편 홍덕문 선생 추모비 뒤로 30여m를 올라가면 나온다. 입장료는 없으며 산책로를 이용해 바로 하백운대까지 오를 수도 있다.

동두천 락 페스티벌 동두천은 우리나라 최초의 락 밴드인 신중현의 'ADD4'가 결성된 곳으로 이를 기념하기 위해 1999년부터 동두천 락 페스티벌을 개최하고 있다. 소요단풍문화제와 더불어 동두천에서 열리는 가장 큰 축제 중의 하나로 지금까지 연인원 3만여 명이 참가했다. 매년 8월 동두천 종합운동장에서 열리며 경기도, 경기문화재단, 동두천시 등에서 후원하고 있다. 고교·대학생 밴드의 경연과 전문 락커의 공연이 함께 열린다.

자유수호평화박물관은 소요산 입구에서 가깝다.

간단하게 산책하기 좋은 소요산 산림욕장.

37 강천산

야윈 산에는 단단한 물이 흐르네

강천산은 호남정맥을 이루는 100여 개가 넘는 무수한 산봉우리 중의 하나다. 산은 전북 순창군과 전남 담양군에 경계를 두고 있는데, 한쪽 어깨로 흘러내린 물은 읍내를 가로질러 섬진강이 되고 다른 한쪽으로 흐른 물은 담양호에 고였다가 영산강이 된다. 산 하나가 솟아 우리나라 최대의 곡창을 가로지르는 강 두 개를 품었으니 여간 범상한 게 아니다. 그 산의 이름도 지세에 걸맞게 '용이 꼬리를 치며 승천하는 것 같다'고 하여 용천산으로 불렸으나, 신라 때 도선국사가 계곡 깊은 곳에 강천사라는 절을 만들며 산 이름도 강천산으로 바뀌게 되었다. 도선은 한국에 처음 풍수지리설을 도입한 인물로 알려져 있으니, 그가 절터를 강천산에 잡은 것이 우연만은 아니었을 것이다.

화석의 시간을 거슬러 올라

순창을 대표하는 산, 강천산은 예부터 옥천골로 불려왔다고 한다. 마한시대 순창의 옛 이름이 옥천(玉川)이었으니, 산이 곧 사람들의 땅이었던 셈이다. 그런 이름을 뒷받침 하듯 강천산으로 들어서는 길은 초입부터 찾는 이들의 눈길을 빼앗는다. 순창읍내에서 메타세쿼이아가 줄지어 사열하듯 서 있는 2차선 도로를 따라가면 숲이 끝나는 곳에 강천산이 있다. '살아있는 화석'으로 불리는 메타세쿼이아는 20세기 초반만 해도 화석으로만 존재해 왔지만 1940년대 중국에서 살아있는 나무가 발견되며 세계로 퍼졌다고 한다. 그래서 옥천골 강천산 가는 길은 화석의 시간을 거슬러 오르는 여행이다. 메타세쿼이아 길이 만들어낸 소실점을 지나면 아기단풍 가로수가 나타난다.

구경거리 많은 산길

강천사와 구장군폭포로 가는 길은 '웰빙 맨발산책로'라는 이름이 붙어있는, 잔모래가 깔린 길이다. 안내판에는 '맨발로 걸으면 중년은 아랫배가 들어가고, 학생은 머리가 좋아지고, 아가씨는 피부가 고와진다'는 매혹적인 문구가

◀ 강천제2호수에서 바라본 구장군폭포쪽 전경. 구장군폭포는 마한시대 의기투합한 아홉 명의 장수에 관한 전설이 내려오는 곳이지만, 정작 폭포에 물이 흐른 것은 최근의 일이다. 사람들이 찾는 낮 시간에만 물을 흘려보

높이 583.7m, 6시간 50분 ★★☆ ●○○

매표소 (1시간)

매표소 → 강천사
매표소에서 강천사까지는 편안한 산책로다. 대나무숲길, 산림욕길 등을 선택해서 걸을 수 있다.

강천사 (1시간)

강천사 → 왕자봉
강천사와 삼인대 사이를 지나 홍화정 옆길을 택하면 구름다리를 알리는 표지판이 있다. 표지판을 지나 구름다리 방향으로 5분 정도 오르면, 구름다리가 보인다. 구름다리에서 왕자봉으로 향하는 길은 곧장 가파른 능선으로 이어진다.

왕자봉 (1시간)

왕자봉 → 강천 제2호수
왕자봉 정상은 표지석만 달랑 있는 너른 공터다. 왕자봉에서는 광덕산의 정상봉인 선녀봉과 5부 능선까지 펼쳐진 가파른 바위벼랑까지 시야에 들어온다. 왕자봉에서 제1, 2 형제봉을 지나 1.7km정도를 내려가면, 강천제2호수를 만나게 된다.

강천 제2호수 (1시간)

강천 제2호수 → 산성산
호수에서부터 연대봉 방향으로 다시 오르면 송낙바위가 보인다. 완만한 능선 끝에 버선코처럼 살짝 올라간 곳이 송낙바위다. 꽤 길어 보이지만 힘들이지 않고 오를 수 있다. 송낙바위에서 약 0.9km를 더 오르게 되면 603m에 이르는 산성산 정상에 닿을 수 있다. 송낙바위부터 산성산까지 오르는 길에는 안전 로프를 설치해, 잡고 오를 수 있게 해놓았다.

산성산 (1시간 20분)

산성산 → 구장군폭포
산성산에서 북바위와 연대암터를 지나 7.2km정도를 하산하면 두 갈래의 물이 흐르는 구장군 폭포를 만날 수 있다. 구장군폭포는 최근에 조성된 인공 폭포다.

구장군폭포 (1시간 30분)

구장군폭포 → 매표소
구름다리와 강천사를 지나 왔던 길을 되짚어 하산한다.

매표소

쓰여 있다. 산책로 시작지점에 신발을 담을 수 있는 주머니를 가져갈 수 있도록 해 놓았고 발을 씻을 수 있는 수돗가도 있어 겨울이 아닌 다른 계절에는 색다른 산책을 즐길 수 있다. 주 산책로 말고도 길은 통나무 데크가 깔린 삼림욕장 코스나 대나무숲 산책로로 갈라졌다 모이게 되어있어 강천사까지는 심심치 않게 구경거리가 많다. 중간에 있는 원앙사육장을 둘러보거나 병풍폭포 앞 벤치에 앉아 잠시 쉬어가도 좋을 것이다.

강천산의 두 호수

형제봉은 자그마한 둔덕이 나란히 솟아있는 봉우리지만 별다른 표시는 되어있지 않아 정상을 잊고 지나치기 쉽다. 나무들 때문에 조망이 트인 것도 아니어서 그 아래 발치에 있는 너럭바위에 내려서서야 강천제2호수를 볼 수 있다. 호수로 내려서는 길은 의외로 가파르지만 남향이라 볕이 잘 들고 위험하지는 않다. 계속 능선을 따라 연대봉까지 갈 수도 있지만 호수를 한 번 보고나면 발걸음은 저절로 내리막길로 향한다. 강천산에는 호수가 2개 있는데, 산 입구의 강천제와 계곡 깊숙한 곳에 있는 강천 제2호수가 그것이다. 강천사 앞 계곡의 수량이 의외로 많은 것에 비하면 호수에는 물이 없는 편이다. 호수에 고이

강천산의 대문처럼 걸린 구름다리.

는 물이라곤 용대암골에서 흐르는 것이 전부인데 꽤나 널찍한 호수를 다 채우기까지는 적이 많은 시간이 걸렸으리라.

하산길의 기분 전환 기폭제, 구장군폭포

계곡 하산로는 안내도와 달리 온 길을 되짚어 100여 미터를 가야한다. 동문에서 바로 난 길은 시루봉쪽으로 가는 길이다. 구불구불한 계곡을 따라 나 있는 산길은 그다지 가파르거나 힘든 건 아니지만 꽤나 지루하다. 그런데, 그런 지루함이 느껴지는 건 지금까지 지나쳐온 강천산의 모습이 한시도 눈을 뗄 수 없을 만큼 화려했기 때문일지도 모른다.

대나무 밭을 지나면 구장군폭포가 나타난다. 시원스레 물줄기를 뿜어내는 거대한 폭포는 다시 지루했던 하산길의 기분을 전환해 줄 하나의 기폭제가 된다. 맨발산책로를 따라 내려오는 내내 콧노래를 흥얼거리게 해주니 말이다.

강천산의

등산로는 군립공원에서 안내하는 5개의 코스가 있다. 각각 5~12km에 달해 3시간부터 5시간 내외가 걸리지만 이것 말고도 다양한 코스를 계획할 수 있다. 강천산의 모든 봉우리를 종주하려면 최소한 7~9시간여는 걸린다. 산행 중 물을 구할 수 있는 곳이 마땅하지 않기 때문에 강천사를 경유할 경우 미리 식수를 준비하도록 한다. 구장군폭포 앞에도 지하수를 끌어들인 식수가 나온다.

❶ 옥호봉이나 금강계곡을 통해 오르면 신선봉을 지나 왕자봉에 오를 수 있고, 광덕산을 지나 적우재에서 구장군폭포로 하산할 수 있다.

❷ 금성산성을 한 바퀴 돌아보는 것도 좋은데 어느 쪽으로 오르더라도 시간이 많이 걸린다. 이 경우에는 일정을 넉넉하게 잡아야 한다.

❸ 깃대봉 쪽으로 올랐다가 왕자봉, 형제봉을 지나 강천 제2호수에서 구장군폭포 쪽으로 하산할 수 있다.

대중교통

서울 센트럴시티터미널에서 순창까지 가는 버스가 있다. 09:30부터 16:10까지 하루 5회 운행하며 약 4시간 걸린다. 순창읍에서는 강천사 행 시외버스가 09:50부터 17:30까지 8회 운행한다. 군내버스는 07:00부터 운행하며 수시로 있다. 순창읍에서 강천사 입구까지는 15분 정도 걸린다.

자가용

자가용은 경부고속도로와 논산-천안 간 고속도로를 타고 논산 분기점에서 다시 호남고속도로로 접어들어 27번, 30번 국도를 따라 가면 순창에 닿는다. 광주에서 88고속도로를 타고 24번 국도로 들어설 수도 있다.

숙박과 먹거리

강천산 입구에는 식당과 민박을 겸한 집들이 많지만 읍내에는 마땅한 숙소가 부족한 편이다. 등산로 입구 상가지구에 붐모텔과 강천각 등의 숙박시설이 크다. 읍내에서는 영빈모텔이 가장 크고 깨끗하다. 순창을 대표하는 음식은 한정식, 전통순대, 민물매운탕 등이 있으며 읍내에 식당이 많다. 한정식집은 수라상, 남원집 등이 있다.

순창객사 유형문화재 48호로 지정되어있는 순창객사는 순창군청 옆 순창초등학교 내에 있다. 조선 영조 35년(1759)에 건립했으며, 새로 부임한 수령은 이곳에서 참배를 하고 외지에서 나랏일로 손님이 오면 지내던 곳이다. 1905년 을사조약 때는 면암 최익현 선생이 항일의병을 일으킨 곳이기도 하다. 몇 년 전까지 초등학교 교무실과 도서실로 사용되었으나 현재는 비어있는 상태다. 객사 주변에는 숲이 무성했다고 전해지나 현재는 느티나무 네 그루만 남아있다.

회문산 자연 휴양림 1993년 개장한 회문산자연휴양림은 순창군 구림면 안정리 회문산 등산로 입구에 있다. 조선 말기 동학혁명군의 거점이었던 회문산에서는 항일운동 때도 최익현과 임병찬 선생이 의병을 모아 봉기를 일으켰다. 이후 한국전쟁 때 남부군 전북도당과 빨치산들의 교육 장소인 노령학원이 있어 국군과 치열한 격전을 벌인 곳이다. 현재 자연휴양림 내에는 한국전쟁 기념비와 비목공원이 조성되어있고 빨치산 사령부가 복원되어 있다.

전통고추장민속마을 순창이 고추장으로 유명해진 것은 조선 태조 이성계가 나라를 세우기 전 무학대사를 만나러 순창을 돌아다니다 민가에서 고추장에 밥을 비벼먹었는데, 훗날 왕이 되어서 그 맛을 잊지 못해 고추장을 진상하라고 명한 데서 유래한다. 1997년 순창군에서 조성한 전통고추장민속마을에는 54개 민간업체에서 입주해 각종 장을 담가 판매하고 있다. 매년 순창장류축제가 열리며 맛깔스런 각종 장류와 장아찌를 구입할 수 있다.

메타세쿼이아 길 순창읍내에서 792번 지방도를 따라 강천산 방면으로 가다보면 팔덕면 못 미쳐서 메타세쿼이아 가로수가 심어진 도로를 지나게 된다. 1970년대부터 가로수로 심기 시작한 메타세쿼이아는 담양과 함께 순창에도 많다. 어느 계절에 가도 시원하고 이국적인 풍경을 자아낸다.

초등학교 교무실과 도서실로 사용되던 순창객사.

전통고추장민속마을에서 장류를 구입할 수 있다.

38 설악산

산은 낮고
모자란 곳으로 흐른다

이름만 들어도 가슴이 설레는 설악산. 일찍이 고혹적인 자태에 빠진 숱한 시인 · 화가 · 가객들이 저마다 앞다투어 그 품에 작품들을 헌정했으니 설악은 참 다복하다. 복으로 따지면 설악 만한 산도 드물 것이다. 한국전쟁이 끝나고 설악산 위로 휴전선이 그어지자 피끓는 산악인들이 오랜 세월 동안 비밀을 간직한 많은 봉우리와 암릉의 옷고름을 풀어헤치고 머리를 올려주었으니 설악은 또한 서방복도 많다.

금강을 향한 그리움으로 붐비는 설악

너무 드러나 누구나 모든 것을 훤히 다 아는 듯한 사람이 있다. 그런 사람일수록 제대로 속을 들여다보기는 쉽지 않은 법. 화려한 명성 속에 휘둘리는 연예인 같은 산이 설악산이다. 불과 반세기 전만 해도 '너무 드러나서 마치 길가에서 술파는 색시 같다'던 금강산에 견주어 깊은 골에 숨어 범접하기 힘든 미녀로 설악산을 비유하던 최남선의 〈설악기행〉이 무색해진 지 오래다. 철조망에 가로막혀 더는 금강산으로 가지 못하게 된 이들이 설악으로 발길을 돌린 지 50여 년 만에 금강산보다 더 큰 길가에 나앉았다. 그리고 다시 금강산으로 손님을 빼앗긴다고 설악에 기대 사

▲▲ 외설악과 내설악을 가르는 공룡능선은 마등령에서 신선대까지 길이 약 5km에 달한다. 사진은 공룡능선에서 바라본 범봉과 외설악.

◀ 마등령 근처에서 바라본 화채능선과 외설악.

▲ 저녁노을이 지기 직전 나한봉에서 바라보는 1275봉과 범봉. 바람이 일면 두 개의 암봉은 구름바다 위에 작은 섬이 되어 버린다.

는 사람들이 안절부절 못하고 있다.

설악을 살리는 생명줄은 무엇인가

여름 휴가철이 지나고 나면 인제에서 한계령을 넘어 오색리로 가는 44번 국도가 한가하다. 교통방송의 단골손님인 이 길이 잠시 숨을 돌리는 때다. 바다에 뛰어들던 사람들 모두 떠나고 단풍도 이른 계절, 설악은 아직 설익었다. 산도 쉬고 길도 늘어지게 긴장을 푸는 시간이다. 차창 밖으로 범상치 않은 바위 봉우리들을 올려다보는 것만으로도 가슴이 묵직해진다면 이미 산문 안에 들었다는 뜻이다. 바삐 앞만 보고 정상만 고집할 욕심이 아니라면, 천천히 골골이 벼랑을 깎아내려온 물길을 하나하나 짚어보는 것도 좋지 않을까. 차고 먼 바다에서부터 거꾸로 강을 거슬러 올라오는 연어들의 피와 살을 만드는 물줄기를 설악산이 키웠다.

높이 1707.9m, 1박2일 종주 ★★★ ●○○

〈1일, 5시간〉 **오색지구** – **오색지구→설악폭포**

오색지구에서 설악폭포를 지나 대청봉으로 가는 오색코스는 대청봉에 오르는 최단거리 코스인 대신, 경사가 심하다. 오색에서 2시간쯤 오르면 설악폭포에 이르는데, 이곳은 오색과 대청구간의 마지막 물터이므로 여기서 물을 준비하는 것이 좋다. 설악폭포에서 2시간쯤 더 가면 대청봉에 닿는다. (4시간)

대청봉 – **대청봉→희운각산장**

대청봉에서 희운각산장을 향해 간다. 다음날 공룡능선 종주를 위해서는 희운각산장에서 1박을 하는 것이 좋다. 희운각산장은 인터넷 예약을 해야만 이용이 가능하므로 떠나기 전에 예약해야 한다. (1시간) **희운각산장**

〈2일, 8시간〉 **희운각산장** – **희운각산장→공룡능선**

희운각산장에서 가야동계곡, 천불동 계곡과 갈라지는 무너미고개를 지나 직진하면 공룡능선이 시작된다. 봉우리가 거대한 공룡등뼈를 닮았다 하여 이름 붙여진 공룡능선은 오르내리막이 심해 많은 체력과 시간이 소요된다. (30분)

공룡능선 – **공룡능선→마등령**

공룡능선은 외설악과 내설악의 분기점으로 구름이 자주 끼는 등 기상변화가 심할 뿐더러, 평지가 없어 오르기에 매우 힘든 코스다. (5시간)

마등령 – **마등령→비선대**

마등령 정상에는 두 갈래의 길이 있는데, 왼쪽으로 가면 오세암을 지나 백담사로 하산하는 길이고, 오른쪽으로 가면 비선대를 거쳐 신흥사로 하산하는 길이다. (1시간30분)

비선대 – **비선대→신흥사**

마등령에서 세존봉과 금강문을 거쳐 내려오다보면 비선대와 와선대가 나타난다. 비선산장을 지나면 신흥사까지 이르는 길이 1시간가량 이어진다. 신흥사에 이르기 전 울산바위로 가는 갈림길이 나오면 소공원 방향으로 하산한다. (1시간) **신흥사**

외설악과 내설악이 갈라지는 '쥐라기공원'

향로봉 · 저항령을 내려온 백두대간이 마등령에 이르러 신선대까지 길이 약 5킬로미터의 공룡 한 마리를 풀어놓았으니 그 이름하야 공룡능선. 외설악과 내설악을 가르며 대청을 향해 요동치는 거대한 이 공룡의 몸짓은 보는 사람마다 탄성을 자아내게 한다. 하지만 공룡은 야속하게도 자신의 모습을 쉽게 보여주지 않는다. 설악의 '쥐라기공원'에 들어서려면 누구든지 그만한 대가를 지불해야 한다. 공룡능선의 들머리인 마등령이나 신선대 중 어느 쪽으로 가든지 4시간가량 다리품을 팔며 가파른 산길을 올라야 하기 때문이다. 하지만 능선에 올라서면 이런 수고는 금세 잊게 된다. 그저 보는 것만으로도 공룡능선은 충분한 보답을 해준다. 도열한 아이스 콘 같은 바위 봉우리들과 외설악 일대의 절경은 그야말로 숨을 멎게 한다. 게다가 석양 무렵이나 운해가 깔리는 날에는 한 폭의 명화를 방불케 한다.

능선 풍경 위에 드리우는 산꾼의 발걸음

공룡능선은 나한봉 · 1275봉 · 신선대를 꼭짓점으로 외설악의 토막골 · 설악골 · 잦은바위골 · 용소골 등의 계곡과 천화대 · 석주길 · 염라길 · 흑범길 · 칠형제봉 등의 암릉, 그리고 범봉을 품안 가득 포

사태지역을 오르기 직전 식수를 구하기 위해 잠시 휴식을 취해야 한다.

란하며 거대한 식솔을 거느리고 있다.

건너편 눈높이에는 용아장성릉이 흰 이를 드러내며 으르렁거리고, 하늘에는 서북릉 · 대청봉 · 화채능선이 긴 선을 그으며 내달리고 있다. 잠시 숨이 멎는 순간, 이번엔 바위봉우리 하나가 망막을 찌르고 들어온다. 바로 공룡능선의 상징물과도 같은 1275봉. 높이 숫자가 그대로 이름으로 굳어진 봉우리다. 능선에서 보는 1275봉은 날렵한 몸매를 지닌 아가씨처럼 보이지만, 외설악의 계곡이나 암릉에서 보면 육덕이 품직한 아낙으로 변한다. 봉우리 하나가 보여주는 두 가지 모습이다. 하지만 설악의 얼굴은 두 가지로도 모자라 산길을 걷는 동안 수만 가지 모습을 보여주며 산꾼들을 매료시킨다. 능선에서 바라보는 그 풍경 속으로 한 걸음씩 들어서다 보면 잠시도 눈을 뗄 새가 없는데, 야속하게도 하산길은 산을 오를 때보다도 금방이다.

설악산은 한가위에 눈이 덮이기 시작해 하지에 이르러 녹는다 해서 설악(雪岳)이라고 불린다. 예로부터도 설산, 설봉산으로 불리며 오래도록 눈을 이고 있는 산으로 일컬어졌다. 설악산은 금강산과 더불어 빼어난 바위미를 자랑하는 명산이며, 최고봉인 대청봉(1707.9m)은 남한에서 한라산(1950m), 지리산(1915m)에 이어 세 번째로 높다. 내설악의 십이선녀탕, 수렴동, 가야동과 외설악의 천불동 계곡 등 깊은 계곡과 울산바위를 비롯하여, 집선봉, 화채봉, 천화대 등 빼어난 암봉 등으로 인해 많은 산꾼들에게 깊은 사랑을 받고 있다.

❶ 신흥사에서 울산바위까지 왕복하는 코스는 당일산행을 하려는 단체 여행객들이 많이 찾는다.

❷ 공룡능선을 거쳐 신흥사까지 이동하는 구간은 체력과 시간이 많이 소요되므로 하산시간에 각별히 유의해야 한다.

대중교통

고속버스는 동서울터미널에서 속초행 버스를 이용하면 백담지구를 거쳐 속초시로 간다(백담지구 하차 가능). 속초시내에서 설악동으로 가는 버스는 수시로 있다.

자가용

서울지역에서 설악산으로 가는 가장 단거리 코스는 국도로 양평, 홍천, 인제를 경유하는 길이다. 한계삼거리에서 미시령이나 한계령(오색 방향)을 넘는다. 고속도로로는 영동고속도로를 이용하여 강릉에서 속초를 향하다가 물치에서 설악동으로 빠진다.

숙박과 먹거리

첫째 날 – 인터넷예약제가 실시된 희운각산장의 수용인원은 60명이며, 사용료는 5000원이다. 이곳에서는 유무선 전화가 되지 않는다.
둘째 날 – 신흥사에서 나와 설악동으로 가면 설악파크호텔, 설악켄싱턴스타호텔 등 숙박 시설이 많아 잠자리 걱정은 할 필요가 없다.

더 알찬 여행 만들기

대포항 회타운 속초를 대표하는 대포항은 설악산을 들렀다면 빼놓지 말아야 할 코스. 입구부터 빽빽이 들어선 난전횟집에 싱싱한 수산물들이 시시때때마다 들어온다. 먼 여행길 심심한 입을 달래줄 건어물 상회까지 있다. 광어, 넙치, 방어 등 싱싱한 생선들이 즐비한 곳이다. 동해안 전체로 보아도 활어난전으로는 그 규모가 가장 큰 곳으로, 갖가지 활어회를 저렴하게 맛볼 수 있을 뿐만 아니라 설악산 산행과 겸할 수 있어 계절에 관계없이 인파가 붐빈다.

설악워터피아 49℃의 온천수가 넘쳐나는 설악워터피아에는 바닷가 분위기를 연출하는 파도풀과 계곡의 물흐름을 느낄 수 있는 슬라이더풀 등 물놀이 시설과, 옥외 레저 스파, 원목탕, 침탕 등 대규모 온천 시설이 마련되어 있다. 특히 울산바위 등 설악산의 절경을 감상하며 온천욕을 즐길 수 있는 노천 온천탕의 인기가 좋다. 여름 성수기에는 08:00부터 23:30까지 영업을 한다. 허나 시기별, 시설별로 약간씩 시간 차이가 있으니 사전에 확인하는 것이 좋다.

설악산국립공원 C지구 야영장 설악동 야영장은 설악산국립공원 입구에 있으며 우리나라에서 오토캠핑 개념이 처음 적용된 야영장이자 설악산의 대표적인 야영장이다. 차량 1천여대가 동시에 주차할 수 있고 사이트를 구축할 공간도 여유롭다. 시설면에서도 화장실이나 취사장이 곳곳에 설치되어 있고, 입구 근처에 매점도 있어 편리함을 극대화하였다. 단, 매점은 오후 11시를 전후해서 마감되니 유의할 것.

학사평 순두부촌 속초시 노학동 학사평은 설악산 울산바위 아래 펼쳐진 벌판 위에 자리한 경관이 수려한 마을이다. 전설 속의 학이 날아오른 명당으로 꼽히며 미시령 넘어 첫 번째 마을이기도 하다. 이곳에는 80여 개의 식당이 순두부촌을 형성하고 있는데, 바닷물을 간수로 하여 그 독특하고 부드러운 맛을 인정받고 있다. 매년 10월 중에 학사평순두부축제를 연다.

갖가지 활어회를 맛볼 수 있는 대포항 회타운.

우리나라 최초의 오토캠핑장인 설악동 야영장.

겨울

북서풍이 불어와 능선을 두드리는 겨울 산

49
44
49
42
39
40
46
51
48
41
43
45
50
52

39 태백산

민족의 영산, 일출의 명산

누구라도 한번은 자신의 시원을 찾아 타박타박 태백산 천제단을 오를 일이다. 거기에는 웅녀의 흙가슴이, 단군왕검이, 한강 · 낙동강 · 오십천의 발원샘이 있다. 그곳 하늘을 향해 무당 할미처럼 극진한 절 올려볼 일이다.

태백산은 예로부터 하늘에 제사를 지내던 천제단이 있어 민족의 영산으로 여겨졌다. 또한 1,000미터가 넘는 산들로 완벽하게 둘러싸인 거대한 사발의 형상을 하고 있어 그 웅장한 봉우리들과 장엄하게 펼쳐지는 산줄기를 바라보고 있으면, 절로 호연지기를 느끼게 된다.

특히, 아침 산행에서 태백산 천제단만큼 사방팔방의 산들이 일대 장관으로 펼쳐진 곳도 없다. 어둠에서 깨어나는 산줄기들은 마치 천제단에 서 있는 관찰자를 향해 일제히 말을 몰아 달려오는 것처럼 역동적이다.

새해 일출산행의 묘미

딸깍! 헤드랜턴을 켜면 화들짝 놀란 어둠이 황급히 피하면서 빛의 길이 생긴다. 이미 하늘에서는 수많은 별들이 각각 크고 작은 랜턴을 켜놓고 운행하고 있다. 이

▲ 일출의 순간. 떠오르는 해에 정신이 팔려있는 사이에도 태백산 비석은 햇빛을 받아 사람들을 비추고 있다. 이미 태백산은 전국에서 가장 유명한 일출 명소로 떠올랐다.

◀◀ 부소봉에서 흐르는 백두대간 능선 뒤로 장엄한 산 만다라가 펼쳐져 있다. 태백산이기에 보여줄 수 있는 풍경이다.

◀ 문수봉에서 기도를 올리는 무속인들. 태백산은 대대로 토속신앙의 메카 역할을 해왔다.

른 오전, 태백산 정상에서 일출을 보기 위해서 당골광장을 떠난다.

태백산 일출 산행은 당골에서 반재를 거쳐 천제단을 오르고, 부소봉을 지나 문수봉, 하산은 제당골로 한다. 이 길은 태백산을 다니는 사람들이 가장 사랑하는 대표적인 등산 코스다. 차가운 공기가 뺨을 한 대 때리고, 향기로운 나무 냄새가 막힌 코를 뚫어 놓는다. 차가운 계곡 물소리는 귀를 타고 내려와 찌르르, 온몸으로 번진다. 어둠 속에서 반재로 가는 길은 사람의 오감 중에서 시각과 미각을 제외한 삼감을 흔들어 깨운다. 이것이 야간 산행이 주는 축복이다.

맑고 따뜻한 태백산의 기

태백산은 그 역사와 내력이 무궁무진하고, 감상할 것도 많지만 가장 중요한 것은 웅장한 산의 기를 느끼는 것이다. 그것은 오감으로 느낄 수 없는 육감(六感) 같은 것이다. 사람마다 느끼는 크기와 강약은 다르겠지만, 기본적으로 단전을 감싸주는 맑고 따뜻한 기운이다. 그 기운을 한 번이라도 느껴본 사람들은 줄기차게 태백산을 찾아오고, 또 태백산 예찬론자가 된다. 전국에서 가장 많은 무속인들이 태백산에 모여, 접신(接神)을 받으려고 애쓰는 이유도 이런 연유와 일맥 상통한다.

일출 시간에 맞춰 천제단에 이르면, 해가 뜨는 동남쪽으로 핏빛 띠가 깔려있고, 시나브로 검붉은 빛은 물에 풀리듯 하늘에 풀어져 장쾌한 산줄기들을 물들인다. 꼭 신비스러운 일이 일어날 것 같은 성스러운 분위기다. 양백지간으

높이 1566.7m , 4시간 20분 ★☆☆ ●○○

당골 → 반재 (1시간)
반재 오르는 길에 호식총(虎食塚)을 만나게 된다. 예전에는 없었는데, 말끔히 등산로 정비를 하면서 만들어졌다.

반재 → 망경사 (50분)
백단사 오르는 길과 마주치는 반재에서 왼편 능선을 타면 한국전쟁 때 불에 타 없어진 것을 복원한 망경사가 있다. 망경사 용정에서 목을 축이고 가는 것이 좋다.

망경사 → 천제단 (15분)
망경사에서 단종 비각을 지나면 곧 천제단이다. 천제단에 올라서면 북쪽으로는 함백산 너머 청옥산과 두타산이 연결된 능선과 부소봉 뒤로 주변에서 가장 높은 봉인 영양의 일원산 정상까지 선명하게 볼 수 있다.

천제단 → 부소봉 (15분)
천제단에서 부소봉으로 내려오면 천제단 하단(下壇)이 나타난다. 태백산의 제단은 상단 격인 장군봉의 제단, 천제단, 천제단 하단으로 이루어져 있다. 하단 부근은 전망이 좋고 바람이 불지 않아 태백산꾼들의 점심 식사 장소로 애용되고 있다.

부소봉 → 문수봉 (40분)
'부소봉 1546m' 푯말을 지나친다. 이 푯말에서 문수봉과 대간이 갈린다. 표지기가 주렁주렁 달린 대간 길은 직진이고, 문수봉은 왼쪽이다. 사스래나무 군락을 통과하면 곧 문수봉이다.

문수봉 → 당골 (1시간 20분)
문수봉에서 하산하면 세 갈래 갈림길 표지판이 나온다. 당골광장 쪽으로 길을 잡고 하산하면 '하늘정원'이란 곳이 나온다. 여기서부터는 키가 50m가 넘는 메타세콰이어 나무들이 울창한 숲을 이루면서 당골광장까지 이어진다.

당골

로 불리는 태백산에서 소백산까지의 흐름은 가히 압권이다. 특히 아침빛에 분칠한 듯 뽀얗게 보이는 소백능선이 아름답다.

천제단, 호연지기를 키워주는 곳

천제단에서 북쪽으로는 함백산 너머로 청옥산과 두타산이 연결된 능선이 짧게 보인다. 부소봉 뒤로 주변에서 가장 높은 봉은 영양의 일원산으로 정상에 세워진 세 가닥 철탑까지 선명하게 보인다. 일원산 왼쪽으로는 수많은 산들이 다도해에 떠있는 섬처럼 아련하다. 아! 이 후련하고 시원한 이 느낌을 뭐라고 불러야할까. 선인들은 호연지기(浩然之氣)라고 불렀다. 천제단만큼 호연지기를 키울 수 있는 곳도 드물 것이다.

문수봉에서 본 어머니의 흙가슴

문수봉 길에 오르면 지금부터는 눈부신 사스래나무 군락이다. 다른 산에서 쉽게 볼 수 없는 행복한 흰 빛 터널을 통과하면 문수봉이다. 태백산이 온통 육산(肉山)인데, 문수봉 정상에만 검은 바위들이 무더기로 있어 더욱 신비롭다.
문수봉에서 건너편 천제단을 쳐다보면 온통 헐벗은 나무들이 허옇게 빛나고 있다. 그 나무의 육신은 마치 혼이 떠나버린 듯한 표정이다. 나무의 혼은 우리가 모르는

성스럽고 신령스러운 기운이 도는 태백산 천제단.

세상에서 겨울을 나고 봄이면 어김없이 돌아올 것이다. 이어 천제단과 장군봉으로 이어진 부드러운 능선이 눈에 들어온다. 천제단과 장군봉 능선은 영락없는 어머니의 두 가슴이다. 천제단과 장군단은 이 젖가슴의 젖꼭지다. 태백산은 가슴의 두 젖꼭지로 배달민족을 길러냈던 것이 아닐까.
문수봉에 오래오래 머물고 싶지만 마음과는 달리 떠날 시간은 오고 만다. 이제 산제당골을 따라 내려가면 낙엽송 군락을 만날 것이다. 폐허처럼 남은 오래된 제당을 지나면 당골에 도착한다.

태백산

등산로는 단순하고 정비도 잘 되어 있다. 가장 대표적인 코스는 당골 · 반재 · 망경사 · 천제단(장군봉) · 부소봉 · 문수봉 · 당골로 약 6km, 5시간이 걸린다. 천제단의 장엄한 일출과 눈꽃산행이 널리 알려져 많은 사람들이 찾아온다. 정상 부근에 넓게 자리한 고사목과 주목은 자연의 신비로움을 더하며, 겉보기에는 웅장하고 거대하게 보이지만, 산세가 비교적 완만하여 누구나 산행하기 좋다.

❶ 백단사와 유일사 매표소 쪽에서 장군봉 쪽으로 오를 수 있다.

❷ 문수봉을 거쳐 하산하는 길이 멀다면 정가바우골로 내려가면 된다.

❸ 천제단 · 문수봉 구간은 사스래나무 군락지대이다. 어느 곳에서 오르든 이 구간을 거쳐가는 것이 좋다.

대중교통

동서울터미널에서 태백터미널까지는 06:00부터 23:00까지 수시로 버스를 운행한다.
기차는 청량리역에서 태백역까지 08:00 10:00 12:00 14:00 17:00 22:40에 운행하는 열차를 타면 된다.

자가용

중앙고속도로에서 서제천 나들목으로 나와 연결된 고속국도를 이용해 영월을 거쳐 태백을 향한다. 영월에서 태백 가는 길은 38번 국도(신동 · 사북 · 고한)와 31번 국도(상동) 두 가지가 있는데, 31번 국도 풍경이 빼어나다.

숙박과 먹거리

시청에서 운영하는 태백산도립공원 민박촌은 겨울에는 손님이 많으니 꼭 예약을 해야한다. 또 태백산 일출을 보려면 천제단 아래인 망경사에서 1박하는 것도 좋은 방법이다. 1인당 1만 원 내면 잘 수 있고, 아침도 준다. 길목기사식당은 친절하고 음식도 정갈하다.태백 시내의 유명 식당은 연탄불에 질 좋은 태백 한우를 굽는 태성실비집, 전통 너와집에서 한 상 차려먹는 너와집이 유명하다.

더 알찬 여행 만들기

검룡소 한강의 발원지 검룡소는 백두대간 위의 봉우리 중 하나인 금대봉 아래에 있다. 들머리는 창죽동이다. 검룡소 주차장에서 검룡소까지 20분 걸어 들어가야 하는데, 그 길이 빼어나다. 하루 3천 톤의 물이 솟아나는 검룡소는 이무기가 용이 되기 위해 승천하면서 몸부림쳤다는 폭포가 장관이다.

석탄박물관 한국 석탄산업의 변천사와 석탄에 관한 역사적 사실들을 한데 모아 놓은 세계 최대의 석탄 전문 박물관이다. 7개의 실내전시장과 야외전시장이 있으며, 채광기, 권양기, 광차 등 대형 광산 장비와 조선시대의 원시적 채탄에서부터 기계화 채탄에 이르기까지의 변천 과정을 전시해 놓았다.

황지·혈리굴·용수굴 낙동강의 발원지는 태백시내의 황지, 혈리굴, 용수굴 등이 있는데 그 중 황지가 상징적인 발원지로 널리 알려져 있다. 은대샘(너덜샘)은 은대봉 아래 있는데, 태백에서 38번 국도 싸리재로 올라가는 길에 있다. 입구가 높이 약 3m, 넓이 약 4m되는 거대한 석회동굴로 정확한 길이를 알 수 없으나 사람이 들어갈 수 있는 길이는 1,000m 정도 된다. 동굴 안쪽에는 기기묘묘한 종유석과 호수와 폭포, 광장 등이 있고 가장 안쪽에는 아직도 동굴이 생성되고 있으며 진흙뻘이 있다. 현재 동굴에서 나오는 물은 상수원으로 이용하고 있다. 혈리굴은 또 다른 이름으로 암굴이라 부르는데 굴속에서 물이 나오기에 붙은 이름이며 암굴 건너편에 물이 나오지 않는 숫굴이 있었는데 도로 개설 때 묻혀 버렸다. 현재 동굴입구 관람은 가능하나 내부는 동굴 보호 및 안전상의 이유로 개방하지 않는다.

검룡소에서 흘러내린 물이 한강이 된다.

낙동강의 발원지 은대샘.

40 덕유산

덕이 많고 너그러운 어머니 산

덕유산은 세 개의 후덕한 계곡을 품고 있다. 그 중 가장 유명한 것이 25킬로미터에 이르는 구천동 33경이다. 이 길은 제1경 나제통문에서 시작하여 학소대 · 인월담 · 금포탄 등의 숱한 소와 담을 지나 32경 백련사에서 합장을 한 후, 향적봉에서 하늘로 입적해 버리는 기묘한 구성을 가지고 있다. 덕유산 서쪽 칠연계곡(안성계곡)은 일곱 개의 소와 담이 연이어지는 칠연폭포가 있고, 마지막으로 삿갓봉과 봉황산에서 발원하는 월성계곡은 동쪽으로 흐르면서 사선대, 강선대와 모암정을 수놓으면서 위천으로 변신한다. 위천이 시작되는 농산리 야산에는 잘 생긴 석조여래입상이 서 있다. 입가에 잔잔한 미소를 머금고 있는데, 그 미소는 덕유산의 후덕함을 꼭 닮았다.

지는 해와 돋는 해를 붙잡고 싶어라

해거름에 설천봉에서 향적봉으로 나무계단을 오르면, 지는 해와 돋는 달 사이로 고즈넉하게 몸을 끌어올릴 수 있다. 달이 왼쪽 머리 위로 떠오르는 만큼 오른쪽으로는 해가 기운다. 그래서 향적봉대피소는 지는 해와 돋는 해를 붙잡으려는 사진가들이 연일 진을 치고 있다. 굳이 사진을 찍지 않더라도 잠들기 전까지 뭇별들 아래 카메라 마냥 오래도록 눈을 열고 서 있으면 검푸른 산그림자가 한 꺼풀씩 그림자를 벗고 온전히 제 모습을 드러내는 것이 느껴지는 곳이 바로 이곳이다.

바람은 겨울나무 언 가지 위에 꽃을 피운다

중봉을 지나 덕유평전까지 완만한 산길을 걷고 또 걸으면 행복해진다. 좁은 산길 양옆으로는 목덜미까지 두툼한 눈이불을 뒤집어 쓴 조릿대 푸른 잎이 겨울산 흑백의 수묵화 위에 색을 보태고 있다. 죽은 듯 말라 있는 겨울나무들은 하늘을 향해 만개한 꽃처럼 잔가지들을 활짝 펼쳐놓았다. 그 끝에는 예외없이 봉긋봉긋 솟아오른 잎눈이 매달려 있다. 저 단단한 껍질을 열어 젖힐 봄

◀ 삿갓봉 정상에서 남덕유를 향해 희디흰 눈꽃 터널 사이로 부서질 듯 시리고 파란 하늘을 바라보며 힘든 줄 모르고 걷는다.

높이 1614m, 7시간 20분

★★☆ ●○○

무주리조트 — **무주리조트 → 향적봉** (40분)
무주리조트에서 곤돌라를 타고 설천봉에 도착해서 20여분 걸으면 덕유산 정상인 향적봉이다.

향적봉 — **향적봉 → 중봉** (30분)
향적봉을 떠나 거대한 철탑 아래로 난 길을 따라 중봉 쪽으로 가다 보면 주목 군란지가 시작된다. 향적봉에서 20분 남짓 걸어 삼각점이 설치된 중봉에 서면 툭 깎아지는 듯한 바위 비탈 저 아래에 거대한 덕유평전이 펼쳐진다.

중봉 — **중봉 → 무룡산** (2시간 20분)
중봉에서 검은 바윗길을 따라 덕유평전에 내려서면 양쪽으로 나무울을 한 등산로가 송계사 삼거리까지 이어진다. 송계사 삼거리는 백암봉 정상이며, 여기서 대간 길이 갈라진다. 이곳 이후부터 동엽령을 지나 무룡산 정상까지 작은 봉을 오르내리는 길이 이어진다.

무룡산 — **무룡산 → 삿갓봉** (50분)
무룡산 정상에서 남쪽은 덕유평전을 연상시키는 개활지다. 그 후 작은 봉우리가 연속되다가 급작스레 삿갓재로 내리닫는다. 삿갓재에서 삿갓봉까지는 경사가 급하다.

삿갓봉 — **삿갓봉 → 남덕유(봉황산)** (1시간 50분)
삿갓봉 정상은 오른쪽으로 슬쩍 우회해 지나가며 그 다음 봉우리가 편안하고 조망도 좋은 쉼터 구실을 한다. 그 뒤 급경사 길을 내려서서 작은 봉우리를 연속해서 지나다가 뚝 떨어지면 월성재인데, 널찍하고 한겨울에도 바람이 적은 고갯마루여서 쉼터로 알맞다. 월성재 이후 남덕유 정상 직전 안부에서 길이 나뉘는데, 왼쪽이 남덕유 정상으로 가는 길이다.

남덕유(봉황산) — **남덕유(봉황산) → 영각사** (1시간 10분)
내리막길을 내려가면 영각사가 있는 서상면 상남리에 닿는다.

영각사

바람은 멀고 먼 적도의 바다 한가운데서 아직 태어나지도 않았으리라. 길 위에서 고개를 들면 둥그런 산줄기들이 굽이굽이 이어지는 풍경 속, 하늘을 찌를 듯 솟구친 고사목들이 도드라지게 아름답다.

운무에 휩싸여 한 치 앞도 보이지 않던 삿갓봉 품속으로 들어가면 상고대가 활짝 핀 별천지가 열린다. 겨울나무를 뒤흔든 세찬 골바람의 흔적이 아로새겨진 서릿발 그대로 눈부신 꽃이 되었다. 길 위에는 바람을 이기지 못하고 조각조각 떨어져 내린 상고대가 떡시루에 소복하게 얹은 쌀가루처럼 탐스럽다. 고개를 들면 눈꽃이 핀 나뭇가지 사이로 파란 하늘이 열리고 닫히기를 반복한다. 산기슭에서부터 바람을 타고 올라온 수증기가 겨울나무들 사이를 훑으며 순식간에 안개에서 구름으로 탈바꿈한다. 바람은 겨울나무 언 가지 위에 꽃을 피우고 산정에 올라 부지런히 하늘을 여닫는 수문장 노릇을 하고 있다. 희디흰 눈꽃 터널 사이로 부서질 듯 시리고 파란 하늘을 바라보면 통각도 마비된다.

삿갓봉에 올라보면 멀리 향적봉부터 덕유평전을 지나 무룡산까지 지나온 길들이 아스라히 멀고 눈앞에는 새로운 길들이 움틀거린다.

난방장치가 잘 되어 있는 향적봉 대피소. 늘 사진작가들이 북적거리는 곳이다.

겨울나무와 바람의 애끓는 사랑

월성재에서부터 마지막 준령을 넘어설 즈음, 해는 마지막 목적지인 남덕유의 산정 위로 올라서고 그새 상고대는 흔적을 감추고 없다. 해가 머리 위로 올라서기 전까지 짧은 순간 동안 불을 지르듯 확 피었다가 기약도 없이 사라지고 마는 겨울나무와 바람의 애끓는 사랑이라고 할까. 어차피 가둘 수 없는 것이 사랑이라고 가르치려는 것인지.

향적봉에서 남덕유산까지의 길은 외길이다. 그렇지만 산은 어떻게 걸어왔느냐에 따라 수많은 갈래의 다른 길들을 낳고 있다. 하물며 같은 시간에 그 길을 함께 걸은 일행들끼리도 저마다 다른 산길을 넘었을 것이다.

덕유산은 지리산과 더불어 남쪽 백두대간을 이루는 주요한 산이다. 덕유산이 시작되는 삼봉산은 신장봉·칼바위·투구봉·노적봉·칠성봉 등 8개의 암봉이 치솟아 있다. 계곡은 북쪽 구천동이 예로부터 유명하고, 서쪽 칠연계곡(안성계곡)은 고요하다. 남쪽 거창 지역은 월성계곡과 위천 물가에 수승대와 갈천 임훈의 유적이 흩뿌려져 있다. 6월 초순에는 20km의 능선과 등산로를 타고 펼쳐지는 철쭉 군락이 볼 만하고 여름이면 시원한 구천동계곡이 피서객들로 가득 찬다. 또 가을에는 붉게 물든 단풍이, 겨울에는 눈에 덮인 구상나무와 주목, 바람에 흩날리는 눈보라가 장관이다.

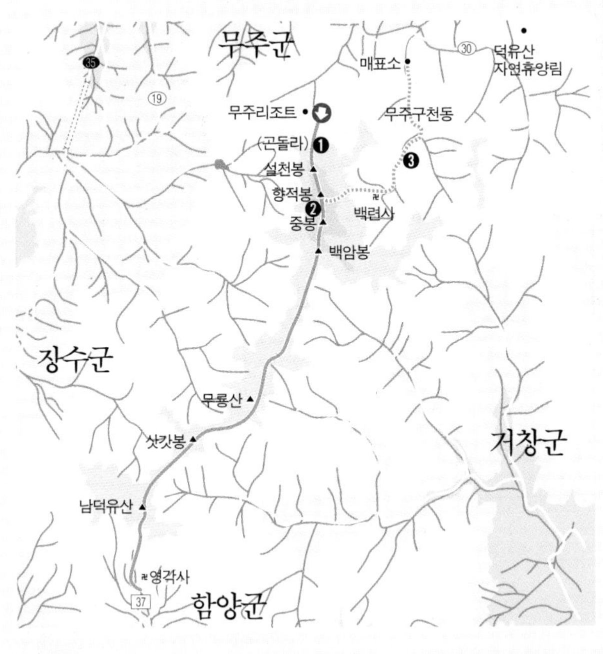

❶ 무주리조트에서 설천봉까지 곤돌라를 탈 수 있다.

❷ 1박2일 일정이 가능하다면 향적봉대피소에서 1박하는 것을 적극 권한다. 가야산을 정점으로 펼치지는 일출이 장관이다.

❸ 구천동에서 향적봉으로 이어지는 길은 험하지 않아 아이들을 동반한 산행에도 무리가 없다.

대중교통

서울 남부시외버스터미널에서 무주까지 가는 버스가 08:30부터 14:35까지 1일 5회 운행한다. 무주에서 안성면 버스정류장으로 가는 차는 수시로 운행하며, 함양→영각사 06:30 07:30 09:30 13:00 15:30 17:00, 영각사→함양 07:45 08:55 10:55 14:15 16:45 18:25 등의 차편이 있다. 또 거창읍 대동시장 앞에서 북상 행 버스가 30분~1시간 간격으로 있다. 무주리조트에서 설천봉으로 올라가는 곤돌라는 09:00부터 06:40까지 운행한다.

자가용

무주는 대전-진주간고속도로 무주 나들목, 안성면 칠연계곡은 덕유산 나들목, 봉황산은 서상 나들목, 거창 북상면은 88고속도로 거창 나들목으로 나온다.

숙박과 먹거리

무주 읍내에 금강식당은 어죽이 유명하다. 얼큰하고 비린내가 나지 않아 좋다. 구천동과 무주리조트 입구에는 숙박 업소가 불야성을 이루고, 안성면 칠연계곡 입구는 삼층집 민박과 산장 민박이 좋다.

더 알찬 여행 만들기

임정고가와 갈계숲 임훈은 북상면과 거창에서 존경받는 조선 중기의 문인이다. 갈계리 치내 마을에는 갈계서당, 임정고가와 자미당 등이 몰려있다. 임훈이 살던 집에서는 까마득히 솟은 덕유산이 보인다. 그는 대청 마루에 앉아 덕유산을 바라보며 마음을 청정하게 하고 학문에 매진하지 않았을까. 마을 앞 북상초등학교 뒤로 소정천(갈천)이 흐르는데, 그곳에 갈계숲이 자리 잡았다. 숲은 200~300년이 넘은 소나무, 오리나무, 느티나무 등이 우거져 그윽하다.

수승대 경남지역에서는 예로부터 안의삼동(安義三洞)이 유명한데, 이는 함양의 화림동과 심신동, 거창의 원학동을 일컫는 말이다. 여기서 말하는 원학동 제일 풍경이 수승대다. 이곳 주인인 신권은 조선 중기의 문인으로 관직에 나가지 않고 자연을 벗삼아 후학을 길렀다. 그는 이곳에 자신의 호를 딴 요수정을 짓고, 거북바위에 나무를 심었다. 한편 철다리를 건너면 수승대 뒷산인 성령산에 오를 수 있다. 정상에 서면 북쪽으로 덕유 능선이 아련하게 펼쳐진다. 철다리로 올라 요수정 쪽으로 내려가는데 1시간이면 충분하다.

강선대와 사선대 거창의 소금강으로 불리는 월성계곡에 자리 잡았다. 사선대는 물가 너른 반석 위에 우뚝 솟은 바위봉이 절경이다. 강선대는 신선들이 하늘에서 내려와 놀았다는 곳으로 월성계곡에서도 가장 너른 반석이 펼쳐진 곳이다. 강선대 앞 냇물이 잘 보이는 곳에 모암정이 놓여있다. 이 정자에서 임훈의 후손인 임지예가 풍류를 즐겼다고 한다.

농산리 석조여래입상 덕유산은 후덕한 어머니와 힘찬 장부의 모습을 두루 갖추고 있다. 이러한 덕유산의 양면성은 농산리 야산의 석조여래입상에 녹아있다. 불상은 전체적으로 석질이 좋지 않아 풍화가 많이 진행되었지만 온몸에 양감이 뚜렷하다. 몸매는 젊은 남자처럼 균형 잡혔으며 법의자락과 광배의 불꽃 모양 등의 조각 수법이 우수하다. 보일 듯 말 듯 한 미소가 매력적이다.

임훈이 살던 집에서 멀찌기 덕유산이 보인다.

강선대 앞 냇물이 잘 보이는 곳에 모암정이 있다.

41 백운산

흰 구름이 내려놓은 아득한 산길

산길에 들면 항상 지나온 길과 가야할 길이 존재한다. 능선은 무한한 과거로부터 무한한 미래를 향해 뻗어있다. 그리고 걸음을 걸을 때마다 현재가 과거와 미래를 이어 발자국을 만들고 소리를 만든다. 그러고 보니 산길을 걷는다는 것은 어쩌면 또 하나의 작은 인생을 걷고 있는 것 같다는 생각을 해 본다. 백운산은 섬진강에 발목을 담그고 있어 강에서 올라온 수증기로 인해 구름 덮인 날이 많다. 정상에서부터 따리봉 · 도솔봉으로 이어지는 주능선 위엔 하얀 구름들이 갈 길을 안내라도 하듯 두둥실 떠 있다. 백운산(白雲山)! 백운산은 그 풍경을 통해 제 이름을 생각해보라 한다.

호남정맥과 섬진강의 마지막 정거장

남해안 지역에서 가장 우뚝한 광양 백운산은 호남정맥을 마무리하는 산이다. 호남정맥의 끝이라는 말은 곧 섬진강이 끝난다는 말과 동일하다. 호남정맥과 섬진강의 마지막 정거장, 어쩐지 아련함이 전해오는 이 산을 오른다.

산행은 먹방(묵방)마을부터 시작할 수도 있지만 백운암까지 임도가 나 있기 때문에 대부분 사람들은 백운암에서부터 시작한다. 통일신라 때 창건된 것으로 전해지는 백운암은 도선국사가 수도했던 도량이었다고 한다. 백운암의 역사는 자못 길지만 옛 건물은 여순반란사건 때 불타 없어지고 1963년 송광사의 구산스님이 그 터에 암자를 세웠다. 오래된 사진 속에서 허름한 양철지붕에 새하얀 눈을 이고 고즈넉이 백운산의 품에 안기어 있던 조그마한 암자를 떠올리며 가는 발걸음은 가볍다. 그러나 경쾌하던 발걸음은 이내 멈추어 선다. 사진 속 오두막은 뒤로 밀려나고, 세월의 흔적들을 모두 지워버린 때깔 좋은 새집 한 채가 그 앞에 떡하니 버티고 있다. 얼른 실망한 마음을 추스르고 산길에 든다. 바람에 일렁이는 산죽들과 고로쇠나무들이 만들어 놓은 길을 따라 10여 분 더 오르면 능선에 올라설 수 있다. 아직은 조망이 시원하게 트이지 않지만 조금만 더 가면 헬기장이다.

◀ 바위로 이루어진 정상을 내려서면 등 뒤로 굽이굽이 이어지는 능선길이 손짓한다.

높이 1218m, 6시간 30분 ★★☆ ●●○

먹방골 → 40분

먹방골 → 백운암
먹방골에서 상백운암골을 따라 오르면 용소폭포를 지나 백운암에 이른다.

백운암 → 1시간 10분

백운암 → 백운산 정상
백운암에서 시작하여 40여 분 정도 오르면 헬기장에 도착한다. 여기서 북쪽으로는 백운산이 보이고 동남쪽으로 5km 떨어진 곳에 억불봉이 있다. 정상 쪽으로 향하는 길에 진틀마을에서 올라오는 길과 만나는 곳에 헬기장이 하나 더 있고, 그곳에서 조금 더 지나면 내회마을로 내려서는 길이 있다. 이곳을 지나 능선길을 조금만 가면 정상이다. 헬기장에서 넉넉잡아 40분이면 정상에 오를 수 있다.

백운산 정상 → 1시간

백운산 정상 → 한재
정상에서 내려서면 10분 거리에 신선대가 있고, 이곳을 막 지나면 진틀마을로 내려서는 길이 있다. 여기서 한재까지는 완만한 능선길로 이어진다.

한재 → 40분

한재 → 따리봉
한재를 지나 40분 정도 오르막길을 오르면 따리봉에 이른다.

따리봉 → 1시간

따리봉 → 도솔봉
이정표를 따라 참샘이재에 도착하면, 논실마을로 내려서는 길이 있고, 이곳을 지나 도솔봉에 이르는 길은 오르막이다.

도솔봉 → 2시간

도솔봉 → 성불사
도솔봉에서 하산길은 성불사와 논실마을 둘 다 가능하다. 성불사는 하산길 중 가장 짧은 길이다. 도솔능선에 들어서자마자 바로 우측으로 내려서는 길이 있는데 지나치기 쉬우므로 주의해야 한다.
논실마을로 하산하려면 도솔능선을 타고 30여 분 가다 왼쪽으로 내려서는 길을 걷는다.

성불사

별천지 같이 아름다운 풍경

정말이지 아름다운 풍경은 예기치 않게 다가올 때가 많다. 백운산 헬기장에 서서 바라보는 풍경을 별천지, 별천지라고 표현하면 될까. 티 없이 맑고 푸른색을 띤 하늘, 그 하늘 아래 태양빛을 받은 상고대는 다시 그 빛을 토해내 산을 깊게 감싸 안고 있다.

백운산 정상은 그 폭이 30여 미터는 족히 됨직한 바위로 이루어져 있다. 바위 정수리에 서면 바람이 세차다. '백운산 상봉'이라고 적혀있는 표지석을 중심으로 백운산의 파노라마가 펼쳐지는데, 걸어온 길 저편 억불봉 너머로 유유히 흘러가며 빛을 발하는 섬진강의 아련한 모습은 평화롭기 이를 데 없다.

마음속에 만드는 희망 하나

따리봉에 서면 저 멀리 웅장하게 피어오른 지리산 연봉들이 어우러진 주능선 백리 길이 한눈에 들어온다. 이곳은 백운산 능선상의 봉우리들 중에서 가장 북쪽에 자리한 덕분에 지리산 조망이 제일 좋다. 멀리 지리산을 두 눈 가득 담고 백운산 종주의 마지막 봉우리인 도솔봉으로 걸음을 옮긴다. 도솔봉에 서면 형제봉 너머로 이어진 산줄기, 호남정맥이 보인다. 눈은 굽이굽이 이어진 저 능선을 따라간다. 그리

마치 제 이름을 설명이라도 하듯, 정상에서 따리봉 · 도솔봉으로 이어지는 능선 위로 하얀 구름이 얹혔다.

고 이어지는 백두대간 줄기. 마음은 이미 그 줄기를 타고 올라 민족의 기상이 서린 백두산에 서 있고, 그 순간 마음속에 하나의 희망을 만든다. 언제 오르게 될지 모르는 백두산과 언제 다시 오게 될지 모를 백운산을 가슴에 담고 서둘러 배낭을 꾸린다.

하산로는 도솔봉에서 가장 짧은 길인 성불사 쪽 길이다. 따로 이정표가 세워져 있지 않고 사람들이 많이 찾지 않는 길이라 들머리를 놓칠 수 있으니 주의하여야 한다. 만일 놓쳤다면 논실마을 쪽으로 하산해도 된다. 도솔능선을 타고 30여 분 가다보면 나무에 하산길을 알리는 리본이 매여 있다.

백운산은 전체적으로 남쪽인 광양 쪽으로 반원을 그리고 있다. 남쪽은 유순하면서도 웅장한 기품을 보여주지만, 북쪽 섬진강 쪽은 거칠고 험악하다. 따라서 대부분의 등산로와 계곡은 남쪽을 향해 발달했다. 백운산에서 산행이 가능한 가장 긴 능선은 억불봉~백운산 상봉~따리봉~도솔봉~형제봉이다. 따라서 이 능선을 중심에 두고, 시간과 체력을 고려하여 코스를 잡으면 된다. 진틀마을에서 시작하는 등산로는 정상과 신선대를 거치는 백운산 등산로 중 가장 짧은 길이다.

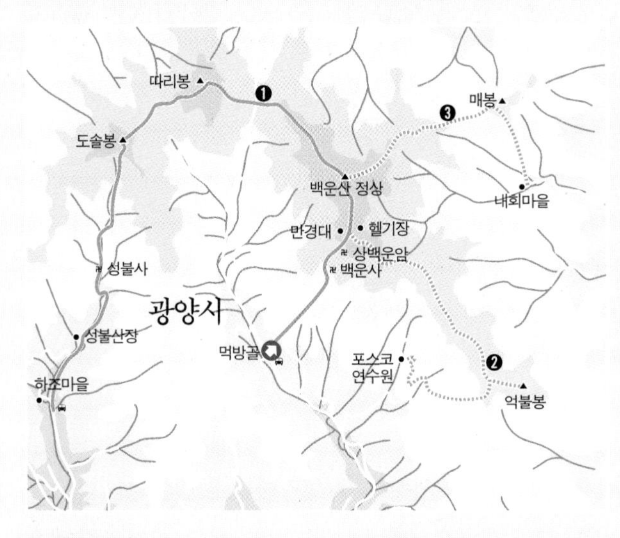

❶ 백운산 주릉 종주는 약 11km로 6시간 이상 소요된다. 길은 오르내림이 크지만 어렵지는 않다.

❷ 억불봉 앞에 드넓은 억새평원이 펼쳐지므로 가을 산행으로도 좋다. 등산로는 동곡리 포스코 연수원에서 쉽게 오를 수 있다.

❸ 매봉은 억불봉과 더불어 백운산의 한 쪽 날개를 구성한다. 산행은 백운산 상봉을 거쳐서 매봉에 이른 후, 어치리 회상류 내회마을로 하산하면 된다.

대중교통

고속버스는 지역에 따라 광주·순천, 진주 등을 경유해야 한다. 백운산으로 향하는 시내버스는 산행기점에 따라 동곡(21-1번), 답실(21-2), 논실(21-3)행 버스를 탄다.
기차는 용산역에서 21: 45 무궁화호를 타면 02: 48 광양역에 도착한다. 광양에서 돌아오는 기차는 23:34 출발하여 04:46에 도착한다.

자가용

남해고속도로 광양 나들목을 나와 바로 만나는 2번 국도에서 우회전한다. 우시장 사거리에 이르면 직진하여 광양시내로 들어간다. 이쯤부터 백운산 이정표가 있다. 이정표를 따라가면 백운산으로 갈 수 있고, 옥룡을 지나 동계계곡을 끼고 계속 가면 선동마을과 먹방골, 진틀마을이 나온다.

숙박과 먹거리

숙소는 광양 시내에서 잡으려면 광양읍 보다는 동광양 중마동이 좋다. 대부분 최근 문을 연 장급 여관이라 시설이 깨끗하다. 백운산 지역은 심원마을의 백운산휴양타운이 좋다. 콘도형 독립가옥이 있어 편리하다. 산책로, 운동장, 대강당 등의 부대시설도 갖추었다. 광양의 대표적인 음식은 숯불고기인데, 숯불이 담긴 화로에 직접 구워먹는다. 소고기는 기름을 제거하고 얇게 다듬어 어른은 물론 노인과 아이들이 먹기에 좋다. 광양읍 구산리의 청화대는 넓고 현대적인 시설로 유명하다.

형제의병장군 사당과 묘 임진왜란 당시 의병을 일으켜 나라를 지켰던 강희보, 강희열 두 형제가 태어난 봉강면 신촌마을에 두 분을 기리는 사당과 묘소가 세워졌다. 사당 뒷산에 두 형제의 묘소가 있는데, 그곳에 오르는 길에 도열한 편백나무 숲이 운치 있다. 또 형제의 쌍무덤 앞에 장군석이 늠름하고, 봉강면 방향의 전망도 좋다.

백운산 자연휴양림 백운산 도솔봉에서 남쪽으로 내려온 도솔능선의 끝자락인 추산리 깊은 산 속에 자리 잡았다. 편백나무, 낙엽송 등의 인공림이 천연림과 잘 어울린다. 부대시설로 야영장, 물놀이장, 황톳길, 야생화단지, 산책로, 운동장 등을 갖추었다. 모든 방에 화장실 · 샤워실 · 취사장 · 침구류가 있다. 버스는 광양읍에서 추산리 행을 타고, 자가용은 광양니들목으로 나와 백운산 방향으로 진행하면 휴양림 안내표시가 잘 나와 있다.

옥룡사지와 학사대 추산리에 있는 옥룡사지는 봄이면 도선국사가 손수 심었다고 전해지는 6천 여 그루의 동백나무가 꽃을 피워 장관을 이룬다. 학사대는 백운산 정기 중 봉황의 정기를 타고 난 최산두의 유적이다. 학사대 아래에는 최산두가 소년시절에 10년 동안 공부한 바위굴이 있다. 바위굴의 내부는 사람이 자유롭게 움직일 수 있고 한 사람이 마실 수 있는 자연우물이 있다고 하는데, 지금은 많이 훼손되었다. 선동마을에서 아래쪽 '두메산장' 식당 간판을 보고 계곡으로 내려서면 보인다.

형제의병장군을 모시는 사당.

폐허 위에 동백꽃이 장관인 옥룡사지.

42 관악산

저 낮은 도시의 번뇌를 씻으라

경기도 안성

칠장산에서 광교산으로 이어진 한남정맥의 끝자락에 불꽃처럼 솟구친 산, 관악. 개성 송악, 가평 화악, 파주 감악, 포천 운악과 함께 경기 5악으로 일컬어진다. 천애절벽의 옹립을 받은 암자. 소금강이라 일컬어지던 아름다운 바위와 암봉. 그 하나하나 마다 깃든 전설과 고유한 이름들은 긴긴 세월에 묻혔다. 바위와 암봉이 고유의 이름과 전설을 잃어 가는 동안 사람은 대를 이어 관악산에 오른다. 도시의 일상에 지친 자들이 쉼터를 찾아가듯 관악산을 오른다. 어떤 이는 생업을 위해 오르고, 어떤 이는 기도하려 오르고, 어떤 이는 슬픔에 찬 마음을 다스리려 오른다. 그네들의 염원과 흔적들은 차곡차곡 산자락에 쌓여있다.

일상의 긴장감이 녹아내리는 산자락 초입

신림동 만남의 광장 들머리는 서울 시민들이 찾는 가장 대표적인 등산로다. 가벼운 마음으로 발걸음을 옮기다보면 옆에서 혹은 앞에서 같은 길을 걷고 있는 낯선 이의 모습이 정겹게 느껴져 마음이 금세 홀가분해진다. 도란도란 이야기를 나누며 밝은 얼굴로 산길을 오르는 중년의 부부에서부터 시끌벅적하게 짓궂은 농을

▲ 산 아래 사람들은 벼랑 위에 앉은 연주대를 찾아간다. 그곳에 올라 서울을 굽어보며 잊었던 여유를 살핀다.
◀◀ 관악산의 쉼터 연주암. 관악산을 찾은 산꾼들이 모여 앉아 다리쉼을 하고 간다.
◀ 연주대로 향하는 능선. 사람들은 여기서 서울을 내려다보기도 한다.

주고받는 아저씨들, 대여섯 살짜리 장난꾸러기 꼬마 아이들을 앞세운 젊은 부부의 단란한 모습. 사람들은 이 산자락 초입에 발을 들여놓는 그 순간부터 일상의 긴장과 경계심을 서서히 풀기 시작한다.

사람 냄새 정겨운 연주암

호수공원을 지나 만나는 계곡 길은 구불구불하고 험하다. 잘 닦인 길을 걷다가 갑자기 만나는 울퉁불퉁한 길에 사람들은 은근히 신을 내기도 하고 조심스러워하기도 한다. 완만한 산의 초입이 다정하게 이야기를 나누며 가는 구간이라면 이 지역은 함께 온 이가 넘어지지 않게 손을 잡아주는 구간이다. 맞잡은 손을 통해 마음은 말보다 깊게 가슴으로 전해진다.
연주봉으로 올라서기까지 마지막 10분 정도의 매우 가파른 길을 로프를 잡고 올라서면 가슴이 탁 트이는 산등성이다. 그러나 거기서 쉽사리 서울을 내려다보지 말자. 암봉 위에 그림처럼 올라앉은 연주대가 보인다. 그곳에서 서울의 탁 트인 풍경을 내려다보는 것이다. 그 기쁨을 위해 잠시 고개를 연주암 쪽으로 돌려보자. 정오 무렵이 되면 저마다 다른 길에서 올라온 등산객들은 연주암으로 모여든다. 거기 사찰의 대청마루에 앉아 달콤한 휴식을 취하는 등산객의 모습에서 정겨운 사람 냄새를 맡는다.

연주대에 올라 서울을 굽어보면

관악산의 모든 등산로는 결국 연주대로 모여든다. 칼날 같은 암봉의 옹립을 받고 있는 작은 암자. 연주대에 올라 서울을 굽어보며 노승의 목탁소리 듣는

높이 629.9m, 3시간 40분 ★☆☆ ●○○

구간	시간	코스
만남의 광장	30분	**만남의 광장 → 연주대** 만남의 광장에서 500~600m정도 올라가면 왼쪽으로 호수공원 가는 길이 있다.
호수공원	40분	**호수공원 → 제4야영장** 호수공원을 지나 30분 쯤 걸어가면 갈림길이 나온다. 취향과 체력, 시간의 여유에 따라 길을 선택한다. 무너미 고개 쪽으로 오르는 길은 한동안 완만한 산길이 계속되지만, 연주대로 올라가는 계곡길은 눈에 띄게 경사가 급해진다. 호수공원길로 가서 계곡 옆자락으로 난 등산로를 따라 올라가면 제4야영장이 나온다.
제4야영장	1시간 10분	**제4야영장 → 연주대** 제4야영장에서 왼쪽으로 계곡을 따라올라가면 바로 연주대, 연주암 오르는 길이다.
연주대	1시간	**연주대 → 육봉능선** 연주대에서 육봉능선을 따라 내려간다. 봉우리라 하기엔 너무 작은 6봉을 시작으로 1봉까지 거꾸로 밟아간다. 5봉은 완경사의 암사면으로 이루어져 있고, 4봉은 30m 바위봉으로 육봉능선에서 가장 가파른 구간이다. 25m의 고정로프가 설치되어 있으며 등반경험이 많은 사람은 왼편의 크랙을 따라 오르내리기도 한다. 3봉 아래는 양쪽이 기둥처럼 버티고 선 좁은 석문이 있다. 2봉에는 등산객들을 위해 5미터 길이의 고정로프를 설치해 놓았고, 1봉은 그리 험하지 않은 암봉이다.
육봉능선	20분	**육봉능선 → 과천 일명사지 들머리** 육봉능선이 끝나면 계곡이 시작된다. 계곡을 따라 내려가면 문원폭포를 거쳐 과천 일명사지 들머리에 다다른다.
과천 일명사지 들머리		

다. 마음은 어느새 일상의 틈바구니에서 벗어나 어린아이 같은 즐거움으로 자유로워진다. 그 풍경을 내려다보며 시원한 바람을 맞고 있으면 전부인 것 같은 문제들이, 살아간다는 것이, 그렇게 아비규환만은 아니라고, 왜 그리도 저 '낮은 도시'에서 아웅다웅했느냐고 스스로에게 묻는다.

잡념을 잠재우는 형형색색의 암봉

신림동 만남의 광장 들머리에서 연주대로 오르는 코스가 가장 일반적이고 대중적인 등산로라면, 육봉능선을 타고 문원폭포로 내려서는 구간은 그림 같은 암봉들이 늘어서 있어서 짧게나마 바위를 즐길 수 있는 곳이다.

연주대에서 내려서면 육봉·팔봉능선의 형형색색 암봉과 대면하게 된다. 눈으로 보기에는 아름다운 암봉. 그러나 한 순간도 그냥 지나칠 수 없는 평탄치 않은 길이다. 때로는 기어서, 때로는 줄을 잡고 바위를 타야한다. 수없이 많은 암봉과 암릉. 관악산의 암릉 갈라진 틈 사이에는 키 작은 나무들이 자란다. 예술품을 감상하는 마음으로 그 암봉 하나하나를 유심히 살펴보면 바라보는 위치에 따라 모양이 변한다. 아름다운 바위봉이 모여 펼쳐놓는 한 폭의 그림은 일상에 찌든 사람의 모든 잡념을 잠재운다.

관악산에서 내려다본 서울 야경. 저 많은 불빛들 사이에서 서울 사람들이 와글와글 살아가고 있다.

암봉들 하나하나에는 저마다 깃든 전설과 고유한 이름들이 있었다 한다. 그러나 모진 세월을 건너오며 하나 둘 그 이름을 잃어 지금은 몇몇 암봉만이 이름을 간직하고 있다. 그 수많은 암봉에 이름이 있었다는 것이 놀라우면서 동시에 그 기기묘묘한 형상들을 바라보고 있으면 이름과 전설이 깃들지 않을 수 없겠구나, 고개가 절로 끄덕여진다.

오르락내리락 육봉을 다 지나면 문원폭포를 지나 저기 낮은 곳, 도시 속으로 되돌아간다. 돌아가는 곳은 일상의 도시지만 산을 오르기 선의 그곳과 신에서 내려온 뒤의 그곳에는 아마도 어떤 차이가 있지 않을까. 그래서 우리는 산을 오르는지도 모른다.

관악산 자락에는 여러 갈래의 등산로가 있다. 과천 들머리가 있는가 하면 낙성대 들머리가 있고, 시흥 들머리도 있다. 이들 등산로는 산의 여기저기를 두루 거친다. 아이와 함께 느린 걸음으로 오를 수 있는 곳도 있고, 바위를 즐길 수 있는 곳도 있다. 깊은 계곡이 길을 따라 오래도록 이어진 곳도 있다. 저마다의 길에는 특성이 있으니, 사람들은 취향에 따라 길을 선택한다.

❶ 서울에서 올라가는 가장 대표적인 등산로로 만남의 광장에서 1광장을 거쳐 올라간다.

❷ 낙성대를 거쳐 관악산으로 오르면 경사가 급하지 않은 아기자기한 암릉구간이 있다.

❸ 자하동천을 따라 오르는 길은 나무데크와 돌깔개식 등산로로 이루어져 있다.

❹ 안양유원지에서 오르다가 소공원에서 길이 갈라지는데 무너미고개 방향보다 불성사 방향이 좀더 가파르다.

대중교통

신림동 방면은 지하철 2호선 서울대입구역이나 신림역에서 내려 서울대학교 방향 버스(501, 651, 750, 5412, 5512, 5515, 5528, 6511, 6512)를 이용한다. 과천 방면은 지하철 4호선 정부과천청사역에서 하차. 과천향교 들머리까지 도보로 약 15분 걸린다. 안양 방면은 국철 관악역 하차. 안양유원지 들머리까지 도보로 약 10분 걸린다.

자가용

신림사거리나 봉천사거리에서 서울대학교 정문 방향으로 가면 관악산 입구 주차장이 있다.

숙박과 먹거리

서울대 입구 근처 봉천동, 신림동에 모텔 등 숙박시설이 많이 있고, 신림동 순대타운에서는 다양한 순대요리를 맛볼 수 있다. 그 외에도 주변에 먹거리는 얼마든지 있다.

호압사 관악산의 남쪽 능선에 있는 호랑이의 기운을 누르기 위해 시흥 호암사를 옮겨와 호압사라고 이름을 고치고 산마루에 방화(防火)의 상징인 한우물을 만들고 해태상을 세웠다고 전한다. 한우물은 호암산 산봉우리 정상에 길이 22m, 폭 12m의 규모로 만들어진 산 위의 우물이다. 이 우물을 만든 이유에 대해서는 세 가지 이야기가 전해져 내려온다. 첫째는 군용으로 사용하기 위한 것이고, 둘째는 관악산의 화기를 누르기 위한 것이며, 셋째는 기우제를 지내기 위한 것이라고 한다. 다시 말해 선인들은 관악산을 군사적 요충지이자, 화기가 충천한 두려운 산이자, 국가의 근본이 되는 농사의 염원을 담을 수 있는 산으로 여겼던 것이다.

연주대 고려의 충신이었던 강득룡 · 서견 · 남을진 등이 관악산 의상대에 숨어살면서 사라진 고려왕조를 그리워하며 통곡했다하여 붙여진 이름 연주대(戀主臺). 그 한의 정서는 의상대라는 원래 이름을 연주대로 바꿔놓았으며 지금도 관악산 정상에서 서울을 내려다보고 있다.

낙성대 낙성대는 고려의 강감찬 장군이 태어날 때 별이 떨어졌다하여 붙여진 이름이다. 또 강감찬 장군이 하늘의 벼락방망이를 없애기 위해 산을 오르다가 칡넝쿨에 걸려 넘어져 칡넝쿨을 뿌리째 뽑았다는 이야기와 그의 몸무게가 너무 무거워 바위를 오르는 곳마다 발자국이 깊게 패였다는 전설이 전해진다. 실제로 관악산에는 여느 산보다 칡넝쿨이 별로 없고 아기발자국 같은 흔적들이 곳곳에 있다. 이는 외세의 침입으로부터 나라를 구한 강감찬 장군에 대한 민초들의 경외심을 대변한 것이다. 그에 대한 민초들의 믿음은 나라를 지키는 장수 이상의 것이었으며 천재지변마저 막아줄 수 있는 신앙의 대상이었다. 지금의 낙성대는 1973년에 만들었고 공원 동쪽에 안국사라는 사당을 지어 강감찬 장군의 영정을 모셨다.

호랑이의 기운을 누르기 위해 세운 절, 호압사.

연주대에 올라 서울을 굽어보라.

43 남해 금산

바위에 새긴 기도와 전설

산마루 구석구석을 돌아 저마다 사연을 품고 선 바위 봉우리를 하나씩 딛고 올라설 때마다 어김없이 바다를 만나는 산. 금산은 처음부터 바다를 전제로 오르는 산이다. 어둠 속에서 서둘러 산길을 오르는 것도 수평선 너머로 끓어오르는 해오름의 붉은 바다를 보기 위함이다. 남해, 이 먼 남쪽 섬마을까지 달려와 산마루에 오르는 것은 이곳에서부터 다시 멀고 먼 항해를 꿈꾸기 위함이다. 태평양은 남해 금산이 발을 담근 남쪽 바다에서부터 시작된다. 그래서 이 나라 남쪽 바다 위에 금산이 있고, 그 산을 휘감은 비단자락은 출렁이는 쪽빛 바다다.

이 풍진 세상에 바위로 잔칫상을 차리다

섬진강 줄기를 따라 남쪽으로 흘러가다 보면 망망대해를 향해 치달리는 숨가쁜 물길도 잠시 쉬어가야 할 곳이 있다. 남쪽 바다의 문을 여는 섬, 그래서 이름도 꾸밈없이 그저 남해다. 남해 금산, 그 이름 속에는 먼 길을 달려온 사람들에겐 '쪽빛 남쪽바다가 없으면 금산도 없다'는 기대가 담겨 있는지도 모른다. 이름은 그렇게 어떤 형식이든 염원을 담는다.

크고 깊은 산이 아니고 사시사철 탐방객들의 발길에 번잡한 산이어서 아름드리 나무들은 찾아보기 힘들지만, 곳곳에서 구불구불 바위를 타고 오르는 송악과 광나무, 사스래피나무, 쪽동백처럼 따뜻한 남쪽에서만 볼 수 있는 늘 푸른 나무들이 먼 데서 온 사람들을 반긴다. 그 발치에는 철따라 히어리 · 현호색 · 얼레지 · 개족도리 같은 색색의 야생화들도 무리 지어 자란다.

또한 산자락에 골골이 실한 물줄기도 길러 섬마을 사람들 목을 축이고 남쪽 바다를 살찌웠다. 크게 북쪽 사면으로 모아진 물줄기는 복곡 저수지에서 몸을 섞어 금평천에서 앵강만을 통해 바다로 가고, 상주해수욕장이 있는 남쪽 사면은 두모천, 금전천, 금양천 자락에 오밀조밀 사람의 마을을 기르고 남해로 흘러간다.

◀ 보리암을 호위하고 있는 대장암과 그 아래 고개를 숙인 형리암.

높이 681m, 3시간 20분

★☆☆ ●●○

구간	소요시간	안내
상주매표소 → 쌍홍문 (약수터 → 쌍홍문)	1시간 20분	상주매표소에서 20분쯤 걸으면 계곡을 한 번 건넌다. 정상까지 딱 절반인 1.15km 지점에 약수터와 화장실이 있다. 약수터에서부터 30여 분 걸으면 쌍홍문이다. 쌍홍문에 오르기 전 왼쪽에 사선대(四仙臺)가 있다. 동서남북에 흩어져 있던 네 신선이 모여 놀았다는 뾰족 암봉이다.
쌍홍문 → 보리암	5분	쌍홍문을 통과하면 곧 갈림길이다. 왼쪽은 단군성전, 오른쪽은 보리암이다. 어느쪽으로 가도 원점으로 돌아올 수 있다.
보리암 → 금산 정상	10분	정상은 보리암에서 계단을 올라 10분이면 닿는다. 보리암 삼층석탑 앞에서 암자 전체의 풍광을 조망할 수 있다.
금산 정상 → 상사바위	15분	정상에는 고려때부터 쓰던 봉수대가 복원되어 있다. 봉수대를 내려오면 정면에 '유홍문 상금산(由虹門 上錦山)'이란 글이 음각된 버선 모양 바위, 문장암이 있다. 조선시대 대학자 주세붕의 솜씨라고 한다. 산죽길을 잠시 지나면 단군성전, 금산산장을 지나 상사바위가 나온다.
상사바위 → 상주매표소	1시간 30분	상사바위를 내려와 갈림길에서 오른쪽으로 가면 좌선대가 나온다. 좌선대에서 쌍홍문까지는 거리는 0.1km다. 왔던 길을 되짚어 매표소로 내려간다.

끝없는 이야기보따리 풀어내는 전설의 고향

산길은 짧고 단조롭다. 그러나 골골과 능선길마다 이야기보따리가 술술 풀려나오는 산. 그래서 사람들은 한나절이면 다 돌아볼 수 있는 이 작은 산 속에 '금산 38경'이라는 것을 꼽아가며 자랑한다. 이들 대부분은 갖은 전설을 품고 있는 산정의 바위 봉우리들을 일컫는다. 돌계단 좋아할 산사람 없고, 산마루까지 뚫린 찻길 반길 이는 더더욱 없겠지만 마뜩잖은 마음을 눌러 두고 길을 따라 묵묵히 걷자. 금산에서는 높이 오르는 것이 중요하지 않다. 굳이 정상이 아니더라도 갖가지 사연 많은 바위들을 딛고 일어설 때마다 매양 새로운 시선으로 바다를 만날 수 있다. 불교와 관련한 전설이 산자락은 물론 섬 구석구석에도 고스란히 남아 있다. 보리암을 오르는 관문이라 할 수 있는 바위굴 쌍홍문을 뚫고 나간 석가모니의 돌배가 멀리 미조 앞바다의 해상 동굴 세존도도 뚫고 지났다고 믿는 것이 그 큰 예다.

쌍홍문 앞에서 산을 지키는 수문장의 호위를 뒤로 하고 구멍 속으로 들어가면 순간 온몸이 단단한 바위굴이 뿜어내는 기운에 눌려 움찔 오그라드는 느낌이다. '유홍문 상금산(由虹門 上錦山)'이란 한학자 주세붕의 감탄은 굳이 금산 정상에 바위를 쪼아 새기지 않았더라도 이 길을 지나는

금산산장 앞쪽에서 미조 앞바다를 바라보며.

사람이라면 절로 느낄 수 있다. 덤으로 남해 금산을 오를 때 나침반을 챙기면 흥미로운 실험을 할 수 있다. 보리암 3층석탑에서는 자기반란 현상이 일어 나침반 바늘이 북쪽을 가리키지 못한다. 이 산의 신비감이 더 커진다.

살아 꿈틀거리는 삶의 얼굴, 길

머리 위까지 훌쩍 키를 넘긴 대나무 오솔길을 지나 금산 정상으로 향한다. 산을 돌며 바다를 향해 활짝 열어젖힌 가슴. 그래서 대책 없이 텅 비어버린 속을 대숲 소리로 채워본다. 아쉽게도 길은 너무 짧다.

주어진 공식에 따라 풍경을 꿰맞추는 것은 새로운 시선을 가로막는다. 모든 풍경은 저마다의 염원과 생의 상처에 따라 달리 보일 뿐이다. 그래서 남해 금산 푸른 산길은 짧고 단조로워도 사연 많은 이들이 천 갈래 만 갈래 새로운 길을 보태며 단단해진다. 모든 길은 살아 꿈틀거리는 삶의 다른 얼굴 아닌가.

남해금산의 38비경을 오르는 길은 단순한 편이다. 산행기점은 상주매표소와 이동면 복곡매표소 두 군데가 있다. 전국 3대 기도처로 잘 알려진 보리암을 차를 타고 탐방할 경우, 복곡 탐방안내소의 주차장에 차를 세우고 셔틀버스로 산중턱의 제2주차장까지 이동해야 한다. 여기서부터 8부 능선의 제2주차장까지 오르면 걸어서 20여 분만에 보리암에 다다를 수 있다. 제2주차장은 주차 공간이 좁기 때문에 경우에 따라 출입을 제한하므로 오전 9시부터 오후 5시까지 운행하는 보리암 행 셔틀버스를 이용하면 편리하다. 산길 중간에 샘터가 마련되어 있지만 갈수기에는 식수를 미리 준비하는 것이 좋다.

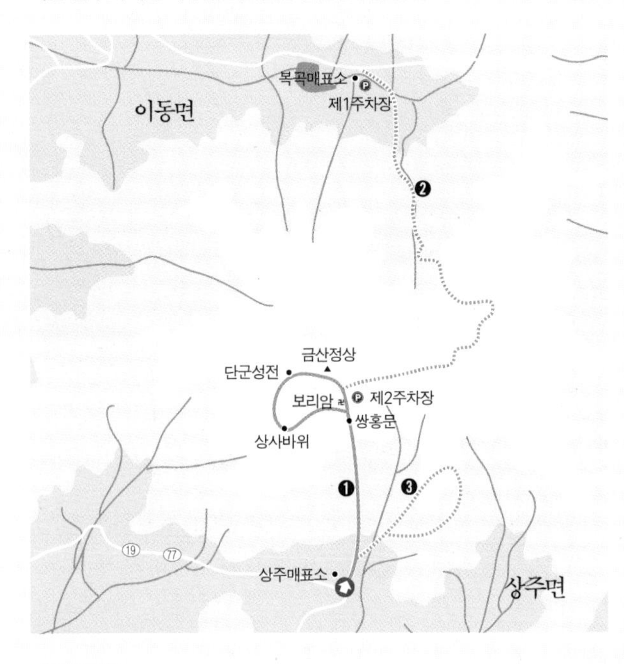

❶ 기암괴석으로 뒤덮인 금산의 참맛을 느껴볼 요량이라면 상주매표소를 기점으로 한다. 거칠게 다듬어진 돌계단이 이어지는 동안 고개를 들기만 하면 푸른 하늘에 걸린 상사바위를 시작으로 금산 38경 바위들이 하나 하나 그 위용을 드러낸다.

❷ 길게 산행을 하자면 정상에서 복곡 쪽으로 하산하는 방법을 택할 수 있다.

❸ 가볍게 1시간 다녀올 수 있는 자연관찰로도 있다.

대중교통

남해에서 상주까지 가는 버스가 공용터미널에서 약 30분 간격으로 21회 운행(06:50~20:10)하고 상주 터미널에서 산행 들머리인 금산 주차장으로 가는 버스는 약 1시간 간격으로 있다. 복곡주차장~제2주차장은 셔틀버스가 09:00부터 17:00까지 수시로 운행한다.

자가용

남해대교에서 19번 국도를 타고 남해읍을 지나 이동면 보리암 이정표가 나오면 복곡매표소로 들어갈 수 있고, 보리암 입구로 들어가지 않고 8km쯤 직진하면 상주매표소 주차장이 나온다.

숙박과 먹거리

상주 해수욕장에 민박집이 산재해 있다. 전금열, 김안민, 전성열, 최백열 민박 등이 있고, 상주번영회에 문의하면 더 많은 정보를 얻을 수 있다. 그밖에 금산 서쪽의 앵강만과 가천 다랭이마을을 거쳐 선구리로 이어지는 해안을 따라 민박집과 펜션이 밀집해 있다. 해수욕장 인근에는 음식점도 많이 있다.

해오름예술촌 폐교를 리모델링해서 만든 공간으로 지역의 문화예술 창작공간을 마련하고 문화예술 지원 활동을 하기 위해 조성되었다. 전통공예 체험, 전시 관람 등을 할 수 있고 천혜의 자연조건과 아름다운 건물, 조경 등 구경거리가 많아 찾는 사람이 늘고 있다.

서포 김만중 유허, 노도 섬에서 바라보는 금산의 절경과 앵강만의 풍광 못지않게 구운몽과 사씨남정기의 작가 서포김만중이 56세의 일기로 유형의 삶을 마감했던 곳으로 유명하다. 벽련(壁蓮) 말 그대로 짙고 푸른 연꽃, 3천 년만에 핀다는 우담바라의 마을 바로 앞 삿갓처럼 생긴 섬이 노도다. 금산에 오를 때 상사바위 근처 침목계단 직전 '추락주의'라 적힌 팻말 앞에 서면 서포 김만중의 유허지인 노도와 앵강만 건너 설흘산이 시야에 들어온다.

상주해수욕장 남해에서 가장 빼어난 풍광을 갖춘 상주해수욕장은 뒤로는 금산이 병풍처럼 서 있고, 앞으로는 그림 같은 작은 섬들이 거친 파도를 막아주는 곳이다. 부채꼴의 해안 백사장과 맑은 바닷물에서는 여름철 일광욕과 해수욕을 즐기기에 그만이고, 백사장과 어우러진 사철 푸른 솔숲은 한참을 머물고 싶은 마음이 절로 들 만큼 아름답다.

한려해상국립공원 금산 자연해설프로그램 2002년 12월부터 시작된 남해 금산의 자연해설프로그램은 금산의 남쪽 들머리인 상주매표소 입구의 자연관찰로 1km 구간에 마련되어 있다. 이용객들이 스스로 꺼내갈 수 있도록 리플릿 함을 만들어 두었는가 하면, 프로그램 참여자들에겐 기념 손수건도 나눠준다.

외부 경관만으로도 아름다운 해오름예술촌.

상주해수욕장. 솔숲과 백사장의 풍경이 그림 같다.

44 오대산

보기 드문 원시림을 간직한 생태계의 보고

성정이 부드러우면 많은 것을 품고 아우르는 것은 산이나 사람이나 마찬가지인 모양이다. 유순한 오대산의 살품도 기름지고 풍요롭다. 우리나라 산마다 흔하디흔한 소나무가 많지 않다는 것도 이를 증명한다. 소나무는 가장 척박한 땅에 먼저 뿌리를 내리는 강인한 종자다. 대신 높고 추운 곳에서도 꿋꿋이 자라는 전나무가 이 산의 비옥한 품을 비집고 구석구석 깊숙이 뿌리내리고 있다. 전나무뿐만 아니라 두로봉 일대의 천연보호림인 주목군락과 100년을 훌쩍 넘긴 튼실한 잎갈나무와 구상나무 그리고 금강초롱과 앉은부채 같은 귀한 고산식물들까지 보기 드문 원시림을 자랑하는 생태계의 보고가 오대산 숲이다.

겨울 오대산, 부감법과 소실점

산에서 떠오르는 단상들을 종이에 옮긴다면 "저 산이!" "바람소리가?" "그 사람은 지금" 과 같은 미결의 구(句)와 절(節)뿐이다. 오르막의 가쁜 숨과 내리막의 긴 호흡 속에 내뱉어지는 구와 절이 장(章)이 되려면 높고 트인 능선을 밟는 수밖에 없다. 그리고 그것이 그림이라면 굽이치는 능선에 올라 아래를 내려다보는 것은 부감법(俯瞰法)으로 산을 조망하는 것에 빗댈 수 있을 것이다. 대강의 산세를 살피고 원근을 따져가며 가야할 방향과 걸어온 길을 짚어보는 그 시선은 산의 겉을 스케치하는 것이다. 그렇다면 능선에 수직으로 부는 바람처럼 산과 자신이 교차하는 소실점을 찾는 것은 나만의 색을 입히는 일이 아닐까. 산은, 오대산은, 겨울 오대산은, 하얀 도화지에 뿌린 무성한 잿가루에 지나지 않는다. 그대의 발바닥에 땀방울을 찍어 다시 그리기 전에는 말이다.

순수하고 깨끗한 샘물

상원사 주차장에서 길을 따라 오르다 첫번째 작은 다리를 지나면 서대 염불암으로 갈라지는 소로를 만난다. 길가에는 아무런 표식도 없고 좌측으로 나 있는 갈림길도 사람의 발길이 적어 희미하기 때문에 잘 살피지 않으면 찾기

◀ 호령봉 가는길. 고도가 1,400m를 넘어선 이곳의 앙상한 나무에 서리꽃이 피었다.

높이 1563m, 8시간

★★☆
●●○

상원사 (30분)

상원사 → 적멸보궁
주차장에서 조금 걸어 전나무 길이 있는 상원사를 둘러본다. 등산로라기보다 오솔길이다. 상원사를 지나 갈림길에서 오른쪽은 적멸보궁 가는 길이고 왼쪽은 서대 염불암 가는 길인데, 이 길로 가서 우통수에 들러보는 것도 좋다.

적멸보궁 (1시간)

적멸보궁 → 비로봉
상원사에서 적멸보궁을 거쳐 비로봉을 오르는데, 중대 사자암에 도착하고부터 경사길이 시작된다. 이 길은 비로봉으로 가는 가장 빠른 길로 가파른 오르막길이 계속 이어져 있다.

비로봉 (1시간)

비로봉 → 상왕봉
비로봉에서 상왕봉 가는 길은 그리 힘들지 않고 주목 군락지도 있어 산책하듯 걷기 좋다. 상왕봉으로 오르는 길에 헬기장이 두 군데 있어, 잠시 쉬면서 산을 조망하기 좋다.

상왕봉 (1시간 30분)

상왕봉 → 두로봉
지방도로 고개 두로령을 거쳐 두로봉으로 가게 된다. 두로령에서 오른쪽은 평창군 진부, 왼쪽은 홍천군 내면 방향이다.
상왕봉에서 두로봉을 지나 동대산까지 가는 코스는 겨울철에는 적설량에 따라 1박 이상을 해야 할 경우도 있지만 여름철에는 하루코스가 가능하다.

두로봉 (3시간)

두로봉 → 동대산
두로봉에서 동대산 방향으로 가다 보면 차돌배기에 이르는데, 차돌바위들이 많이 있다. 냇가에서는 흔히 볼 수 있는 돌이지만 산중에서는 거의 볼 수 없는 바위다.

동대산 (1시간)

동대산 → 상원교
등산로를 따라 내려오면 다시 상원사로 이어지는 446번 지방도를 만난다.

상원교

힘들다. 이 길은 우통수(于洞水)로 가는 길이기도 하다. 1987년 인공위성 촬영을 통해 태백의 검룡소를 발견하기 전까지 우통수는 한강의 기원으로 알려졌었다. 문명의 자로 잰 길이는 다를지 모르지만 우통수는 천 년 넘게 인간역사의 젖줄이 된 정신의 발원지가 아니었을까. 어쨌든 40분을 쉬지 않고 올라와 만나는 샘이 반갑다. 잠시 샘터에 걸터앉아 목을 축이고 간다. 한강의 기원을 따지지 않더라도 코카콜라보다는 나은, 가장 순수하고 깨끗한 물임에는 틀림없다.

벌목의 거친 땀 냄새를 맡았는가

상왕봉을 지나 두로령으로 내려서면 오후 햇살이 긴 그림자를 만들어낸다. 진부와 홍천군 내면을 잇는 비포장의 446번 지방도로는 오대산 종주 도중 갑자기 인간 세상을 만났다는 이상한 안도감을 안겨주지만 겨울에는 찾는 이가 없는 막힌 도로다. 1968년 울진 · 삼척 무장간첩사건 이후 군사목적의 도로로 뚫렸다지만 멀리서 보아도 산을 둘로 갈라놓는, 풀 한포기 자라지 않는 굵은 선은 분명 오대산에 어울리지 않는다. 차라리 생명 없는 도로에 서서 이 길을 내기 위해 흘렸던 수많은 노동의 거친 땀방울 앞에 잠시 숙연해 질 수 있다면 아직 그대의 마음은 따듯한 것이리라.

청학동 소금강. 불교의 자취로 고즈넉한 월정사지구와 달리 기암괴석과 수려한 계곡으로 화려하다.

아! 저 산이…….

마지막 안간힘을 쓰며 서산에 가물거리던 해는 이제 비로봉에서 최후의 광선을 비추고 완전히 사그라진다. 어둠이 어둠을 쫓아 발길을 더듬거리며 넘어서던 봉우리가 여섯 개쯤 될까. 탁 트인 동대산의 정상에서 산 능선 너머로 닥쳐오는 찬연한 오징어배의 불빛과 그 끝에 걸려있는 수많은 별들이 쏟아진다. 지금껏 혹여 넘어질세라 땅만 비추고 걸어왔던 산길에서 고개를 들면 어둠도 오대산을 채색하는 하나의 빛깔이었다는 것을 뒤늦게 깨닫게 된다. 그때야 비로소 하루의 산행 동안 산이 사람에게 보여주었으나 사람이 보지 못한 수많은 산의 채색을 되질해낸다. 하지만 그게 무슨 색이었는지 도무지 기억은 나지 않고 "아! 저 산이……" 하는 미결의 탄식만 흘러나온다.

오대산은 강원도 강릉시와 홍천군, 평창군에 걸쳐있는 산으로 지난 1975년 2월1일 국립공원으로 지정되었다. 오르는 길은 크게 월정사를 기점으로 하는 코스와 소금강을 기점으로 하는 코스로 나뉜다. 월정사 쪽은 울창한 원시림과 완만한 능선이 주를 이루고 소금강 쪽은 기암괴석과 가파른 계곡에 폭포와 소가 즐비하여 화려함을 더한다. 산길이 단순하여 중간에 길을 잃을 걱정은 없지만 탈출로가 없기 때문에 미리 장비와 식량 등 사전 준비를 단단히 하고 가야 한다.

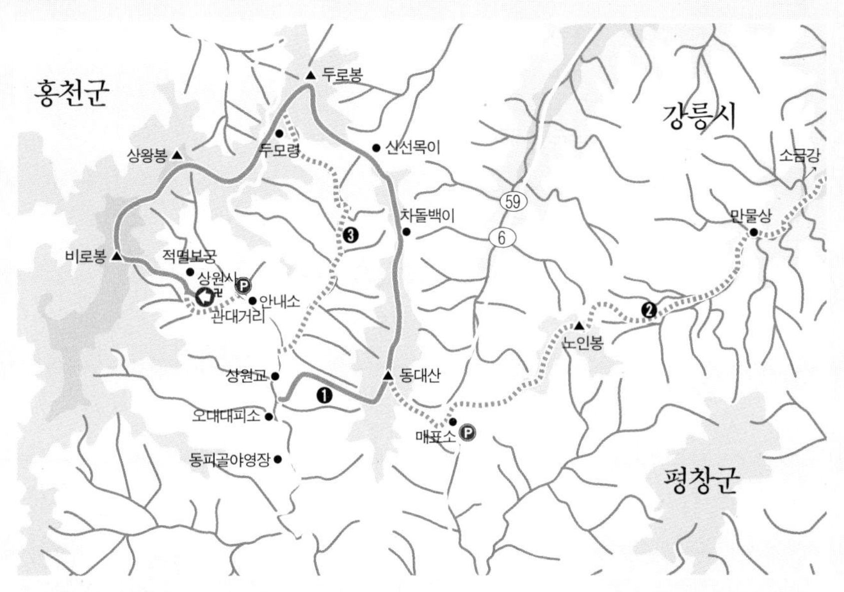

대중교통

일단 시외버스를 타고 진부까지 가야한다. 진부터미널에서 상원사까지 08:30부터 16:40까지 군내버스가 1시간 간격으로 운행된다. 월정사까지는 08:30부터 19:40까지 있다.

자가용

영동고속도로 진부나들목을 이용한다. 오대산 방향으로 6번국도를 타고 가다가 표지판을 따르면 월정사까지 갈 수 있고, 상원사 주차장을 이용할 수 있다. 주차료는 월정사 매표소를 지날 때 일괄 징수한다.

숙박과 먹거리

월정사 동피골 야영장에 있는 오대산장은 다른 산장과 달리 온돌방 6개로 되어 있다. 산장에서 식사와 간단한 부식을 살 수 있으며 전나무 숲에 둘러싸여 상쾌한 분위기를 자아낸다. 소금강 매표소를 지나 10분을 오르면 있는 청학산장은 숙박을 원할 경우 사전에 예약을 해야 하며 70여 명을 수용할 수 있는 침상시설과 휴게실 등을 갖추고 있고, 원두커피가 맛있다. 오대산가는길은 민박과 식당을 겸하는 집인데 손칼국수, 수제비, 닭도리탕 등의 음식을 판다.

❶ 전체적으로 오르내림이 심하지 않지만 동대산 정상에서 계곡을 따라 내려서는 길은 경사가 급한 편이라 주의해야 한다.

❷ 소금강 코스는 산길을 따라 계곡을 거슬러 오르는 것으로 만물상을 지나 노인봉까지 6시간, 상원사 쪽으로 하산하는 데 3시간이 걸리는 긴 코스다.

❸ 두로봉에서 흘러내리는 신선골 코스는 찾는 사람이 적어 길이 희미하지만 원시림이 잘 보존되어 있다.

더 알찬 여행 만들기

방아다리약수 예로부터 '조선제일명수'로 불려온 방아다리 약수는 명성에 걸맞게 청정지역에 자리한 철분탄산수다. 물빛이 푸르고 맛이 떫으며 쏘는 듯한 느낌이 있지만 위장병, 피부병, 빈혈 등에 효과가 있는 것으로 전해져 요양시설이 있기도 했다. 한국전쟁이후 황폐화되었던 것을 故 김익노 옹이 주변에 전나무를 심기 시작해 인공수림을 조성했다. 약수터 입구 300m의 울창한 숲길은 삼림욕을 겸한 산책코스로 인기가 있다. 진부에서 방아다리약수까지는 08:40부터 16:10까지 버스가 4회 운행한다. 방아다리약수터로 들어가려면 국립공원 입장료를 내야하지만 이미 다른 매표소에서 입장권을 끊었다면 당일표에 대해서는 다시 끊을 필요가 없다. 약수터 옆의 약수산장에서 숙식도 가능하다.

송천 약수 진부에서 진고개 정상을 넘어 주문진 방향으로 7km 내려가면 있는 송천약수는 맛이 강하지는 않지만 철분이 섞인 탄산수로 위장병에 좋다고 한다. 도로변 약수터휴게소 바로 건너편에 위치하고 있다. 약수터에서 1km 아래에 산악인 임홍섭씨가 운영하는 카페 '산에 언덕에'도 들러볼 만하다.

오대산 월정사 신라 선덕여왕 12년(643)에 창건된 조계종 4교구의 본사로 조선 철종 7년 때(1856) 크게 중건되었지만 한국전쟁 때 대부분 소실되어 전쟁 후 다시 건립되었다. 하지만 현재까지도 세월을 느낄 수 있는 문화유산들이 몇 남아 있다. 월정사 대웅전 앞의 팔각구층석탑은 고려시대의 대표적인 양식을 따른 석탑이다. 높이 15.2m로 우리나라의 팔각석탑으로는 가장 크다. 지난 1970년 기울어졌던 탑을 해체 복원할 때 탑 속에서 은제여래입상과 사리장엄구 등 많은 문화유산이 발견되었다. 여러 차례 화재로 일부 손상을 입은 부분도 있지만 그 예술성과 문화적 가치를 인정받아 국보 48호로 지정되었다. 일주문에서 월정사까지 전나무 숲길은 산림욕과 산책코스로 좋다. 길이 1km의 숲길은 계절에 관계없이 곧게 뻗은 전나무가 찾는 이의 발걸음을 잡는다.

조선제일명수 방아다리약수.

위장병에 좋은 송천약수.

45 팔영산

그 산엔 여덟 봉우리만 있는 것이 아니다

산은 바위봉우리 여덟 개가 남북으로 줄지어 서 있는 모습 때문에 팔영산이란 이름을 얻었다. 그러나 실제로 이 산에 봉우리가 여덟 개만 있는 것은 아니다. 1봉 유영봉에서 북쪽 강산리로 이어지는 산줄기에는 옥녀봉과 신선대가 있고, 8봉에서 동남쪽으로 영남면 양사리로 떨어지는 산줄기에는 이 산의 정상인 깃대봉이 있다. 그럼에도 대부분의 사람들은 여덟 봉우리만 보고 서둘러 산을 내려가기 바빠 정작 팔영산 정상에 올라본 사람은 많지 않다. 팔영산의 아름다움을 제대로 감상하고 싶다면 옥녀봉이나 깃대봉에 올라 조금은 먼발치에서 여덟 봉우리를 바라 볼 줄 알아야 한다.

꽃이 오는 바람은 시속 25킬로미터

부지런한 사람들이 있어 산을 오른 발자국들이 눈에 띈다. 입춘 지난 뒤의 대설주의보는 봄은 그렇게 호락호락 오지 않다는 걸 말해주는지도 모른다. 아직도 먼 태평양 상공에서 머뭇거리고 있는 봄, 그가 우리 땅 남쪽 끝에 첫발을 디디고서 가지가지 꽃을 피우며 북상하는 속도가 시속 25킬로미터 남짓이라고 하는데, 그 더딘 걸음으로 언제 이 차가운 시베리아 기단을 몰아낼까. 기다리는 이는 항상 더디게

▲ 여자만의 섬들이 흩뿌려진 바다를 배경으로 서 있는 4봉을 5봉에서 바라본 모습이다. 팔영산에 오르면 봉우리마다 다른 방향으로 다도해의 풍경을 감상할 수 있다.

◀◀능가사가 있는 점암면 성기리 도로변에서 바라본 팔영산의 전경. 왼쪽부터가 1봉이다.

◀ 천왕문과 대웅전이 북쪽을 향한 채로 일직선으로 놓여 있는 특이한 구조의 능가사.

만 오는 법. 하지만 오름길 구석구석 동백보다 이파리가 작은 초록빛 나무들이 있어 제 아무리 북풍한설이 몰아쳐도 이곳은 남도라는 사실을 말해주는 것 같다. 개동백이라는데 안개처럼 작은 꽃이 볼품없어, 이파리만 꽃꽂이나 화환장식에 쓴다고 한다. '개'자 붙는 것은 단지 인간의 잣대로 쓸모가 없다는 뜻일 뿐이다.

어느 산에나 첫 번째 쉼터는 정해져 있다. 생체리듬이 사점(死點)을 통과한 후 땀을 식히게 되는 팔영산의 평균적인 첫 쉼터는 흔들바위다. 어른 키를 넘는 커다란 바위가 위는 넓고 밑이 좁은 모양으로 불안정하게 서 있다. 힘껏 흔들어보지만 별 반응이 없다. 생긴 건 쓸모없어도 결국 '쉼터'로 쓰일 구석이 있는 게다.

성라기포처럼 흩뿌려진 섬들의 발치에서 바다는 빛나고

유영봉에 오르면 눈앞에 펼쳐지는 풍경에 홀려 눈 덮인 바윗길에 대한 걱정 따위는 잊어버리고 만다. 팔영산 아래 여자만과 멀리 순천반 사이에 성라기포(星羅棋布)처럼 흩뿌려진 섬들의 발치에서 반짝이는 바다. 그러나 무엇보다 시선을 뗄 수 없게 만드는 것은 바다 건너 순천만을 만리장성처럼 에두르고 서 있는 웅장한 호남정맥의 산들이다. 눈을 뒤집어쓴 채 흰 이마를 빛내며 바닷바람을 맞는 거대한 산들의 어깨걸이. 뭍의 생명들에겐 얼마나 든든하고 안온한 보호막일지 한눈에 실감할 수 있다.

반대로 섬에서 바다를 건너 육지로 넘어가려는 이들에겐 또 얼마나 무시무시한 장벽이었을까. 높고 험한 지리적 장벽 말고도 갯사람과 뭍사람 사이의 보

높이 608.6m, 4시간 20분 ★☆☆ ●●○

능가사 (1시간 30분)

능가사 → 1봉
능가사를 지나 팔영산장 앞에서 1봉과 8봉으로 길이 갈린다. 1봉으로 오르는 길은 흔들바위 앞에서 1봉과 2봉 사이로 오르는 길과 갈린다. 산등성이의 묘지를 지나면, 1봉과 2봉 사이에 우회로가 6봉과 7봉 사이 안부까지 이어진다.

1봉 (1시간 10분)

1봉 → 8봉
2봉으로 올라가면 6봉까지는 계속 암릉을 타야 한다. 팔영산 암릉에는 어려운 구간마다 철 난간과 쇠발판과 쇠사슬 등으로 길을 내놓았기 때문에 봉우리 8개 중 가장 험하다는 6봉도 수월하게 오르내릴 수 있다. 그리고 6봉과 7봉 사이에 팔영산휴양림과 능가사로 내려가는 사거리가 있다.

8봉 (40분)

8봉 → 탑재
탑재에서는 영남면 만호교에서 오르는 임도와 만난다. 대부분의 등산객들이 8봉에서 산행을 마치고 탑재로 내려가 출발지인 능가사로 내려가는데, 정상인 깃대봉까지 가야 팔영산 8개 봉우리가 한눈에 조망된다. 8봉에서 깃대봉까지 갔다가 되돌아오는데도 30분이면 된다. 8봉에서 깃대봉 가는 길에는 사람들이 휴식장소로 많이 이용하는 헬기장이 있다. 헬기장에서 동쪽으로 휴양림으로 내려갈 수도 있는데 30분 정도 걸린다. 깃대봉에는 경찰초소가 있지만 등산로를 막지 않았다.

탑재 (1시간)

탑재 → 능가사
탑재로 내려가는 길은 편백나무 숲 사이로 난 오솔길을 걷는다. 그 숲이 끝나는 곳은 만호에서 산을 파헤쳐 올라온 임도와 만난다.

능가사

이지 않는 벽 또한 만만치 않았을 것이다. 고흥 땅이 겨우 섬이 아닌 반도로 살아남을 수 있도록 육지와의 끈을 이은, 호리병 목처럼 잘록한 땅들도 보인다. 해안가 물웅덩이의 바닷물들이 얼어붙어 금가루를 뿌려놓은 것처럼 반짝거리는, 쌀쌀한 날씨다.

2봉에 올라타면 6봉까지는 계속 암릉을 따라갈 수밖에 없다. 사실 이 산의 암릉은 아기자기하고 위험한 구간마다 철발판과 로프 등이 설치되어 있어 등반성을 필요로 하는 곳은 아니다. 다만 눈 때문에 길이 지워진 게 문제다.

무엇을 보려 팔영산에 오르는가

적취봉에선 고흥의 새로운 시대를 열어간다고 한껏 부풀어 오른 우주센터 나로도가 보인다. 앞으로 사람들은 빛나는 다도해를 보기 위해 팔영산을 오르기보다 인간의 욕망이 하늘로 치솟는 거대한 우주쇼를 보기 위해 산을 찾을지도 모르겠다. 옛사람들은 사람의 수명을 관장한다고 믿었던 남극노인성(南極老人星)을 보기 위해 팔영산으로 모여 들었다는데. 이제는 더 이상 별을 바라보는 것만으로는 만족하지 못하는 세상이다. 오늘 이 산에 오르는 사람들 중 과연 누가 죽기 전에 지구 밖의 별까지 여행을 갈 수 있을까. 그러나 죽어서

8봉으로 올라가는 암릉길. 눈 쌓인 겨울 암릉 종주는 1봉에서 8봉으로 가는 것이 안전하다.

는 모두 다 같이 별이 될 수 있으니 얼마나 다행인가.

탑재에선 뒤돌아서서 산을 보라

탑재로 내려가는 길은 편백나무 숲 사이로 난 오솔길을 걷는다. 피톤치트 함유량이 많기로 이름난 나무답게 코끝을 싸하게 하는 청신한 기운이 돈다. 그 숲이 끝나는 곳은 만호에서 산을 파헤쳐 올라온 임도와 만난다. 산 아래는 눈이 거의 녹았다. 길이 뚫린 곳에서 뒤돌아서서 산을 올려다보니 사자와 오로, 두류와 칠성봉이 한눈에 들어온다. 역시 가장 아름다룬 풍경은 등 뒤에 있다. 눈을 뒤집어 쓴 빛나는 산봉우리 위로 낮달이 파리하게 얼어붙어 있다. 누가 걸어 놨을까. 저 높고 차가운 정신을.

팔영산은 다도해해상국립공원을 조망할 수 있는 산으로 유명하다. 특히 5~600여m의 아기자기한 바위봉우리 8개가 남북으로 길게 이어져 있어 이를 타고 넘는 암릉 종주가 인기다. 바위 봉우리마다 우회로가 있고, 위험한 구간에는 철발판과 난간, 쇠밧줄 등이 설치되어 있어 별도의 등반 장비 없이 쉽게 오를 수 있다. 등산로마다 이정표가 잘 돼 있고, 가장 긴 코스를 잡아도 4시간이면 산행을 마치고 여유 있게 주변 관광을 즐길 수 있다. 대표적인 들머리는 점암면 성기리의 능가사 입구이고, 산 정상까지 가장 빨리 오르는 길은 팔영산 자연휴양림이다.

❶ 팔영산자연휴양림까지 차를 가지고 올라갈 수 있다. 휴양림에서는 8봉과 1~2봉 사이, 6~7봉 사이 안부로 오르는 길이 있다.

❷ 영남면사무소가 있는 양사리 남포미술관 뒤쪽으로 바른등재를 거쳐 정상으로 오르는 길이 새로 정비되었다.

❸ 강산리에서 강산폭포~신선대(옥녀봉)를 거쳐 1봉으로 오를 수도 있는데, 신선대에서 8개 봉우리의 조망이 좋다.

대중교통

팔영산에 접근하려면 우선 고흥까지 가야한다. 고흥에서 팔영산 행 버스는 고흥읍내까지 들어가지 않고 과역터미널에서 군내 버스로 갈아타야 한다.
서울에서 기차로 여수(1일 11회), 순천(1일 13회)까지 가서 고흥으로 갈 수도 있다.

자가용

대전~함양~진주~순천~벌교를 거쳐 고흥으로 간다. 벌교에서 77번 국도→연봉 교차로 진입(855번 지방도)→점암중학교 앞 좌회전→능가사로 들어간다. 능가사 신성 3거리에서 우회전 하면 휴양림입구를 만난다.

숙박과 먹거리

팔영산 주변은 숙박시설이나 식당 등은 많지 않고, 고흥 읍내나 녹동항 주변이 대중 숙박시설이 많다. 특히 제주도와 거문도 행 배편이 출발하는 녹동 신항 주변 숙박시설들이 새로 지어 깨끗하다. 팔영산 동쪽 양동계곡에 있는 팔영산자연휴양림은 산중턱에 있어 휴양림에서부터 정상부 능선까지 40분이면 올라갈 수 있다. 팔영산 능선에서 여자만과 다도해의 일출을 보기에 적합한 숙소다. 음식점 역시 고흥읍내나 터미널 근처에 많다.

남열해수욕장 800여m의 백사장과 수심 1~2m로 경사가 완만한 해수욕장으로 울창한 소나무 숲이 우거져 있고, 수평선으로 떠오르는 해돋이를 볼 수 있는 곳이다. 2006년부터 고흥군 신년 해맞이 장소로도 이용되고 있다. 여름철에는 해수욕장 내 몽골텐트촌을 운영하고 있다. 남열해수욕장 인근의 해안도로는 우뚝한 해안절벽 중턱을 들쭉날쭉하게 지나가는데, 다도해의 환상적인 풍광을 조망할 수 있는 드라이브 코스다.

소록도와 녹동항 녹동항에서는 소록도와 다도해해상국립공원을 관람하는 관광선을 이용할 수 있고, 신항에서는 제주도와 거문도행 여객선을 이용할 수 있다. 또한 수협 위판장이 있어 득량만과 고흥반도 연근해에서 갓 잡아 올린 자연산 활어들을 맛볼 수 있다.

한센병 환자를 위한 국립소록도병원이 있는 소록도는 녹동항에서 배를 타고 5분이면 닿는다. 배가 15분 간격으로 운행하고 차를 싣고 섬에 들어갈 수도 있다. 일반인에게 개방된 곳은 선착장에서 중앙공원까지 2.4km 구간이다. 울창한 소나무 숲과 깨끗한 백사장, 빼어난 관상수들이 즐비한 중앙공원 등이 아름답기로 유명하다. 일제시대 이 섬으로 강제 이주 당한 환자들의 피 흘린 역사를 기록한 박물관을 반드시 들러봐야 소록도를 제대로 이해할 수 있다. 관광객은 모두 5시 전에 육지로 돌아와야 한다.

남열해수욕장의 한적한 해변.

용바위 남열해수욕장 한켠에서 볼 수 있는 용바위는 용이 승천할 때 타고 오른 암벽이라는 전설이 있는 곳인데, 구멍이 숭숭 뚫린 화산암벽 사이에 용바위만 매끈한 화강암이 계단처럼 절벽을 타고 올라가고 있고 바위 양쪽으로는 용의 발톱이 긁은 자국이 있다. 이곳은 무속인들은 물론 입시철 용바위 벽에 촛불을 켜는 기도객과 바다낚시를 하는 사람들도 많이 찾는다.

용바위에서 기도하는 사람.

46 모악산

생명의 젖줄을 키우는 어머니의 품

산은 어머니 대지의 젖가슴이다. 생명의 젖줄을 낳고 기르는 곳이니 땅에서도 가장 어머니다운 곳이 산이다. 그런 산을 두고 굳이 어머니라 이름까지 붙인 산이 있다. 전라북도 김제시 금산면, 완주군 구이면, 전주시 중인리에 걸쳐있고 서쪽 바다를 향해 열린 너른 평야지대에서 가장 크고 높은 산인 모악산. 산마루에 아이를 껴안고 있는 모양의 '쉰길바위' 때문에 그렇게 부른다고도 하지만 그보다는 산을 어머니로 섬기고 싶은 사람들의 마음이 간절했기 때문 아닐까. 자연과 사람 사이에 혈육의 정을 소중하게 생각하던 옛 사람들의 소망 그대로 말이다.

산과 사람은 생명을 공유하는 혈육

전주 사람들은 철분이 많은 물 때문에 풍토병을 예방하는 차원에서 예로부터 콩나물을 많이 먹었다고 한다. 땅과 사람이 하나라는 신토불이의 정신은 조상들의 밥상 위에서 자연스럽게 지켜지던 생활의 지혜였다. 실한 콩나물을 기른 전주의 물, 그 물을 기른 모악산을 전주시 중인리에서 오른다.
김제와 완주 그리고 전주에 걸쳐있는 산자락 가운데 전주가 차지하고 있는 면적은 가장 적다. 그렇지만 모악산은 부지런한 전주 사람들에게는 아침 운동 삼아 오르내리는 가까운 산이다. 그래서 겨울에도 등산로마다 길이 훤히 뚫려 있고, 눈 때문에 길을 잃거나 눈 속에 파묻힐 염려도 없다. 그 대신 사람들 발길에 다져진 눈들이 얼어붙어 빙판을 만들어 놓기도 하니 조심해서 걸음을 옮기자. 그러면 별 어려움 없이 산등성이에 오를 수 있다. 모악산에서 산행 재미가 가장 쏠쏠한 곳은 암릉 길이다. 하지만 한겨울에는 두껍게 깔린 눈 때문에 바윗길은 흔적조차 찾기 힘들다. 동쪽 비탈 아래 금선암 주변 편백나무 숲만 검푸른 색으로 두드러질 뿐 산 전체가 빈 가지 사이로 눈 이불을 덮고 있다.

◀ 모악정에서 내려오는 길에 만나는 금산사 부도밭. 뒤로 모악산 정상이 보인다. 가운데 부도가 모악산을 미륵 신앙의 성지로 만든 진표율사의 부도다.

높이 793.5m, 2시간 40분 ★☆☆ ●○○

중인동 **중인동 → 매봉**

중인동 버스 종점에서 걸어서 15분 거리에 산행을 시작하는 시영주차장이 있다. 주차는 무료지만 휴일인 경우 9시 이전에 도착해야 자리가 있고, 진입로가 좁아 혼잡하다. 등산로는 이곳에서 금곡사·계곡길과 매봉길·염불암길로 나뉜다. 어느 길을 택하든 사람들이 많이 다니는 곳이어서 길이 뚜렷하다. 매봉으로 가는 길은 청하서원 담장을 따라 가면 산길과 만난다. 능선에 오르면 철탑과 산불감시초소를 지나 매봉에 이른다.

40분

매봉 **매봉 → 모악산 정상**

매봉부터 정상까지는 아기자기한 암릉길이 이어진다. 군데군데 보조 밧줄이 놓여 있지만 위험한 구간은 없다.

30분

모악산 정상 **모악산 정상 → 장근재**

헬기장을 지나 방송국 기지국이 있는 국사봉 아래 철조망까지 가면 길이 나뉘는데, 이 산행에서는 장근재에서 배재로 이어지는 남쪽 능선으로 간다. 그 전에 수왕사까지 잠깐 다녀오는 것도 좋다. 정상에서 수왕사까지 내려갔다 올라오는데 30분 정도 걸린다. '물왕이 절'이란 이름답게 수왕사의 샘물이 매우 달다.

30분

장근재 **장근재 → 모악정**

장근재에서 모악정 표시를 보고 계곡으로 내려선다. 심원암 쪽으로 내려오는 눌연계곡과 만나 금산사로 이어지는 물길이다.

10분

모악정 **모악정 → 금산사**

임도로 내려서면 중간에 심원암 갈림길과 만난다. 임도를 따라 계속 내려가면 부도밭을 지나, 배재에서 청룡사를 거쳐 내려오는 길과 만나 금산사에 닿는다.

50분

금산사

친정집처럼 편안한 시민의 공원

산등성이에 오르면 염불암 쪽에서 올라온 등산객들도 하나 둘 보이기 시작하고, 볕이 좋은 바위 아래서는 이른 도시락을 풀고 있는 사람들도 있다. 배낭도 없이 운동복 차림으로 가뿐하게 지나가는 사람들도 많이 눈에 띈다. 모악산은 굳이 격식이나 예의 같은 것을 따지지 않아도 되는 친정집 같은 편안함이 느껴진다. 산이라기보다 부담 없이 다녀오는 공원 같은 느낌도 드는 곳이다.

그러나 가까운 사이일수록 삼가는 마음은 잊지 않아야 한다. 가깝다는 이유로 무슨 응석이든 다 받아줄 것처럼 생각하고 철없이 행동하다가 자칫 부모 마음을 아프게 하는 경우가 종종 있지 않은가. 모악산에도 그런 철없는 자식들이 있나보다. 아직도 산에서 과일껍질은 쓰레기가 아니라고 생각하는 사람들이 있다. 껍질에 묻은 농약 성분이 야생동물의 불임을 유발한다는 경고가 아니더라도 길 위에 지나간 흔적을 남기는 것은 부도덕한 일이다.

말더듬이 눌연계곡의 가르침

철조망을 에돌아 장근재와 배재로 이어지는 정상 남쪽 능선으로 길을 잇는다. 그 다음부터는 전주 시민들로 북적이는 북쪽 능선에 비해 발길이 뜸한 편이다. 장근재

금산사의 견훤성문.

에서 배재를 지나 화율봉~밤재~국사봉~엄재~운암초당골까지 산길을 이으면 21.1킬로미터에 이르는 족히 11시간은 걸리는 녹록치 않은 종주 코스가 된다. 이 길은 호남정맥에서 가지를 친 모악기맥의 뿌리를 잇는 길이다. 그러나 이번 산행에는 장근재에서 모악정이 있는 계곡으로 내려선다. 심원암 쪽으로 내려오는 눌연계곡과 만나 금산사로 이어지는 물길이다.

문득 눌연계곡이란 이름이 하산하는 내내 생각을 붙잡는다. 계곡 이름에 말더듬을 눌(訥)자를 쓴 이유는 굴곡이 심해 물 흐름이 더디다는 뜻이라고 한다. 눌(訥)자는 단순히 말을 더듬거린다는 뜻이 아니라 과묵하여 말을 경솔하게 하지 않는다는 의미를 담고 있다. 그런 말더듬이의 속도야 말로 오늘 우리가 되찾아야 할 삶의 여유와 평화를 상징하는 것이 아닐까. 미끄러운 빙판 위를 더듬더듬 힘겹게 내려오는 동안, 겨울 산은 길 위에 얼어붙은 가슴을 드러내 놓고 그렇게 말없이 우리를 가르친다.

모악산의 산줄기는 정상을 중심으로 북쪽 매봉으로 이어지는 능선과 서쪽 무제봉을 지나 구이면으로 이어지는 상학능선, 장근재~배재로 이어지는 남쪽 능선이 대표적이다. 정상에는 방송국 기지탑이 있어 오를 수 없고 기지국 철조망을 따라 서쪽으로 반원을 그리며 산길이 이어져 있다. 각각의 산행 출발지마다 등산로가 여러 갈래로 나 있는데 모악기맥 주능선을 따라 종주를 하지 않는 이상 대략 5시간 내외의 산행거리다.

대중교통

서울의 경우 서울~전주 간 버스는 동서울터미널(10분 간격 운행 / 2시간 45분 소요)이, 서울~김제 간 버스는 강남고속터미널(50~1시간 간격 운행 / 2시간 45분 소요)이 자주 운행하는 편이다. 모악산까지 가는 시내버스는 전주 터미널 근처 '방송통신대 앞' 버스정류장에 20~40분 간격으로 있다. 전주와 김제 모두 택시를 이용할 경우 금산사까지 15000원 내외다.

자가용

모악산은 대략 전주에서 18km, 김제에서 19.5km 거리에 있다. 금산사까지는 호남고속도로 금산사 나들목에서 712번 지방도로를 타면 5분 거리, 서해안고속도로는 서김제 나들목에서 나와 좌회전 한 다음 김제 시내 방면으로 직진해 금산사 이정표를 따라 가면 40분 정도 걸린다.

숙박과 먹거리

금산사 쪽에 모악산유스호스텔, 구이 쪽에 모악산모텔 등의 숙박시설이 있다. 승용차로 30분 거리인 전주 시내에서 여장을 풀고, 저녁에는 막걸리 한 주전자에 열댓 가지 안주들이 서비스로 따라 나오는 삼천동 막걸리 거리에서, 아침은 남부시장이나 동문사거리 콩나물해장국 거리에서 전라도 음식의 맛과 인심을 느껴보는 것이 좋다. 김제시 쪽은 노을이 아름다운 심포항 주변 숙박시설과 횟집촌을 이용할 수 있다.

❶ 매봉에서 정상으로 오르는 북쪽 능선의 암릉 구간은 주변 조망이 가장 좋은 구간으로 손꼽힌다.

❷ 구이 쪽에서 산행을 시작할 경우 대원사, 수왕사를 거쳐 오르는 길을 가장 많이 이용한다.

더 알찬 여행 만들기

귀신사 모악산의 서북쪽 능선 아래 있는 귀신사(歸信寺)는 옛날에는 국신사(國信寺)로도 불렸다. 대적광전(보물826호) 뒤편 계단으로 올라가면 아름드리 괴목들 사이에 석수와 삼층석탑이 있다. 특히 이 석수는 엎드려 있는 돌사자상 등 위에 남근석을 올려놓은 것으로 이 일대 구순혈의 음기를 누르기 위해 세운 것이라는 전설이 있는데, 백제 왕실의 원찰임을 알려주는 상징적인 유물이다.

금산사와 템플스테이 금산사는 불교문화재의 박물관이다. 백제계 석탑의 대표작인 오층석탑(보물25호), 우리나라 당간지주 가운데 가장 완성된 형식을 갖추고 있는 당간지주(보물28호) 외에도 노주, 석등, 혜덕왕사탑비 등의 많은 보물이 있다. 또한 각 전각에 모신 불상들도 11.82m에 이르는 미륵불 외에도 5여래와 6보살, 500나한을 모두 모신 나한전까지 다양해 불교 미술을 한 자리에서 공부할 수 있다. 금산사에서는 주말을 이용한 산사체험 프로그램을 2박 3일과 1박 2일 일정으로 운영하고 있다.
www.geumsansa.org

돌사자의 등 위에 남근석을 올려놓은 귀신사 석수.

벽골제와 아리랑문학관 김제시 부량면 벽골제 주변에서는 2004년부터 지평선축제가 열리고 있다. 메타세콰이어 가로수 밑에 심은 코스모스 길이 황금빛 들판과 어우러질 때, 많은 관광객들이 찾는다. 쌀농사의 역사와 유물들을 전시한 벽골제수리민속유물전시관과 조정래아리랑문학관 등을 체험학습장으로 들러볼 만하다. 주차료와 입장료 모두 무료다.

오리알 터 금산사에서 가까운 금평저수지는 옛날부터 오리알 터라 불렸다. 저수지 맞은편 산이 양 날개를 펴고 금산사 미륵전 방향을 향해 날아 들어오는 오리 형상을 하고 있기 때문이다. 이름에 걸맞게 최근 저수지에는 청둥오리 떼가 많이 찾아들고 있다.

김제 벽골제는 우리나라에서 가장 오래 된 저수지 둑이다.

47 가리왕산

북서풍이 불어와
능선을 두드리는 겨울 산

정선은 요즘 새 단장을 하느라 바쁘다. 고층 아파트가 들어서고 가로등, 안내판 들이 제가끔 디자인 되어 상품으로 태어나고 있다. 또, 장날을 하루 앞둔 난전에 나물 널어놓는 손길이 바쁘고, 스키장을 찾는 차들이 바쁘다. 그렇게 모두가 바쁜 와중에 산은 하나도 바쁠 것이 없다. 정중여산(貞重如山)이라는 말이 있다. 가리왕산을 보면 '곧고 무겁기를 산같이 하라'는 그 말이 떠오른다. 정선으로 들어서는 길, 일주문을 받치고 있는 굵은 기둥처럼 가리왕산이 서 있다. 그 '정중한' 산을 찾아가는 길에 바람이 불어와 정선아리랑 가락처럼 구슬구슬 산을 넘어간다.

암자 하나 없는 첩첩산중

가리왕산은 정선군 정선읍과 북평면, 평창군에 걸쳐 솟았다. 깊고 수려한 산세를 갖춘 모습에서는 고찰이 있을 법도 한데 그 흔한 암자 하나 없다. 그만큼 사람 발길이 뜸한 오지라 그런 것일까. 풍수지리로 보면 가리왕산은 음기가 강해 사찰이 들어설 입지조건에 맞지 않는다고 한다. 게다가 가리왕산의 역사를 보더라도 정선 땅처럼 구구절절 사연담은 아라리가 봉우리마다 맺히고, 근현대에 와서도 막장

▲ 가리왕산은 바람의 산이다. 겨울이면 북서계절풍이 불어와 능선을 쉴 새 없이 두드린다. 하도 바람을 맞아 산이 그렇게 둥근가보다. 정상부를 오르고 있는 사람들.
◀◀ 중봉에서 세곡임도로 내려가는 길.
◀ 너르고 고른, 평탄한 임도. 아무도 가지 않은 눈길을 걷는 것은 운치가 있다.

의 고달픔이나 전쟁통에 벌어진 아수라장이 먼저 떠오르니 절이 들어설 여지가 없기도 하겠다.

발끝에 묻어나는 탄광 흔적

산으로 걸음을 옮긴다. 탄광의 흔적이 남아있는 길을 따라 간다. 1982년까지 운영되었던 회동탄광은 유독 정선지역에 많았던 개인 탄광으로 '검은 노다지'로 불리는 석탄산업이 호황일 때 생겨난 것이다. 폐광이 된 지 벌써 25년이 되었지만 검댕을 뒤집어 쓴 바위들이 너덜지대처럼 비탈져 있다. 발끝에 묻어나는 까만 석탄 알갱이들은 아직 정리되지 못한 정선의 또 다른 모습이다. 두더지처럼 산을 파고들던 사람들도, 그 산에 기대어 살던 사람들도 이제는 어디에도 없다. 그렇게 텅 빈 폐광은 무심히 흘러간 세월처럼 아슬아슬하게 녹슬어 있었다.
청량한 물소리가 메아리치는 어은골의 계곡을 지나면 풀이 무성한 집터가 나온다. 몇 해 전까지만 해도 사람이 살던 낡은 집이 있었다고 전해진다. 하지만 지금은 그 터를 알아보기도 힘들만큼 잡풀만 무성히 자라있다. 여기서 완만한 오솔길을 30여 분 오르다 다시 가파른 고빗사위를 올라치면 임도에 닿는다. 가리왕산 5부 능선에 걸쳐 허리를 크게 두르고 있는 임도는 1994년 개통된 이후 눈이 없는 계절이면 산악자전거를 타고 찾는 사람도 많아 새로운 레저스포츠의 장이 되고 있다. 임산물의 수송과 산림 관리를 위해 100여 킬로미터에 달하는 길을 뚫어놓았는데, 전국에서 여기만큼 긴 임도도 드물다. 그만큼 가리왕산의 숲은 무성하다.

높이 1561.8m, 6시간20분 ★★☆ ●●○

회동리 매표소 → 어은골 입구 (30분)
매표소에서 도로를 따라 가리왕산 자연휴양림 쪽으로 접어들면 오른편으로 탄광의 흔적이 나타난다. 이 길을 따라 들어가면 정상인 상봉으로 이어지는 어은골 입구가 나온다.

어은골 입구 → 집터 (40분)
산길은 자연휴양림 산책로와 바로 이어져 작은 턱을 하나 넘어서면 정상으로 가는 길과 다시 산책로로 내려가는 길 이정표가 서 있다. 정상으로 가는 길은 계곡은 깊지만 산길이 잘 나있는 편이고 흰 로프로 길 표시를 해놓았다. 평탄한 계곡길을 오르면 첫 번째 물을 건너는 곳에 집터가 있다.

집터 → 임도 (40분)
집터를 지나 완만한 오솔길을 30여분을 오르다 가파른 고빗사위를 올라치면 임도에 닿는다.

임도 → 상봉 (1시간40분)
임도를 지나 산길을 더 올라가면 상봉이다. 고사목 몇 그루가 서 있는 정상은 평퍼짐한 공터다. 정상에는 태백산의 천제단 같은 돌 제단이 있고 부근에는 고사목에 돌탑을 쌓아 놓았다. 남쪽에는 무인이동통신 중계소가 우두커니 자리잡고 있다.

상봉 → 중봉 (50분)
상봉에서 중봉 헬기장까지는 완만한 능선이다.

중봉 → 회동리 (2시간)
경사진 산길을 1시간 정도 내려가면 임도가 나타난다. 아래쪽으로 나 있는 등산로에는 '가리왕산 자연휴양림 1.5km'라는 표지판이 세워져 있다. 대개는 여기서 등산로를 따라 내려가지만 눈이 많이 쌓이면 임도를 따라 내려가기도 한다.

회동리

물 따라 흐르는 아라리, 산정에 맺혔네

정상이 가까워질수록 샛바람이 매섭다. 능선을 맴돌며 휘이잉 불어 닥치는 바람 소리가 귓가에 윙윙거린다. 살을 에는 듯한 차가운 바람은 가리왕산의 육중한 몸매를 다듬고 또 다듬었나보다. 높이로는 남한에서 열 손가락 안에 꼽히는 산이지만 그 커다란 덩치와는 다르게 둥그스름한 순둥이 같은 모습을 지녔으니 말이다.
정상에서는 어느 쪽을 바라보아도 산 넘어 산이 첩첩이 성벽처럼 둘러져있다. 날씨가 좋으면 멀리 동해바다를 조망할 수 있지만 정선땅을 휘감고 도는 무수한 강 때문인지 산에서는 시야가 트이는 날이 많지 않다. 산 주변에 펼쳐진 구름은 또 다른 거대한 산의 모습이다.
'눈이 올라나 비가 올라나 억수장마 질라나/만수산 검은 구름이 막 모여든다/아리랑 아리랑 아라리요/아리랑 고개로 나를 넘겨주소'
뿌옇게 피어오른 구름은 산이 내려 보낸 물이 아라리 가락을 싣고 다시 올라온 것 같다.

숲에서 나와 수평의 산을 본다

하산길. 중봉을 지나 비탈길을 내려가면 임도와 만난다. 여기서 계속 등산로를 따라가도 되지만 눈이 많이 쌓여 등산로 찾

상봉에서 중봉 헬기장까지는 완만한 능선이다. 두텁게 쌓인 눈 위로 발자국을 푹푹 찍으며 길을 만든다.

기가 힘들다면 임도를 따라 회동리까지 내려가도 된다. 너르고 고른 평탄한 임도는 산의 자연스러움을 해치는 수술자국 같기도 하지만 숲을 빠져나와 걷다보면 가리왕산의 육중하고도 웅장한 산세가 다시 눈에 들어온다. 그 거대한 공제선을 바라보며 수직이 아닌 수평의 산을 본다. 정선아리랑처럼 낮은 음조로 흐르는 느릿한 땅의 소리에 귀를 기울인다. 소달구지보다도 천천히 유구한 자연의 시간이 흘러간다. 광산골 삼거리 임도부터 휴양림 입구까지는 솔밭 사이로 난 2킬로미터의 오솔길이다. 산 너머로 어느 새 해가 저물고 있다. 똑같은 산일지라도 들어갈 때 보는 모습과 나설 때 보는 모습은 그 느낌과 여운이 다른 법. 아쉬운 마음에 짧은 겨울 해를 붙잡고 싶다.

가리왕산은 산림청에서 관리하는 국유림으로 봄·가을 산불예방기간에는 출입이 통제되며 가리왕산 자연휴양림을 들머리로 할 경우에는 입장료 1,000원을 내야한다. 등산로는 대부분 정선군 회동리와 숙암리로 나 있고 평창 쪽에서 오르는 경우는 거의 없다. 어느 코스든 계곡을 벗어나면 능선에는 물을 구할 곳이 없으니 미리 충분히 준비한다.

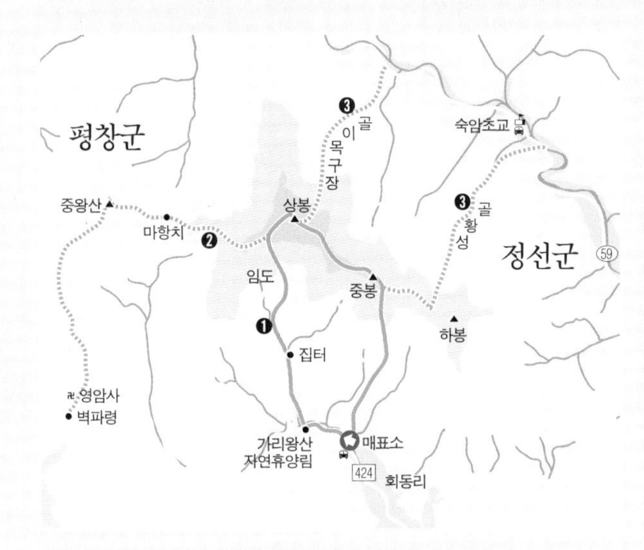

❶ 가리왕산 자연휴양림에서 어은골을 따라 임도 이전까지는 물을 쉽게 구할 수 있고, 임도 이후부터는 경사가 급해진다.

❷ 정상에서 중왕산으로 이어지는 능선길은 완만하지만, 마항치 이후부터는 사람이 많이 다니지 않아 산길을 찾기가 힘들다. 길은 험하지 않으나 규모가 커서 산에서 1박을 하기도 한다. 마항치에서 임도를 따라 내려와도 된다.

❸ 정상에서 장구목이골로 하산하거나 중봉에서 성황골로 내려설 수도 있다.

대중교통

동서울터미널에서 정선까지 하루 9회(07:10 09:35 10:50 13:05 14:15 15:25 16:35 17:45 18:55) 운행. 정선종합터미널에서 가리왕산 자연휴양림 입구까지는 회동 행 군내버스를 타면 30여 분 걸린다. 택시로 가면 10000원 정도.
기차는 정선 5일장이 서는 매 2일과 7일에 청량리역에서 출발(10:00)하는데, 증산역(13:40 도착)까지 가서 아우라지 행 열차(14:00 출발)로 갈아타고 30분을 가면 정선역에 도착한다.

자가용

영동고속도로 새말 나들목에서 평창 방향으로 우회전해 42번 국도를 따라 안흥, 방림삼거리, 평창, 미탄을 거쳐 1시간 30분 정도 가면 정선으로 들어선다. 정선읍내에서는 가리왕산 자연휴양림 이정표를 따르면 된다.

숙박과 먹거리

가리왕산 입구에는 탄광의 사택을 개조해 만든 자그마한 민박집이 많다. 강원랜드가 있는 사북과 고한 일대에는 여관과 모텔 등이 많지만 정선읍내에는 대림장, 동호호텔 등 7군데가 있다. 정선은 산나물로 만든 곤드레나물밥, 국수가 쫄깃해 후루룩 삼키면 콧등을 친다는 콧등치기 국수, 감자옹심이 등이 유명하다. 읍내에서 흔하게 먹을 수 있다.

더 알찬 여행 만들기

화암동굴과 화암약수 정선군 동면 각희산 기슭에 있는 화암동굴은 석회동굴인데 지금도 종유석이 1년에 0.1mm씩 자라고 있다. 주차장에서 동굴 입구까지는 모노레일을 운영해 힘들이지 않고 오를 수 있다. 정선을 대표하는 화암8경 중 하나인 화암약수는 탄산이 섞인 물이다. 위장병에 효과가 있다고 전해진다. 이 약수를 1913년에 마을 주민 문명무씨가 발견했다는 표지판이 있다.

정선 5일장 매 2일과 7일에 열린다. 차츰 사라져 가는 전통 시장의 모습을 볼 수 있는 곳이다. 정선 5일장이 열리는 날은 군청 옆 정선문화예술관 공연장에서 아리랑 창극 공연이 열린다. 공연은 16:40부터 40분간 열리며 관람은 무료다.

아우라지 북면 여량리에 있는 아우라지는 송천과 골지천이 만나 조양강을 이루는 곳이다. 정선아리랑의 발상지로 알려져 있으며 겨울철에 찾으면 굉장히 쓸쓸한 기운이 감돈다. 매년 섶다리가 놓여 강을 건널 수 있지만 여름 장마철이면 떠내려간다. 관광객이 많은 철에는 줄배가 다니기도 한다. 아우라지역과 구절리역 사이의 7.2km 구간은 하루 5회 레일바이크를 운행한다.

가리왕산 자연휴양림 1993년 개장한 국립휴양림이다. 자연학습관, 오토캠프장, 야영장, 야영데크와 산책로 등의 시설이 있으며 어은골 등산로가 여기서 시작된다. 입장료는 1000원, 숙박객은 입장료와 주차료가 면제된다.

지금도 종유석이 자라는 화암동굴.

쓸쓸한 기운이 감도는 아우라지강변.

48 황악산

강철 무지개 끝에,
황악산의 겨울은 절정이다

한창 날선 북서계절풍은 춤추듯 육산으로 달려가지만 언제나 산산이 부서질 뿐 그 완고한 속내를 뚫지는 못한다. 추풍령 포도밭을 지날 때면 늘 청포도의 시인 이육사가 떠오른다. 시인의 고향은 영동이나 김천과는 꽤 거리가 있는 곳인데도. 그의 기일이 겨울이어서 일까. 얕은 고갯마루를 넘으며 길섶에 펼쳐진 포도밭 풍경은 흙과 물로 된 무수한 시인들이 십자가처럼 팔을 벌리고 앙상하게 매달린 것 같다. 야위고 말랐지만 늘어지지 않은 십자가의 손끝에도 우뚝 선 준봉 하나 솟아있다. 서기어린 겨울을 뿜어내고 있는 건 강철로 된 무지개, 황악산이다.

직지사를 세우고 김천을 키워 낸 할아버지

황악산 정상인 비로봉을 중심으로 백운봉, 신선봉, 운수봉에 둘러싸여 있는 직지사는 고려 초기 주지였던 능여대사가 고려 통일에 큰 공헌을 하여 크게 번성하였으나, 조선시대 때 숭유억불 정책으로 인하여 규모가 줄어들었다고 전해진다. 규모가 가장 컸던 시기에는 현재의 김천시청까지 이르렀다고 하니 동국제일가람이라 불릴 만하다. 이처럼 황악산이 직지사를 세우고 직지사는 김천시를 키운 셈이

▲▲ 백두대간은 황악산 발치에 이르러 몸을 낮춘다. 추풍령, 괘방령, 질매재와 함께 바람재는 그 이름처럼 거칠 것 없이 바람이 분다. 한창 날선 북서계절풍은 춤추듯 육산으로 달려가지만 언제나 산산이 부서질 뿐 그 완고한 속내를 뚫지는 못한다.

◀ 능여계곡에서 내원계곡으로 이어지는 물길은 산행 초반 길잡이 역할을 해준다.

▲ 능선길 나뭇가지마다 달려있는 백두대간 종주단의 흔적.

니, 그 형상이 마치 삼부자가 모인 가족과 같다. 그래서 이곳에선 훈훈한 인심과 고향 할애비를 찾아가는 듯한 포근함이 느껴지는 가보다.

불청객을 맞아들이는 산의 주인들

신중으로 깊이 들어갈수록 세속의 소리는 멀어지고, 간만에 들려오는 인기척에 놀란 자연의 소리가 가까워진다. 눈 밟는 발걸음이 바빠질수록 '우수수' 수풀이 흔들리는 건, 겁 많은 겨울짐승이 도망치는 소리일 게다. 난데없이 불청객 취급을 받아버리는 셈이지만 그만큼 산이 살아있다는 소식이기에 되려 반갑다. 반면에 환영의 손짓으로 반갑게 맞이해 주는 주인들도 있다. 흔히 조릿대 또는 산죽이라고 부르는 이 식물은 사계절 푸른 상록성 식물이다. 쪽빛처럼 강렬한 푸른빛을 지니지는 못했기에 수목이 우거지는 여름철이면 눈에 띄지도 않을 식물이지만, 설산에서는 하얀 눈빛과 대조되어 색다른 풍경을 자아낸다.

높이 1111.4m, 4시간 40분 ★☆☆ ●○○

직지사

직지사 → 내원교

직지사를 들어가기 전에 왼쪽으로 나있는 길이 황악산으로 향하는 등산로다. 직지사에서 5분쯤 올라가다 보면 황악산 입산통제소가 보인다. 입산통제기간인 겨울철이라도, 황악산 입산명부에 기재만 하면 무리 없이 입산통제소를 통과할 수 있다. 이제야 비로소 속계도 불계도 아닌 자연의 경계로 첫 발을 디딘 셈이다.

30분

내원교

내원교 → 형제봉

내원교를 건너는 시점부터 등산로가 갈라지기 시작한다. 비로봉에 등정하기 위해서는 내원교를 타고 올라가도 되지만, 형제봉을 통해 비로봉에 등정하기 위해서는 내원교 왼쪽의 문바위골 물길을 타고 올라가야 한다.

2시간

형제봉

형제봉 → 비로봉

형제봉에서 비로봉은 이정표 상으로 약 0.9km정도의 거리로 되어 있다. 가는 길 도중은 참나무로 둘러싸여 있어 장관을 이룬다. 황악산의 이정표에는 거리 표시가 제대로 되어 있지 않은 경우도 있어 주의해야 한다.

30분

비로봉

비로봉 → 직지사

비로봉에는 평평한 공터에 정상임을 표시하는 작은 정상표지석 하나가 설치되어 있다. 백운봉 방향으로 하산한다. 백운봉을 지나 갈림길에서 오른쪽으로 내려가는 길이 백련암을 거쳐 직지사로 연결된다.

1시간40분

직지사

겨울 추위도 비껴간 문바위골 샘물

형제봉을 거쳐 정상으로 가기 위해 문바위골 물길을 따라 올라간다. 겨울에도 아랑곳하지 않고 줄기차게 흐르는 물줄기는 정녕 추위를 모르는 것인가. 오를수록 눈은 많이 쌓여있지만 물은 지치지 않고 흐른다. 가파른 능선길이 시작되면서 사람보다는 도처에 널려 손잡이가 되어주는 참나무들이 더욱 반갑다. 경사가 높을수록 미끄러움이 더해지는 눈과 싸우며 숨을 몰아쉬기를 수십 번 하고 나면 드디어 경사가 완만한 백두대간 줄기에 오른다.

고향 할애비를 만나고 돌아오는 길

비로봉 정상. 약간은 허전한 느낌이다. 평평한 공터에 정상임을 표시하는 작은 정상표지석 하나와 백두대간 종주단이 지나간 곳임을 알리는 게시판 하나가 전부다. 정상표지석 옆으로 아담한 돌무더기가 눈에 띄나, 이것이 누가 소원을 빌고 간 흔적인지는 알 수 없다. 기대보다 소박한 정상 풍경이지만, 정상아래 전망대에서 김천 쪽을 내려 보면 실망감이 가신다. 조선시대 때의 박해를 이겨내고 떳떳이 푸른 기와를 지고 있는 직지사와 김천시의 모습을 보며 새삼 삼부자를 다시 떠올린다. '아, 할애비는 아들과 손자에게 모든 걸 내어주었구나. 이제 할애비는 앙상한 뼈대만

정상 부근. 황악산 정상은 기대보다 소박한 모습이지만 정상 아래 전망대에서 김천 쪽을 내려 보면 실망감이 가신다.

남았어도, 서 있다는 사실만으로 저들에게 힘이 되겠구나.' 이름에 담긴 의미 때문인지, 오방색의 중심인 '황'자가 들어간 황악산은 기력이 쇠했어도 산 아래 고을의 중심을 잡아주며 묵묵히 자리를 지키고 있다.

따뜻한 김천의 밤, 그 온기를 새기고

백운봉 쪽으로 하산하는 길은 별로 험하지 않다. 다만 자꾸 뒤돌아보고 싶은 마음에 발걸음이 쉬이 떨어지지 않는다. 하지만 뒤를 돌아보면 할애비가 흔들어주는 손에 영영 발목이 잡힐지도 모르니 묵묵히 전진한다. 운수암을 거쳐 입산통제소를 빠져나오면 이내 직지사가 또렷이 보이기 시작한다. 오를 때와는 또 다르게 사찰은 장성한 아들의 모습이다. 아들도 아버지처럼 언젠가는 자신의 아들에게 모든 걸 내어주는 때가 있겠지. 그때는 손자가 할애비와 아버지를 봉양하게 될 것이다. 돌아오는 길, 김천의 밤은 그들이 만들어낸 온기로 밝다.

황악산 산길은 백두대간 산행이 아니라면 대부분은 직지사를 거쳐 출발한다. 매표소를 지나 10여 분이면 직지사에 닿는데, 그 전에 왼쪽으로 난 길을 따라가야 등산로다. 황악산 등산은 대부분 정상을 거쳐 원점회귀하는 코스가 이용되고 있으며, 대간길을 갈 경우 길이 희미한 곳이 있어 독도에 주의해야한다. 식수는 계곡길을 따르면 7부 능선까지 쉽게 구할 수 있지만 다른 곳에 샘터는 없다. 황악산은 산림청에서 관리하는 국유림으로 11월 1일부터 이듬해 5월 15일까지는 직지사 위쪽 관리사무소에서 신상명세를 적어야 들어갈 수 있다.

❶ 백련암 쪽이 등산로 정비도 잘 되어있고 이정표도 많아 오르기에는 쉽지만 단조로운 면이 있다.

❷ 내원교에서 내원계곡을 따라 정상에 올랐다가 신선봉 쪽으로 하산해도 된다.

대중교통

서울역에서 하루 29회, 부산역에서 23회 열차가 운행한다. 대전역에서 KTX 환승을 이용할 수도 있다.

고속버스는 강남고속터미널에서 07:10부터 18:20까지 1시간 간격으로 11회 운행한다. 김천역 앞 버스정거장에서 황악산까지는 11번, 111번, 111-1번 버스가 10분 간격으로 운행한다. 시내에서 직지사 입구까지 15분여가 걸린다.

자가용

경부고속도로 김천 나들목을 나와 추풍령 방향 4번 국도를 이용한다. 덕천검문소에서 좌회전하면 977번 지방도를 타게 되고 향천리를 거쳐 직지사에 이른다.

숙박과 먹거리

직지사 주변에는 숙박과 식사를 할 곳이 많다. 샤르망모텔은 객실 수가 81개로 가장 많다. 세림여관은 주인아주머니의 인심이 넉넉하다. 직지사에서는 템플스테이를 운영한다. 단체 숙박객도 많아 미리 전화로 문의하고 예약하는 것이 좋다. 숙박뿐 아니라 예불, 참선, 불교문화해설, 다도, 요가 등 다양한 프로그램이 마련돼 있다. 황악산 주변 식당촌에서는 봄철에 산채음식축제가 열릴 정도로 산나물이 유명하다. 송학식당의 산채정식은 1인분에 10000원이다.

더 알찬 여행 만들기

직지문화공원 중앙의 음악조형분수를 중심으로 광장, 폭포, 직지사 경내의 물을 그대로 유입하여 공원 내로 흐르게 하는 계류시설, 어린이 종합놀이시설, 지압보도, 산책로, 정자 및 파고라, 의자 등 각종 편의시설이 설치되어 있다. 또한 국내외 17개국 유명 조각가들의 작품 50점, 20개의 시비(詩碑), 아파트7층 높이로 전국에서 가장 큰 대형 장승 2기, 170m의 성곽과 전통 담, 원형음악분수, 야외공연장 등이 설치되어 있고 소나무 외 23종의 교목류를 비롯하여 관목류, 초화류, 야생화 등을 볼 수 있다.
직지문화공원 내에 있는 김천세계도자기박물관에서는 토기에서 도기와 자기로 이어진 세계도자기의 흐름을 소개하고 18~19세기로 거슬러 간 유럽자기 그리고 웨지우드, 마이센, 로얄 코펜하겐 등 유럽자기 명가의 대표 작품을 전시하고 있다. 크리스탈 유리전시관에는 영국 빅토리아 여왕시대에 제작된 빅토리안 등을 비롯하여 랄리크, 에밀갈레, 무라노 등 크리스탈과 유리작품 전시를 통해 박물관의 가치를 차별화 하고 있다. 영상실 에서는 도자기 제작과정에 대한 해설이 담긴 영상물을 상영하고 있어 관람객들의 이해를 돕고 있다.

직지사 황악산(黃岳山)의 황자는 청(靑), 황(黃), 적(赤), 백(白), 흑(黑)의 5색(色) 중에서도 중앙색을 상징하는 글자이다. 따라서 예로부터 직지사는 해동(海東)의 중심부에 자리잡고 있는 으뜸가는 가람이라는 뜻에서 동국제일가람이라는 말이 전해지고 있다. 418년 아도화상에 의해 세워져 1,600여 년을 내려온 직지사는 고려 능여대사 때 가장 번창했다. 그 때는 2층 규모의 대웅전에 청동기와를 덮었다고 하는데, 지금은 용마루의 기와 하나만 청동으로 남아 옛 영화를 증언하고 있다. 대웅정 앞의 탑은 1974년 경북 문경 도천사지에서 가져와 복원한 것으로 보물 제607호로 지정되어 있다. 직지사에는 임진왜란 때 승병을 일으켜 나라를 지켰던 사명대사가 출가한 곳이라 하여 사명각이라는 이름을 가진 불전도 세워져 있다. 이 커다란 절에서 많은 스님들이 모여 저녁예불 드리는 모습이 장관이고, 절을 감싼 숲이 청량하다.

전국에서 가장 큰 장승이 직지문화공원에 있다.

직지사 대웅전과 탑.

49 감악산

분단의 아픔과 흔적 뒤로 바람은 불고

분단이 아니었다면, 이 낮은 산정에서 이렇듯 마음이 시리지는 않을 것이다. 한북정맥의 끄트머리, 이렇다 할 비경도 유구한 역사의 기억도 이제는 별로 남아있지 않은 작은 봉우리에서 우리네 몸은 왜 이렇게 떨려야 하는가. 분단이 아니라면, 열차는 신의주를 지나 시베리아 벌판을 내달리고 있을 것이다. 허나 광장 한 귀퉁이에 재현된 낡은 증기기관차는 여전히 얼어붙은 임진강 같다. 심장이 터지게 내쳐 달려야 할 바퀴달린 것들이 맥박조차 없이 제자리에 머무르고 있는 풍경은 그래서 답답하고 처랑하다. '여기까지 오는 데 50년' 자유의 다리에 새긴 동판이 선명한 가운데 임진강으로 부는 봄바람은 얼음장을 만나 다시 시린 김을 뿜어내고 있다.

신이 사는 풍요로운 산

예부터 '경기 5악'으로 알려진 감악산이 그 이름과는 다르게 일반에 개방된 것은 1980년대 말에 들어서다. 그 전까지 이곳은 군 참호와 시설물들이 늘어선 통제구역이었다. 〈삼국사기〉에 '검고 푸른 빛이 배어난다'는 뜻의 감악이라는 말이 처음 나오는데, 그때부터 조선시대까지 나라에서는 별기은(別祈恩)이라는 제사를 감악

▲ 감악산에서는 맑은 날이면 멀리 북녘 땅이 바라보인다. 감악산 북쪽, 임진강을 건너서부터는 민간인통제선이다. 정상 임꺽정봉에서 주변을 조망하는 사람들.

◀◀ 등산객들에게 이정표가 되는 법륜사는 1970년에 창건한 절로 신라 때부터 있었다고 전해지는 옛 운계사 터에 세운 것이다.

◀ 빗돌대왕비, 설인귀사적비, 진흥왕순수비로 불리는 감악산 정상부의 비석은 글자가 모두 지워져 신라시대의 것이라는 것 말고는 알려진 사실이 없다.

산에서 지내왔다. 어떤 이유에선지는 모르나, 감악산은 이후로 무속신앙에서 중요시되는 신산(神山)이 되어왔고, 민간에서도 봄·가을로 산에 올라 굿을 하며 신이 사는 산으로 믿어왔다.

이렇듯 감악산이 지역의 신산으로 자리 잡은 데는 파주와 양주 일대가 예로부터 사람이 살기 적당한 땅으로 지금의 경기 북부 문화의 중심지가 되어온 영향이 크다. 한탄강과 임진강 일대는 구석기시대부터 사람이 살아왔다. 연천군 전곡리 선사유적지와 주변에서 발견되는 수많은 고인돌이 이런 사실을 뒷받침해 주는데, 적어도 농경사회의 시작 이전에 채집과 수렵생활을 하던 인간이 모여 살았다는 것은 자연 환경이 그만큼 풍요로웠다는 반증이다.

온 가족과 함께 하기 좋은 산

큰산 악(岳)자가 들어가는 산은 으레 진땀깨나 흘릴 것이라 생각하지만 감악산은 의외로 별로 힘든 구간이 없어 가족산행지로 적격이다. 또한 서울에서 가깝고 북녘 땅 조망이 잘 된다는 이유로 여름이나 가을 단풍철이면 사람들로 북새통을 이룬다.

법륜사를 지나 걷는 등산로는 널찍한 돌이 깔려있고 경사도 그다지 가파르지 않아 걷기 편하다. 산책로 같은 길을 따라 십 분 정도 오르면 탁자와 벤치가 있는 쉼터가 나오고 조금 더 가면 이정표에 묵밭이라고 적힌 너른 공터를 마주한다. '묵은 밭'을 지나 왼쪽 능선으로 오르는 길로 접어든다. 오르막은 십여 분이면 능선에 닿을 정도로 멀지 않다. '큰 고개'로 불리는 안부는 감악산휴게

높이 675m, 2시간 30분

★☆☆
●○○

법륜사 **법륜사 → 묵밭**
법륜사 입구에서 버스를 내리면 '감악산 등산로' 표지판이 있다. 법륜사를 뒤로하고 계곡길로 10분 올라가면 숯가마터가 있는 잣나무쉼터다. 잣나무쉼터를 지나 7~8분 더 들어서면 작은 분지를 이룬 묵밭 삼거리에 닿는다.
20분

묵밭 **묵밭 → 까치봉**
묵밭 삼거리에서 정상으로 길이 두 갈래로 갈라진다. 왼쪽 급사면 길이 북서릉인 까치봉으로 오르는 길이다. 묵밭 삼거리에서 안골 안으로 3~4분 들어가면 만남의 숲 쉼터가 있다. 왼쪽 능선길을 따라 30여 분 오르면 까치봉이다.
40분

까치봉 **까치봉 → 감악산 정상**
널찍한 바위 슬랩을 올라서부터는 크고 작은 바위를 넘어야 한다. 그다지 높거나 위험한 것은 아니고, 바위 표면도 살아있어 어렵지 않게 오를 수 있다. 까치봉 정상에는 정자가 있어 사람들이 쉴 수 있도록 해놓았다.
30분

감악산 정상 **감악산 정상 → 임꺽정봉**
정상에는 군부대가 있고 '감악산 신라고비'가 세워져 있다. 정상에서 임꺽정봉을 향해 동쪽으로 방향을 튼다. 임꺽정봉(매봉재) 밑에서 북릉으로 10분 내려서면 우물처럼 내려다보이는 임꺽정굴이 있다.
30분

임꺽정봉 **임꺽정봉 → 법륜사**
완만한 능선으로 이루어진 내리막을 따라 하산한다. 안골에서 30여 분을 걸어 내려오면 다시 묵밭 삼거리가 나온다. 왔던 길을 되짚어 법륜사로 하산한다.
30분

법륜사

소에서 올라오는 능선길과 만나는 지점이다. 갑자기 시야가 확 트이는 것은 아니지만 참나무 숲 사이로 간간히 산 아래 풍경이 바라보인다.

지난 과거의 아픈 흔적들

산길 곳곳에는 주인 없는 봉분처럼 듬성듬성 잡풀이 자란 군 참호와 낡은 통신선이 얽혀있어 산의 지난 과거를 말해주고 있다. 감악산 개방 이후에도 여전히 북쪽 사면으로는 군사 시설이 있어 철책으로 출입을 막고 있다.

까치봉까지는 채 30여 분이 걸리지 않는다. 까치봉 정상에는 정자가 있어 사람들이 쉴 수 있도록 해놓았다. 어느새 확 트인 시야에는 발아래 굽이치는 임진강과 그 너머 민통선 구석구석까지 들어온다. 날씨가 맑은 날에는 북녘 땅도 한눈에 들어올 만한 풍경이다.

천 년 넘은 두 개의 역사가 공존하는 산

헬기장이 있는 너른 봉우리까지는 금세다. 감악산 정상은 지도마다 달리 나와 있는데, 군부대와 비석이 있는 너른 이곳을 정상이라 하는 지도도 있고, 건너편 임꺽정봉을 정상으로 표기한 지도도 있다.

사진촬영금지 팻말이 걸려있는 철조망 앞에 서 있는 비석은 설인귀사적비, 비뜰대

까치봉 정상에는 정자를 지어 등산객들이 쉬어갈 수 있게 해놓았다.

왕비, 빗돌대왕비, 몰자비(沒字碑) 등 다양한 이름으로 불린다. 최근에는 또 하나의 진흥왕순수비가 아닐까 하는 의견도 나오고 있다고 하는데, 학계에 알려진 정식 명칭은 '감악산신라고비'다.

이름이 여러 개인 이유는 이 비석의 유래를 알 수 없기 때문인데, 신라 때 것으로만 추측할 뿐 비석에 적힌 글자가 모두 지워져 판독이 불가능하다. 하지만 그 이름만큼 여러 가지 이야기가 전해 내려온다. 어쨌든 신라 때부터 주변 무속인들 뿐 아니라 나라에서도 감악산에 제사를 지냈다고 하니, 예사로운 비가 아닌 것만은 분명하다. 비석 오른편 길로 철조망을 따라 내려간 곳에는 하얀 성모마리아상이 서 있다. 마리아상의 시선은 북쪽이다. 한국의 산에서는 다소 낯선 풍경이다. 1998년 근처 부대의 성당에서 세운 것이라는 설명이 적혀있는데, 천 년도 넘는 역사의 차이를 간직한 두 개의 석물이 간직한 사연이 곧 감악산의 현 주소가 아닐까.

감악산은 예로부터 개성 송악산, 과천 관악산, 가평 화악산, 포천 운악산과 함께 '경기 5악'으로 불려왔다. 바위 사이로 검은빛과 푸른빛이 흘러나온다고 해서 '감색 바위산'이라는 뜻의 감악(紺岳)으로 이름 붙여졌으며 법륜사가 있는 파주쪽 산세와 달리 임꺽정봉을 중심으로 한 정상부는 바위절벽으로 이루어져 있다. 감악산 등산로는 파주시와 양주시 두 군데에서 접근할 수 있다. 파주시 쪽이 먼저 개방되어, '자연발생유원지' 명목으로 어른 1000원의 입장료를 받는다. 양주시 쪽은 따로 입장료를 받지 않는다.

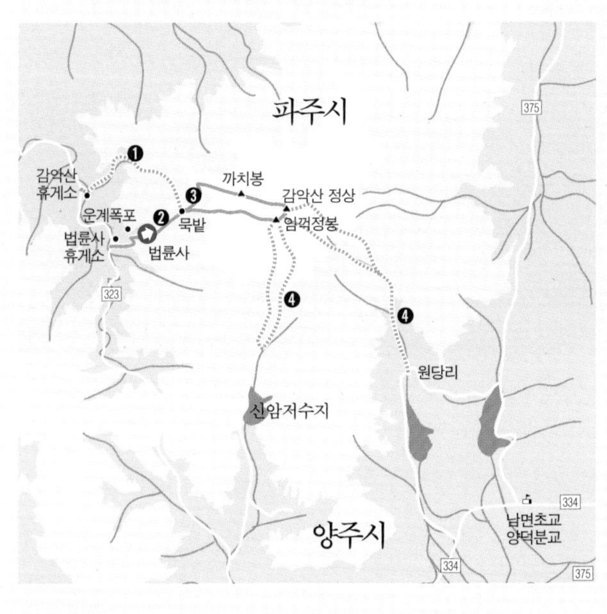

❶ 파주쪽은 감악산휴게소를 들머리로 할 수도 있다. 주차할 곳이 마땅치 않아 등산로 입구 적당한 곳에 세워두고 올라가야 한다.

❷ 운계폭포를 보려면 법륜사 못 미쳐 이정표에서 왼쪽으로 난 오솔길을 따라 내려간다.

❸ 묵밭이 있는 지점부터 등산로가 3갈래로 갈라진다. 어느 쪽으로 올라도 4~5시간이면 산행을 마치고 내려올 수 있다.

❹ 양주쪽은 신암저수지나 원당리 쪽에서 접근한다. 신암저수지 쪽 들머리는 감악산의 가장 아름다운 풍경을 볼 수 있다.

대중교통

국철 가능역(구 의정부 북부역) 앞에서 25번 버스를 타면 된다. 법륜사 입구에서 정차하며 1시간여 걸린다. 종점인 불광동 서부터미널에서 타도 된다.

자가용

의정부에서 동두천 방면으로 3번 국도를 따르다 덕계 사거리에서 좌회전 해 316번 지방도~349번 지방도~신암리를 지나면 설마리 법륜사 입구에 닿는다. 덕계 사거리 앞에 이정표가 있으므로 참고하면 된다. 서울에서 파주쪽으로 접근할 때는 통일로를 따라 문산까지 와 37번 국도로 우회전 해 적성삼거리에서 우회전하면 323번 지방도와 만난다. 갈림길에서 10분여 가면산행 들머리인 법륜사 입구다.

숙박과 먹거리

근처에 숙박시설은 없으므로 차량으로 10분 거리이인 적성이나 문산을 이용해야 하며, 식당은 설마치계곡 곳곳에 있다. 신암리쪽은 신산리(남면 소재지)나 동두천을 이용하는 것이 좋다.

더 알찬 여행 만들기

임진각 1971년 남북공동성명 후 1972년 실향민들을 위해 세워진 임진각은 임진강 남쪽, 민통선에서 가장 가까운 지점에 있다. 자유의 다리, 평화의 종, 북한자료를 볼 수 있는 경기평화센터와 군 장비 등이 전시되어있으며 망배단, 아웅산순국외교사절위령탑 등이 있어 연간 200만여명의 내·외국인이 찾는다. 별도 입장료는 없으나 주차요금은 따로 받는다. 임진강역 행 열차는 서울역에서 05:50부터 매시 50분마다 하루 16회 운행한다. 최근 개통된 도라산역을 가려면 임진강역에서 내려 별도의 절차를 거쳐야한다.

자운서원 1973년 7월 10일 경기도기념물 제45호로 지정되었다. 1615년(광해군 7) 지방 유림의 공의로 율곡 이이의 학문과 덕행을 기리기 위하여 창건되어 1650년(효종 원년) 자운(紫雲)이라는 사액(賜額)을 받았다. 높은 대지 위에 사당을 앉히고 사괴석 담장을 둘러 삼문 앞 계단으로 오르도록 설계하였다. 사당은 6칸으로 익공계(翼工系) 형식 팔작지붕이며 이이 좌우에 김장생과 박세채의 위패가 봉안되어 있다. 그외 신문(神門)과 동서 협문(夾門)은 양측면을 박공으로 마감한 솟을대문 모양이며, 묘정비(廟庭碑)가 세워져 있다. 좌우 능선에 이이와 부모의 묘소가 있다. 매년 8월 중정(中丁)에 향사를 지낸다.

전곡리선사유적지 1978년 미군 병사에 의해 우연히 발견된 전곡리선사유적지는 구석기 시대를 보여주는 세계적으로도 중요한 유적이다. 연천군 전곡읍 전곡리 한탄강변에 있으며, 유적 발견 이후 1979년 사적 제268호로 지정되었다. 현재까지 3천여 점의 유물이 발굴되었으며 이후 공원과 박물관으로 조성돼 관광객들이 찾고 있다. 매년 5월 어린이날을 전후해 연천군에서는 전곡리구석기축제를 연다. 입장은 무료.

임진각 철조망에 걸어놓은 무수한 통일염원.

전곡리선사유적지에서 구석기 시대를 볼 수 있다.

50 두륜산

산과 바다를 오가는 유토피아

삶이 팍팍해지면 무작정 바다가 그립다. 그러나 정작 하늘과 맞닿은 수평선 앞에 서면 왠지 불안해지곤 한다. 끝 간 데 없는 바다 앞에서 왠지 모를 불안감을 느끼는 건 산이 보이지 않아서일까? 병풍처럼 삶을 에두르고 있는 산이 감옥처럼 느껴지는 이가 있는가 하면 유전자 속에서부터 든든한 생의 버팀목처럼 박혀 있는 사람도 있다. 이 땅의 끝자락에서 산과 바다를 함께 만나고 싶은 사람, 눈앞에 봉긋 솟아오른 산이 보이지 않으면 둥지를 떠난 새처럼 불안한 사람은 해남의 두륜산으로 떠나자. 유전자 속에 찍힌 산이란 암호를 화두 삼아.

땅에 솟은 연꽃

큰 덩어리, 봉우리 산이란 뜻의 '한듬산'이라 불리는 두륜산은 주봉인 가련봉(703m)을 중심으로 고개봉 · 노승봉(능허대) · 두륜봉 · 연화봉 · 혈화봉 등의 암봉이 솟아 있으며 그 고개 중심에 대흥사가 자리 잡고 있다. 그래서 하늘에서 내려다보면 두륜산과 대흥사는 연꽃이 땅에 솟아 있는 느낌을 준다. 신라 진흥왕 5년(514년) 아도화상이 세운 대흥사는 서산대사와도 관련이 있는 유서 깊은 절이다. 절 안에는 표충사를 비롯하여 탑산사 동종 등 보물 네 점, 천연기념물 한 점과 수많은 유물들이 보존되어 있어 문화재답사를 겸한 산행을 즐길 수 있다.

조릿대들의 노랫소리

대흥사를 지나 북암으로 오르는 길이 가파르다. 울퉁불퉁 퉁겨져 나온 비위 덩어리들을 차근차근 딛고 올라서는 일은 제법 다리품을 팔게 한다. 두륜산은 고도를 높일수록 큰 키의 나무들은 잦아들고 온통 조릿대들의 산이 된다. 큰 나무 그늘을 벗어나자 제 세상 만난 모양 하늘을 향해 쭉쭉 뻗어 올라 울울창창 터널을 이룬다. 조릿대 터널을 지나는 사람은 스스로 악기가 되어야 한다. 종아리로 어깻죽지로 배낭으로 푸른 댓잎 스치며 서걱서걱 스사삭 노래

◀ 이 땅의 끝자락에서 산과 바다를 함께 만난다. 저무는 한 해, 화살처럼 날아가는 시간 앞에 흔들리는 사람들, 해남의 두륜산으로 떠날지어이.

높이 703m, 3시간 30분

★☆☆
●○○

지점	소요시간	구간	설명
대흥사	1시간	대흥사 → 북암	절을 구경한 다음 서산대사 유물 전시관 부근의 표충사에서 왼쪽길로 접어든다. 표충사 입구에 등산로 안내판이 있다. 널찍한 길을 따라 3분쯤 걸으면 길이 두 가닥으로 나뉜다. 왼쪽 길을 따라 30분쯤 오르면 두륜산 조망이 시원스럽게 터지는 북암에 이른다.
북암	20분	북암 → 오심재	북암을 지나 산사면을 가로지르면 오심재에 닿는다.
오심재	20분	오심재 → 노승봉	안부에서 남쪽에 솟은 노승봉을 향해 발길을 옮긴다. 가파른 절벽에 쇠사슬과 쇠발판이 박혀 있는 절벽을 치고 올라 구멍바위를 통과해야하는 구간이다. 이곳 오심재부터 정상까지는 가파른 암릉길이 이어져 곳곳에 밧줄과 난간, 철발판들이 길 안내를 한다.
노승봉	10분	노승봉 → 가련봉	쇠줄을 잡고 노승봉을 내려선 뒤 두 개의 암봉을 우회해 가련봉 정상에 오른다.
가련봉	30분	가련봉 → 두륜봉	능선은 두륜봉 왼쪽 사면을 가로지른 뒤 철계단으로 이어진다. 이 계단 위에는 아치형 자연바위 구름다리가 드리워져 있다. 이 다리를 건너 오르면 두륜봉이다.
두륜봉	1시간 10분	두륜봉 → 대흥사	구름다리를 통과해 왼쪽의 계단을 내려서면 능선길은 끝난다. 숲이 우거진 산길을 따라 내려서다 만나는 찻길을 따라 100m쯤 오르면 진불암이다. 눈이 내린 날은 진불암에서 골짜기를 타고 하산하기보다 임도를 이용하는 게 편하다.
대흥사			

를 불러야 한다. '나의 노래는 나의 힘'이라고 노래하던 가수처럼 내 몸뚱이도 정직한 악기가 되어 죽어서도 힘이 되는 그런 노래를 부르고 싶다. 몸을 부딪쳐 맑은 소리로 세상과 공명하고 싶다. 댓잎을 스치는 노랫소리 높아진다. 지친 발소리, 허걱이던 숨소리 노래에 묻힐 때, 눈 덮인 겨울 산에서 시리게 푸른 제 빛을 뽐내게 될 조릿대들, 그 오랜 기다림을 생각한다.

산이 섬이고 섬이 산이다

오심재부터 정상까지는 가파른 암릉길이 이어져 곳곳에 밧줄과 난간, 철발판들이 길 안내를 한다. 그러나 내 힘으로 길 찾기에 소홀하여 남이 만든 길만 따라 오르다 보면 그만한 대가를 치르기도 한다. 노승봉 정상으로 가는 막바지에서 눈에 보이는 철발판만 의지하고 방심하다가는 커다란 바위가 대들보처럼 걸터앉은 구멍을 통과하면서 머리를 부딪힐 수도 있으니 조심해야 한다.

노승봉 너머 가련봉으로 오르는 길에는 저무는 햇살이 고도를 낮추며 귓불을 간질인다. 이제 곧 바다가 보인다는 생각에 몸이 달뜬다. 남도의 끝자락 산정에서 서남해안의 다도해와 낙조를 보리라. 그러나 안개가 많이 낀 날에는 그런 바람이 무산될 수 있다. 산 아래를 포위한 가스층이

두륜산 노승봉에서 바라본 가련봉. 두륜산은 고계봉에서 두륜봉까지 크고 작은 암릉이 이어진다.

높고 두터워지면 바다가 보이지 않기 때문이다.

남쪽으로 보이는 커다란 봉우리가 완도인데 구름이 많이 낀 날에는 섬 전체가 거대한 산으로 보인다. 짙은 안개가 산과 섬의 경계를 무너뜨리기 때문에 운해 사이로 떠 있는 산은 섬처럼, 섬은 산처럼 보이는 것이다. 정작 기대했던 바다를 보지 못할지라도 이것 역시 나름대로의 장관이니 너무 아쉬워하지는 말자.

남도의 산자락에 계절은 더딘 걸음으로 머무는지 몰라도 저무는 해는 여지없이 하루의 몫을 다하고는 고개를 떨어뜨린다. 산자락 긴 어둠 끝에 산행을 처음 시작한 대흥사 저녁 예불소리가 있다. 그리고 절 내 성보박물관에는 서산대사 유품 가운데 이런 글귀가 있다.

"80년 전에는 저것이 나이더니 80년 뒤에는 내가 저것이고녀."

두륜산

산행은 문화 유적이 많은 대흥사나 능선까지 접근이 쉬운 827번 지방도 상의 오소재를 들머리로 삼는 게 일반적이다. 코스에 따라 차이가 있지만 5~6시간 정도면 산행을 마칠 수 있으며 능선에 올라서면 대흥사와 완도 일대의 풍경을 감상할 수 있다.

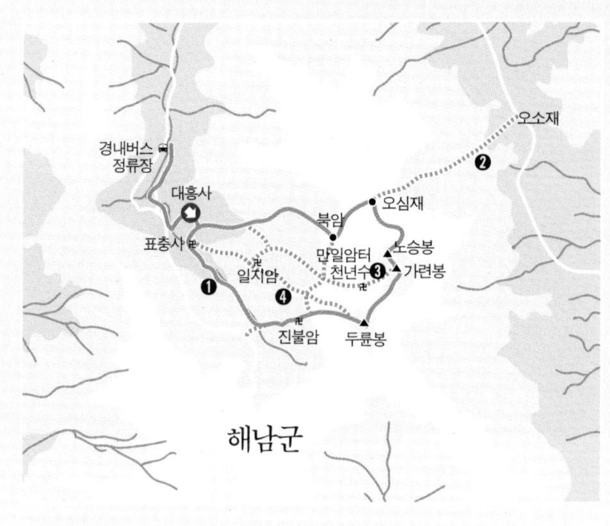

❶ 대흥사에서 가련봉을 지나 표충사로 하산하는 코스가 가장 일반적이며 대흥사의 문화재 답사와 노승봉에서 두륜봉으로 이어지는 아기자기한 암릉 등반의 재미를 겸할 수 있다.

❷ 오소재에서 시작해 오심재까지는 능선을 따라 오르므로 그리 어렵지 않다.

❸ 가련봉에서 만일암터로 내려가 천년수를 보고 일지암, 표충사를 거쳐 하산할 수 있다.

❹ 진불암에서 일지암으로 가려면 진불암 경내에서 만일암터 길을 따르다 첫 번째 갈림목에서 왼쪽 길을 따라 내려선다. 일지암에서 포장도로를 따르거나 차밭 왼쪽의 소로를 따라 곧장 내려서면 대흥사에 닿는다.

대중교통

두륜산에 접근하려면 해남을 기점으로 삼아야 한다. 서울에서 해남까지는 센트럴시티터미널에서 고속버스가 운행하며 5시간 30분 거리다. 해남에서 산행의 들머리인 대흥사까지는 06:30부터 19:30까지 30분 간격으로 직행버스가 운행하며 해남시내에서 06:50부터 19:45까지 하루 25차례 버스가 있다.

기차로 갈 때는 05:20부터 23:10까지 서울역에서 광주까지 운행하는 새마을호나 무궁화호를 이용해 광주에서 하차한 후 05:00부터 22:00까지 20분 간격으로 운행하는 해남 행 버스를 이용하면 된다.

자가용

호남고속도로 광산 나들목을 이용한다. 13번 국도를 타고 영암을 향해 간다. 영춘리에서 18번 국도로 갈아 타면 해남으로 갈 수 있다.

숙박과 먹거리

대흥사 입구 상가지대에 자리 잡은 대흥각이나 유스호스텔 등에서 숙박할 수 있다. 대한민국의 가장 끝에 있다는 땅끝마을(갈두리)에선 충남민박, 케이프 카페민박 등을 이용하면 된다. 대흥사 입구에 있는 전주식당의 오리주물럭이 맛깔스럽고, 곱창구이가 맛있는 덕진식당, 유황오리찜이 맛있는 민속황토집 등이 있다.

더 알찬 여행 만들기

대흥사 조계종 22교구 본사인 대흥사는 크게 두 부분으로 나눌 수 있다. 일주문 앞에 자리잡은 곳이 천불전이 있는 남원이며, 금당천이 흐르는 삼진교를 건너면 북원이다. 대흥사 대웅전에는 신라말 고려 초의 작품을 추정되는 대흥사 유적 중 가장 오래된 보물, 3층 석탑이 있다. 천불전에 있는 천 가지 얼굴을 한 불상은 누구나 부처가 될 수 있음을 말해준다.

북암 노승대 아래 자리잡은 북암은 대흥사의 정동쪽에 자리잡고 있지만 절 입구에서 바라볼땐 북쪽에 떨어진 암자이기에 북암이란 불린다. 북암으로 가는 길은 너덜바위 길을 따라 이어진다. 한적한 숲길은 산죽밭을 지나 널찍한 안부에 자리잡은 용화전과 요사체가 있는 북암에 이른다. 이곳엔 보물 301호인 석탑과 보물 48호인 마애여래좌상이 있다. 바위면에 새겨진 여래좌상은 가사를 걸친 채 온화한 미소를 지니고 있으며 가부좌를 하고 있다. 3층 석탑은 여래좌상이 있는 용화전의 왼편 뜨락에 자리 잡고 있다. 이 3층 석탑은 북암 남쪽의 언덕에 세워진 석탑과 쌍을 이루는 것으로 불심이 깊은 신도들이 탑돌이를 하곤 한다.

녹우당 고산 윤선도 유적지인 녹우당. 윤선도 박물관 내 공재 윤두서의 자화상 등의 진품을 감상할 수 있다. 국보 제240호로 지정되어 있는 이 윤두서의 자화상은 세계적으로도 주목받는 걸작으로 알려져 있다. 이외에도 보물 제483호인 노비문서, 보물 제481호인 해남 윤씨 가전고화첩, 보물482호인 윤고산수적관계문서 등도 볼 수 있다.

대흥사 천불전. 천 가지 얼굴을 한 불상들.

일지암 두륜산 대흥사를 한눈에 내려다 볼 수 있는 일지암. 지금의 일지암은 1979년 한국다인협회가 복원한 것으로 단아한 암자와 작은 연못이 조화를 이뤄 포근함이 느껴진다. 녹색의 수초와 연꽃이 자라는 연못 위로 돌을 쌓고 요사체를 올렸다. 초의선사가 묵었던 이곳은 한국 차 문화의 요람이다.

고산 윤선도의 흔적이 남아있는 녹우당.

51 방장산

대지에 피운 세월의 소리

고창, 정읍, 장성. 세 도시의 중심에 넓은 어깨를 걸치며 솟아있는 방장산(方丈山 · 744.1m)은 오늘도 말없이 호남정맥을 바라본다. 영산강이 아니었다면 방장산도 정맥의 힘을 받아 키를 더 키울 수 있었을 것이다. 하지만 산은 애꿎은 물을 탓하지 않고 받은 힘을 목포의 유달산까지 뻗쳐놓았다. 마치 네가 버린 내 힘을 보라는 듯이……. 그렇게 주목받지 못한 설움은 이 지역의 땅과 사람 그리고 산에게 무수한 사연을 만들었다. 많은 사연을 담은 역사 깊은 산임에도 결코 뽐내지 않는 산. 봄이 무르익으면 선운산의 동백과 내장산의 매화에 묻혀 버리지만 이 근방을 찾아온 사람들에게 그저 묵묵히 웃음 지을 산이다.

삼신산은 쉬이 길을 열어주지 않는다

갈재에서 방장산으로 오르는 길은 정확히 장성과 정읍의 경계가 갈리는 도로변에서 시작한다. 차가 많이 다니지 않는 길에는 도로표지판 하나가 이곳이 전라북도와 남도의 경계선이라는 것을 밝히고 있다.

길이 험해 초반부터 산행이 쉽지 않다. 방장산 정상의 높이와 지금껏 오른 높이를

▲ 방장산에서는 맑은 날에 지리산과 무등산까지 볼 수 있으나 흔한 일은 아니다.
◀◀고창, 정읍, 장성을 접하고 있는 방장산은 어느 곳에 올라서도 조망이 좋다.
◀ 방장산을 바라보고 있는 미륵상은 긴 세월동안 무슨 얘기를 나누었을까.

머리로 계산하며 꽤나 올라왔다고 생각할 즈음엔 갑작스런 내리막길로 접어든다. 이 길의 변화무쌍함은 기상변화처럼 오락가락하는 면이 있다. 이렇듯 호남의 삼신산은 쉬이 길을 터주지 않는다. 올라온 만큼 내려가는 것 같은 억울함에 원망이 들 때쯤엔 불평할 여지도 없이 다시 오르막과 마주하게 된다. 한참을 오르면 한순간 눈앞이 탁 트이며 기상천외한 장소가 나타난다. 지금껏 올라온 길은 물론 양쪽에 정읍과 장성의 모습을 내려다볼 수 있는 것이 마치 조망을 위해 만들어놓은 것 같은 장소다. 이곳을 지나면 곧 완만한 능선길에 접어들게 되지만, 방심해도 될 만큼 쉽지는 않다. 쓰리봉, 투구봉 등 줄을 지어 솟아있는 암봉들을 건너야하기 때문이다. 이렇듯 삐죽삐죽 솟은 험난한 산세 때문에 주위에 내장산, 백암산이 있음에도 불구하고 호남의 삼신산이 될 수 있었던 걸까. 높이는 높지 않지만, 그 기세가 눌리지 않는 당당함을 엿볼 수 있다.

전라남북의 경계에서 외치는 탄성

734봉을 눈앞에 둔 지점에서 오른편으로 소갈재에서 올라오는 길이 있다. 길이 하도 험해서 이 지방 사람들도 잘 올라오지 않는다고 한다. 734봉에 다다르면 방장산은 그 동안의 고생을 잊게 해줄 명장면을 선사한다. 평소 이렇게 낮게 있었나 싶을 정도로 눈높이에 펼쳐진 구름과 가까이로는 입암산과 내장산, 날씨가 좋은 날에는 멀리 무등산과 지리산까지 조망이 가능하다.
계속해서 정상을 향하며 걷다보면 바위 곳곳에 강낭콩처럼 생긴 것들을 흔히 볼 수 있다. 하지만 이 강낭콩들을 집어 먹거나 만져볼 생각일랑은 하지 않는

높이 743m 4시간

★☆☆
●○○

구간	시간	설명
장성갈재	40분	**장성갈재 → 734m봉** 산길을 들어서면 숲이 우거진 가운데 급경사 오르막이 한동안 이어진다. 20분쯤 지나면 턱진 능선 사면을 올라선 다음 곧 헬기장을 거쳐 무명봉을 넘어서면 능선은 좁아지면서 군교통호가 어지러이 나타나다 뚝 떨어진다. 안부를 지나면 다시 오르막이 한동안 지속되다 고흥 유씨 묘에서 오른쪽 능선길을 따르면 정읍시 입암면 연월리 신월 마을로 내려선다. 묘를 지나 바윗덩이가 거칠게 박혀 있는 능선을 잠깐 올라서면 734m봉 정상이다(갈재 1.8km, 신월리 3.2km).
734m봉	1시간	**734m봉 → 봉수대** 734m봉 정상에서 내려와 잡목과 조릿대 구간을 지나 짤막한 내리막을 따르면 2m 높이의 침니바위를 내려서야 하고, 왼쪽 우회로를 따르면 침니바위 아래로 내려선다. 침니바위, 너럭바위를 지나면 슬랩바위를 내려선 다음 안부로 떨어진다. 안부를 출발, 두 번째 봉을 넘어서면 갈림목에 다다른다. 갈림목을 지나 급경사 오르막을 100여m 따르면 널찍한 봉수대 정상에 올라선다.
봉수대	20분	**봉수대 → 방장산 정상** 봉수대에 정상표시가 있지만 실제 정상은 문바위재로 내려섰다 다시 올라야 한다.
방장산 정상	1시간	**방장산 정상 → 벽오봉** 정상에서 내려오면 방장재 사거리가 나온다. 오른쪽으로 20분 내려오면 패러글라이딩 활공장을 지나 벽오봉이 나온다.
벽오봉	1시간	**벽오봉 → 양고살재** 벽오봉에서 20여 분 내려오면 표지판이 나오고 코끝이 닿을 정도의 가파른길을 약 10분 내려가면 양고살재로 가는 능선길과 만난다.
양고살재		

것이 좋다. 그것은 이곳을 돌아다니던 인근 목장에서 도망나온 염소들의 배설물이다. 염소의 흔적들을 뒤로하고 능선을 따라 오르다 보면 헬기장이 나타난다. 옛날에는 봉수대였다고 하는데, 지금은 유심히 살펴봐야 알 수 있을 만큼 터만 남아있다. 봉수대가 원형을 알아보기 힘들 정도로 훼손되어 있는 것이 실망스럽다면, 이곳이 '천혜의 지형'이라는 사실에 주목하기 바란다. 분명 사방이 열려있음에도 살갗을 스쳐가는 바람이 거의 느껴지지 않는다. 마치 봉수대나 헬기장으로 이용할 수 있도록 산이 배려를 한 것처럼 아늑함이 느껴지는 무풍지대다. 이곳을 지나쳐간 사람들 중에 과연 이 사실을 눈치 챈 사람은 얼마나 될는지. 방장산도 식후경이니, 점심 도시락을 여는 일이 급할 뿐이다.

가는 겨울에 흩뿌리는 마지막 '눈(雪)물'

봉수대에서 정상까지는 금방이다. 지금까지처럼 능선길을 따라 걸으며 파란 하늘을 보느라 눈을 한데 팔고 있으면 어느 순간 지나가버릴 수도 있으니 주의가 필요하다. 고창고개를 따라 어느 정도 내려오면 정상 능선에서의 전망이 끝나고 휴양림과 붙은 숲속 산길로 접어든다. 산세의 흐름을 더 감상하고 싶은 마음에 발걸음을 늦추는 행동은 하지 말길 바란다. 아직

패러글라이딩 활강장으로 이용되는 벽오봉에서는 변산반도의 바닷가까지 보인다.

앞에는 벽오봉이 남아있으니 말이다.

벽오봉은 억새봉이라고도 하는데, 방장산자연휴양림과 임도로 연결된 패러글라이딩 활강장이 있는 곳이다. 넓고 완만한 봉우리에 오르면 가까이로는 고창읍과 멀리는 부안의 변산반도와 바닷가까지 내다보인다. 벽오봉은 고창 방면에서 올라오는 사람들이 처음으로 풍경을 조망할 수 있는 곳이기도 하다. 고창읍에서 출발하면 한 시간 정도면 이곳에 다다른다.

오르려고 한 길이었다면 힘들었을 테지만, 이미 모든 것을 내보여준 산은 하산길을 편히 열어주는 듯 벽오봉에서 양고살재로 내려가는 길은 수월하다. 갈미봉을 거쳐 내려간 양고살재는 정확히 고창과 장성의 경계. 전라남북도를 가르는 능선여행이 끝나는 시점이자 삼신산의 출구가 된다.

방장산은 고창 제일의 영봉으로 무등산, 지리산과 함께 호남의 삼신산으로 추앙받는 산이다. 호남정맥이 힘차게 내려오다 내장산에서 급하게 산세를 틀어 비껴갔으나, 방장산이 솟아나는 기세까지는 막아내지 못했다. 그리하여 방장산 정상에서는 호남정맥의 줄기를 한눈에 조망할 수 있다. 정읍과 고창 그리고 장성의 경계에 접해있는 방장산은 그 능선이 전라남북도의 경계를 따라 나 있어 세 도시는 물론 부안 부근의 변산까지 조망할 수 있는 것이 특징이다. 지금은 헬기장으로 이용되고 있는 봉수대에 터가 남아있어 호남의 상황을 알리는 역할을 했음을 알 수 있으며, 억새봉이라고도 불리는 벽오봉은 패러글라이딩 활강장으로 이용되고 있다. 방장산은 세 행정구역과 맞닿아 있는 만큼 세 군데에서 모두 오를 수 있다. 허나 정읍에서 시작되는 산길인 소갈재와 용추폭포 길은 험하여 잘 오르지 않는다.

❶ 벽오봉은 방장산자연휴양림과 연결되어 있어 휴양림 쪽으로 하산해도 무방하고, 방장사를 지나 양고살재로 내려올 수도 있다.

❷ 고창읍에서 올라오는 길은 몇 군데 있는데 미륵사, 만불사, 상원사, 고창공설운동장 방면으로 나눌 수 있다. 세 곳 모두 오르는 시간은 1시간 이내지만 종주보다는 정상에서 회귀하여 돌아나오는 코스로 이용된다.

대중교통

서울 센트럴시티터미널에서 고창까지 가는 버스가 07:00부터 19:00까지 50~70분 간격으로 있다. 3시간 40분 소요. 광주 종합버스터미널에서는 06:30부터 20:30까지 1일 32회 운행하며 1시간 10분 걸린다.

자가용

서울에서 출발할 경우 서해안고속도로와 호남고속도로를 이용할 수 있다. 서해안고속도로를 이용할 경우 선운사 나들목에서 빠져나와 고창읍으로 향하면 된다. 호남고속도로를 이용하는 방법은 일단 경부고속도로를 타고 내려와 천안부근에서 천안-논산간고속도로에 오른 뒤 정읍 나들목으로 나오면 된다.

숙박과 먹거리

백양관광호텔, 다래연민박 등 10여 곳이 있으며, 방장산 자연휴양림에는 숙박시설과 각종 편의시설을 갖춘 통나무집 '숲속의집'이 있다. 북이면 소재지 백양사역 앞과 북하면 백양사 시설지구에서도 숙박시설을 이용할 수 있다. 음식은 방장산 자연휴양림 아래 방장산 쉼터에서 전통 도토리 고추장으로 버무린 청둥오리 주물럭, 표고버섯 요리를 맛 볼 수 있고, 330m 지하에서 펴 올린 게루마늄 성분이 풍부한 지하수가 일품이다.

더 알찬 여행 만들기

금곡영화촌 영화 〈내 마음의 풍금〉〈서편제〉〈태백산맥〉 등의 배경이 된 마을이다. 영화촌이라고 하지만 영화를 위해 만들어놓은 세트장이 아닌 조용하고 소박한 마을 그 자체다. 장성군 북일면 문암리에 있으며 내부에는 금곡미술관이 있다.

고창판소리박물관 동리 신재효 및 진채선, 김소희 등 다수의 명창을 기념하고 판소리 전통을 계승 발진시키기 위하여 설립되었다. 판소리와 관련된 유형무형의 자료를 수집, 보존, 전시함으로써 일반 대중에게 판소리 예술의 재교육과 감상의 기회를 제공하기 위해 설립되었다. 월요일을 제외하고 매일 09:00부터 18:00까지 관람이 가능하다. 요금은 청소년 500원, 어른 800원이며, 12세 이하 어린이와 65세 이상 노인은 무료이다.

문수사 고창군 고수면에 있는 사찰로 백제 의자왕 때 창건된 고찰이다. 대웅전, 문수전 등 건물의 원형이 잘 보존되어 있다. 사찰을 끼고 있는 문수산은 입산금지 되었으나, 천연기념물로 지정된 단풍나무숲이 가을이면 절경을 이룬다.

장성 남문창의비 남문창의비는 임진왜란때에 장성 남문(현 북일면 오산)에서 의병을 일으켜 왜적과 싸우다 순절한 장성현감 이귀, 전좌랑 김경수, 기효간 등 의병의 공적을 추모하기 위해 순조2년(1802)에 호남의 유림들이 북이면 사거리에 건립한 것이다. 남문창의비각은 정면 1칸 측면 1칸이다. 이 비에 새겨진 77인 가운데는 승려 9명과 노복 1명이 포함되어 있다.

마을 그 자체가 영화의 배경이 된 금곡영화촌.

백제 의자왕 때 창건 된 문수사.

52 한라산

남쪽 끝자락에서 잠자는 화산섬

한라산의 이력서를 쓰자면 상상력이 필요하다. 약 1백 20만 년 전, 이 땅의 남쪽 끝자락에서 불기둥이 솟았다. 아직 제주 섬은 세상에 없었다. 북쪽 백두산에서 용솟음친 대륙의 기운에 화답이라도 하듯 남쪽 끝에서 끓어오르던 거대한 용암덩어리. 육지와 한 몸이었을 그 땅은 온몸으로 불꽃을 뿜어 올리며 들끓었을 것이다. 한라산은 처음 두 번에 걸친 폭발이 평퍼짐한 용암대지로 굳어 기반을 다졌고, 섬이 제 모습을 갖춘 다음에는 그간의 응축된 힘을 모아 한가운데서 크게 솟구쳤다. 산을 만들고 남은 기운들로는 올망졸망 오름들을 쏟아냈다. 백록담 폭발을 끝으로 모든 통과의례를 마친 것이 대략 2만 5천 년 전이다. 그 뒤에도 종종 용트림을 해 고려 목종 때인 1002년과 1007년에도 제주 섬이 끓어올랐다고 〈동국여지승람〉은 기록하고 있다. 그로부터 근 천 년 동안 화산섬은 잠들어 있다. 이제 섬을 깨우는 것은 용암보다 뜨거운 사람의 역사다.

제주가 한라요, 한라가 곧 제주라

제주의 어느 마을에서나 보이는 한라산, 한라산에 올라섰을 때에야 제대로 모든

▲ 석양에 물든 백록담 화구벽. 백록담 폭발을 끝으로 이 섬의 대규모 화산활동이 일단락 된 것이 대략 2만 5천 년 전이다. 한라산은 한반도 지질 역사로 보면 젊은 산이다.

◀◀ 눈 덮인 평원은 황홀하도록 아름답지만, 눈을 헤치며 나아가는 길은 더디기만 하다.

◀ 한라의 겨울 속에서는 사람도 하나의 풍경이 된다. 눈 때문에 길을 잃지 않도록 20m마다 붉은 깃발을 꽂아 놓았다.

것이 보이는 제주. 그래서 제주 사람들에게는 '제주'가 '한라산'이고, '한라산'이 곧 '제주'라 했던 것일까. 여기 제주 사람들에게 한라산은 그냥 휘적휘적 올라갔다 내려오는 산이 아니다. 눈으로 보는 곳이 아니라 마음에 담아두는 곳이라 했다. 분명 섬사람들이 오래도록 참아오다 조금씩 풀어낸 한과 설움이 쌓이고 쌓여 한라가 되었을 것이다. 그 기운이 승화하여 신성하고 영험한 자태를 지니게 되었을 것이다.

겨울 산, 시간은 무의미한 관념일 뿐

겨울 눈길은 눈 쌓인 가파른 오르막이 이어지고, 그렇게 가다 서다 한참을 가야 하늘이 탁 트인 너른 눈 평원에 닿는다. 적당한 곳에서 잠시 발을 멈추고 숨을 고른다. 1미터 넘게 쌓인 눈은 산길도 바위도 키 작은 나무까지 덮어버려 전혀 낯선 곳이 되고 만다. 등산지도에 꼼꼼히 적혀있는 운행 시간은 애초부터 무의미하다. 설산에서는 굳이 시간을 잴 필요도, 거리와 시간을 환산해볼 필요도 없다. 쉬엄쉬엄 올라도 힘에 부치는지라 너른 평원 위에 그대로 주저앉는다. 햇빛에 반사되어 눈부신 흰 가루를 한 움큼 입안에 털어 넣으면 싸하게 목덜미를 당기는 게 기분 나쁘지 않다. 손발은 얼었는데 등줄기로는 뜨거운 땀이 흐르고, 이렇게 몸으로 부대끼고서야 내 나라 내 땅에서 뜨거운 피를 느낀다. 그렇게 잠시 쉬며 구름과 안개와 산의 희롱을 지켜보는 일은 가히 황홀하지 않을 수 없다. 구름은 아득히 보이는 화구벽을 척척 휘감더니만 어느새 바람결에 놓친 척 슬슬 풀어낸다.

높이 1950m, 8시간 50분 ★★☆ ●●○

성판악 (3시간)

성판악 → 진달래대피소
진달래밭까지는 완만한 경사길이지만 대부분이 돌밭으로 이루어져 있어 걷기 편한 길을 아니다. 성판악에서 4.1km 지점에 화장실 건물이 나타나고 넓은 휴식공간도 마련되어 있다. 여기에서 1.1km를 더 오르면 쉼터가 나타난다. 1시간 정도 더 오르면 비로소 진달래밭 평원이 시작되고, 진달래 대피소 건물도 보인다. 매점도 있어 간단한 먹거리를 판매한다.

진달래대피소 (1시간 50분)

진달래대피소 → 백록담
진달래밭 대피소에서 백록담까지는 경사가 가파르다. 등산로는 고지대여서 주목군락과 괴사목들이 둘러져있다. 성판악에서 백록담까지 오르는 길에는 계곡물은 물론 약수나 샘이 없어 식수준비가 필수다. 해발 1800m지점을 통과하면서 숲지대가 끝나고 이제부터는 사방이 막힘이 없는 정상부라 바람이 세다.

백록담 (1시간)

백록담 → 용진각대피소
우측으로 백록담을 휘돌면 관음사로 내려서는 좁은 내리막길이 시작된다. 50분 정도 더 내려가면 용진각 대피소다. 용진각 대피소는 2007년 제주를 할퀴고 간 태풍 때문에 제모습을 잃었다.

용진각대피소 (1시간 40분)

용진각대피소 → 탐라계곡 대피소
협곡을 따라 돌밭 길을 한참 내려간다. 경사가 가파르다. 높은 봉우리와 계곡이 있어 경관은 좋다. 개미등 능선을 타면 좌로는 개미계곡, 우로는 탐라계곡이다. 개미목 이정표 지점을 통과하면 탐라계곡 대피소지만, 붕괴위험이 있다 하여 접근금지 표지판이 붙어 있다. 사용할 수 없는 대피소다.

탐라계곡 대피소 (1시간 20분)

탐라계곡 대피소 → 관음사
계곡을 따라 내려오면 구린굴(백록담7.2km / 관음사 1.5km) 이정표가 나타난다.

관음사

따뜻한 눈꽃나라 신설국(新雪國) 한라

두터운 눈 이불 속 땅바닥에는 이미 거쳐간 수많은 사람들의 발자국이 또렷하게 남아있을 터인데 눈밭에선 아무 소용도 없다. 그저 맨 앞사람이 디딘 새로운 발자국이 새 길을 만들 뿐이다. 사나흘 동안 다져진 습설은 적당히 굳어져 사뿐히 밟으면 별 문제가 없지만 눈 속에 파묻힌 산죽밭을 지나거나 비탈진 곳에서 간간히 무릎 위까지 푹 빠져 깜짝 놀라는 경우도 더러 있다. 그래도 우리나라 최남단 최고봉에 오르는 재미가 쏠쏠해서 힘든 줄도 모르고 아이들 마냥 신이 난다.

한참을 눈밭을 헤치고 오른 끝에 분화구를 철통같이 두르고 있던 화구벽 안에서 눈이 소복이 쌓인 백록담과 드디어 조우한다. '1950m'라 적힌 표지석 앞에서 잠시 까치발을 선다. 저 아득한 바다 건너 지리산 천왕봉(1915m)에서 태백산(1561m), 금강산(1113m), 두류산(2309m)으로 줄기차게 뻗어 올라 백두산(2750m)까지 이어질 한반도의 푸른 등줄기가 눈에 선하다.

짧은 겨울 해가 이울고 있다. 잠시 벽에 내려앉았던 눈꽃을 가볍게 떨구어 낸 시커먼 화구벽에 태양의 붉은 기운이 다가서고 검은 바위도 서서히 붉게 타들어간다. 장엄이란 말로는 부족해 차라리 숙연해질 지경이다.

평생을 돌과 함께 사는 제주 사람들은 죽어서도 산담을 두른 묘지에 누웠다.

상처받은 영혼을 치유하는 눈꽃나라

"천지 사방이 물이오. 내 다시 돌아갈 수 없을지도 모를 유배길에 올랐음을 실감하고 있는 중이외다. 여기 저기 봉긋이 솟은 야트막한 언덕에 올라서면 시퍼런 바닷물 일렁이는데, 섬 속 한가운데 우뚝 솟은 저 산은 흰눈을 뒤집어쓰고 보란 듯 버티어 있소. 내 이제 저 도도한 산에 올라볼 요량이오. 관식도 명예도 다 잃고 쫓겨 온 마당에 아직도 무에가 그리 서럽고 그리운지 산꼭대기 서면 그 실체를 알 수 있으려나."

어쩌면 그 옛날 제주에 유배 왔던 누군가는 이렇게 서럽고 그리운 마음을 안고 한라산에 올라 상처받은 영혼을 치유하고 돌아가지 않았을까. 온종일 하얀 눈밭을 휘적이고 나면 뭍사람의 마음에도 하얀 눈이 쌓이듯이 말이다.

한라산

정상인 백록담에 가려면 성판악이나 관음사 들머리를 이용해야 한다. 어리목광장~윗세오름대피소~영실휴게소 코스는 가장 짧으면서도 한라산의 빼어난 경관을 조망할 수 있는 산길이지만 백록담까지 갈 수 없는 점이 아쉽다. 한라산은 날씨 변동이 심하므로 특히 적설기에는 산행 시간을 두 배 가량 여유 있게 잡는 것이 좋다. 적설기를 대비해 한라산국립공원에서는 매년 12월 초 20m 간격으로 2m 높이의 붉은색 깃발을 세워두고 있다. 윗세오름대피소는 컵라면 · 음료수 · 과자 등은 팔지만 숙박은 할 수 없다.

❶ 어리목 코스는 정상부근 출입 제한으로 인해 현재는 해발 1,700고지인 윗세오름 대피소까지만 등산이 가능하다.

❷ 영실 코스는 가장 짧은 등산로다. 영실기암(오백나한)의 빼어난 경관은 영주십경 중 일경이며, 10월의 단풍은 장관이다.

❸ 성판악 코스는 경사가 완만하고 서어나무 등 활엽수가 우거져서 삼림욕하면서 걷기는 좋으나 주변 경관을 감상 할 수 없다.

대중교통

서울, 부산, 대구, 광주, 여수, 진주에서 항공편을 이용하거나, 인천, 부산, 목포, 완도 등지에서 여객선을 이용하여 제주나 서귀포에서 시내 버스를 이용한다. 제주시 종합시외버스터미널에서 서귀포 행 버스를 타면 성판악까지 30분 걸린다.

자가용

제주시에서 11번 국도(성판악, 서귀포 방향)를 이용하면 관음사 입구로 갈 수 있고, 산천당 왼쪽 삼거리에서 우회전하면 성판악으로 갈 수 있다.

숙박과 먹거리

제주도에 숙박과 먹거리는 어디서나 쉽게 찾을 수 있다. 신제주 시가지 한가운데 자리 잡고 있는 유리네식당은 제주의 다양한 향토음식을 부담없는 가격으로 제공하는 집이다. 각종 물회, 제주토속음식을 이곳에서 전부 맛볼 수 있다. 바스메식당에서는 말고기 요리를 세트메뉴로 다양하게 즐길 수 있으며 육회, 로스구이, 갈비찜, 검은지름(내장), 사골탕 등을 원하는 만큼 마음껏 먹을 수 있다.

더 알찬 여행 만들기

와흘리 하로산당 '절에 가듯 당에 가고 당에 가듯 절에 간다'는 제주사람들의 민간신앙을 들여다볼 수 있는 대표적인 본향당이다. 북제주군 조천읍 와흘리로 가는 16번 도로변에서 신목인 팽나무 두 그루를 감싼 돌담을 볼 수 있다. '노늘산신또'와 '하로산또' 부부 신을 모시는 당으로 1월 14일 신과세제와 7월 14일 백중마불림제라는 큰 마을굿을 치른다.

산굼부리 산굼부리는 밑에서 폭발하여 폭발물이 쌓이지 않고 다 분출되어 뻥 뚫린 제주 유일의 분화구로 헬기 위에서 보아야만 분화구의 크기가 짐작 가능할 정도로 크다.
분화구를 둘러싸고 산책로가 만들어져 있어 계절별로, 부분별로 달리 자생하는 식물들의 모습을 자세히 볼 수 있다. 특히 가을 억새의 경관이 좋다.

화천사 오불여래 화천사 오불여래는 회천동 화천사 뒤뜰에 있는데, 제주시에서 와흘리 본향당을 찾아 가는 길에 함께 둘러볼 수 있다. 원래 5개의 미륵불만 있던 곳에 절이 들어섰고, 유교 전통의 마을제까지 이곳에서 치러진다. 화천사 가는 길가에는 천미물(새미물)이란 옛 우물도 있다.

와흘리 하로산당의 신목. 분위기가 심상치 않다.

도깨비공원 국립제주대학교 산업디자인학과 이기후 교수와 학생이 만든 디자인 테마파크로 1998년부터 7년간 기획·디자인하여 만들었다. 손으로 직접 만든 2,300개의 도깨비가 있는데, 완성된 조형물뿐만 아니라 땅을 파다 부러진 삽자루나 빗자루, 늙은 소나무, 구멍이 숭숭 뚫린 현무암 등 작업과정에서 우연히 생겨난 도깨비도 함께 있다. 전시관람 도중 곳곳에서 도깨비 분장을 한 사람이 나타나는 등의 다양한 퍼포먼스와 이벤트도 즐길 수 있다. 북제주군 조천읍 선흘리에 있다.

화천사 뒤뜰에 있는 오불여래.

봄 _ 오월 바람 스친 자리마다 꽃이 피는 곳

01 황매산
서울 남부터미널 02-521-8550
산청 시외버스터미널 055-973-2207
산청교통(군내버스) 055-973-5191
신원교통(택시) 055-973-2038
산청군청 문화관광과 055-970-6421-3
황매산군립공원 055-930-3751
춘산식당 055-973-2804

02 화왕산
서울 남부터미널 02-521-8550
창녕 시외버스터미널 055-533-4000
영신 버스터미널 055-533-4221
부산 사상시외터미널 051-322-8301
마산 합성터미널 055-247-6395
대구 서부터미널 053-656-2826
창녕환경운동연합 055-532-9041
화왕산군립공원 055-530-2479
배바우산장 055-532-9334
비사벌여관 055-532-0609

03 월출산
광주 종합버스터미널 062-360-8114
목포 종합버스터미널 061-276-0220
영암 버스터미널 061-473-3355
영암택시 061-473-2949
영암개인택시 061-473-2858
월출산국립공원 061-473-5210
월출산산장호텔 061-472-0405
월출콘도 061-473-6917
월출산민박집 061-473-8780
하눌타리가든 061-471-1171
독천식당 061-472-4222
영명식당 061-472-4027

04 소백산
풍기역 054-636-7788
단양역 043-422-7788
영주 시내버스터미널 054-633-0011
영주 시외버스터미널 054-631-5844
단양 시외버스터미널 043-422-2239
동서울터미널 02-446-8000
대구북부시외버스정류소 053-357-1851
개인택시 단양군 지부 043-423-2382
도성택시 043-421-2789
단양팔경택시 043-422-2288
제일동굴택시 043-422-6666
소백산국립공원 054-638-6196
2010모텔 054-638-2010
코리아나호텔 054-633-4445

05 계룡산
대전역 042-253-2958
대전 고속버스터미널 042-625-8792 / 042-623-8257
공주 시내버스터미널 041-854-5120
계룡산국립공원 042-825-3002
신원장여관 041-852-4405
남강일식 041-856-2417

06 월악산
동서울터미널 02-446-8000
경기고속 02-445-2112
충주 공용버스터미널 043-845-0004
월악산국립공원 043-653-3250
하늘재 역사 자연관찰로 043-653-3250
아란야 민박과 식당 043-653-3008
월악펜션빌 043-653-5454
월악유스호스텔 043-651-7001

07 선운산
서울 센트럴시티터미널 1544-5551
고창군청 문화관광과 063-560-2234
고창 버스터미널 063-563-3344, 3388
선운산도립공원 063-563-3450
선운사 종무소 063-561-1422
구시포해수월드(찜질방) 063-561-3324
선운산관광호텔 063-561-3377
선운산유스호스텔 063-561-3333
동백호텔 063-562-1560
다정민박 063-564-1050
선운사의 추억 063-561-2777

08 비슬산
대구 서부시외버스정류장 053-656-2824
현풍 시외버스터미널 053-614-2071
서대구 고속버스터미널 053-356-8695 7
현풍 호출택시 053-611-0404 / 053-611-6500
대구시티투어 053-627-8900
창성여객 053-956-5753

대구시청 관광과 053-803-3901
비슬산관리사무소 053-614-5481~2
목산촌가든 053-614-1435
와우산성 053-615-5292

09 대야산

동서울터미널 02-446-8000
대전 동부시외버스터미널 042-624-4451~3
대구 북부시외버스터미널053-357-1851
부산 종합버스터미널 051-508-9200
문경(점촌) 버스터미널 054-571-0343
가은개인택시합동사무소 054-571-5789
대야산관리사무소 054-550-6393
문경석탄박물관 054-550-6424
화양유스호스텔 043-832-8801
대야산청주가든 054-571-7698
대야산장 054-572-0033

10 천성산

부산 종합버스터미널 051-508-9200
양산 시외버스터미널 055-753-7001
천성산관리사무소 055-382-4112
법기리 팜스테이 055-383-5947 / 010-3839-5947
도자기공원 055-374-2605~6
통도사관광호텔 055-382-7117
청매실쉼터농원 055-388-1628

11 북한산

서울메트로 1577-1234
북한산국립공원 02-909-0497
인수산장 02-996-5306
백운산장 02-905-0909
원석이네식당 02-906-4059
그고기집 02-992-8479

여름 _ 푸른 산그늘에 들면 여기가 무릉이라오

12 칠갑산

서울 남부터미널 02-521-8550
서울 센트럴시티터미널 1544-5551
동서울터미널 02-446-8000
충남교통 041-943-2681
청양교통 041-942-2788
칠갑산도립공원 041-940-2530
장곡사 041-942-6769
고운식물원 041-943-6245
장승공원 041-864-9777
칠갑산자연휴양림 041-943-4510
청양농협 041-943-2422

13 유명산

서울 상봉시외버스터미널 02-435-2129
청량리역 1544-7788
청평역 031-584-0012
가평군청 문화관광과 031-580-4554
양평군청 문화관광과 031-770-2068
유명산자연휴양림 031-589-5487
중미산자연휴양림 031-771-7166
아침고요수목원 1544-6703
가평가족물썰매장 031-585-8911
합소유원지 031-584-7584
푸른숲황토방 031-584-0118
고향집민박 031-584-5248
유명산묵집 031-585-1307

14 변산

서울 센트럴시티터미널 1544-5551
부안 고속버스터미널 063-584-2098
부안군 문화관광과 063-580-4224 / 063-580-4449
변산관리사무소 063-582-7808
변산바람꽃펜션 063-584-2885

15 금정산

부산 종합버스터미널 051-508-9200
부산역 051-440-2516
삼신교통 051-508-0047
금정산 관리소 051-519-4062
생수장(숙박) 051-517-7600
차씨집(음식) 051-517-1896

16 내연산

포항 종합터미널 054-274-2313
포항역 054-275-2394
포항공항 054-289-7399
천일고속 054-273-1001
내연산 관리소 054-262-1117
포항등산학교 054-273-8848
경상북도수목원 054-262-6110
등대박물관 054-284-4857
호미곶온천랜드 054-276-8800
대보해수탕 054-284-2167
영일만온천 054-285-0101

17 가야산

대구 서부시외버스터미널 053-656-2824
고령 시외버스터미널 054-954-4455
합천 시외버스터미널 055-931-0142
가야산국립공원 055-932-7810
해인사관광호텔 055-933-2000

산장별장여관 055-932-7245
해인장여관 055-932-7378
삼일식당 055-932-7254
백운장식당 055-932-7393

18 팔공산

서대구 고속버스터미널 (중앙) 053-743-0260
(동양) 053-743-3800
동화 · 파계지구 야영장 053-982-0005
가산산성 야영장 054-975-7071
경상북도 팔공산도립공원 054-975-7071~2
대구광역시 팔공산자연공원 053-982-0005
갓바위관리실 053-983-8586
파계관리실 053-984-7743
팔공산 관광안내소 053-985-0980
팔공스카이라인 053-982-8801~3
팔공학생야영장 053-982-1912

19 주왕산

동서울터미널 02-446-8000
주왕산정류장 054-873-2907
부산 종합버스터미널 051-508-9200
대구 동부터미널 053-756-0017
안동 시외버스터미널 054-857-8298
개인택시 청송군지부 054-873-1188
대원택시 054-874-2929
주왕산국립공원 054-873-0014
주왕산관광호텔 054-874-7000
청송자연휴양림 054-872-3163
송소고택 054-873-0234~5
주산지민박 054-873-4093

20 두타산 · 청옥산

동해역 033-521-7788
동해고속터미널 033-531-3400
삼척고속터미널 033-572-7444
강원여객 033-574-2686
두타산 관리소 033-570-3846
청옥산 관리소 033-330-2752
죽서루 관리사무소 033-570-3670
해신당 성민속공원 033-572-4429
망상오토캠핑리조트 033-530-2690
동해시 관광안내소 033-530-2868~9
동해시청 관광개발과 033-530-2473
무릉계곡 관리사무소 033-534-7306
삼척시청 관광개발과 033-570-3546
무릉회관 033-534-8194
영진회관 033-534-9116
반석상회 033-534-8382
보리밭 033-534-9815
굴뚝촌 033-534-9190

21 점봉산

서울 상봉터미널 02-435-2129
동서울터미널 02-446-8000
인제 국유림관리사무소 033-463-8169
오색매표소 033-672-3161
오색그린야드호텔 033-672-8500
약수온천장 033-672-3156
통나무집식당 033-671-3523
남설악식당 033-672-3159
산들바람민박 033-463-5192
한뫼마루펜션 033-463-1110
설피밭(민박) 033-463-0411
꽃님이네집(민박) 033-463-9508
저달마지펜션 033-463-3000

22 치악산

동서울터미널 02-446-8000
강남고속터미널 02-535-4151
청량리역 02-969-8003
원주역 033-742-6072
치악산국립공원 033-732-5231
구룡야영장 033-731-1289
자동차야영장 033-763-5232
치악산 자연휴양림 033-762-8288
치악산 명주사 고판화 박물관 033-761-7885
원주시립박물관 033-741-2727
치악산 드림랜드 033-732-5800
원주복추어탕 033-762-7989

23 용화산

화천읍 버스터미널 033-442-2902
용화산 관리소 033-442-1211
화천민속박물관 033-440-2846
파로호 안보전시관 033-440-2563
용화산 자연휴양림 033-243-9261

24 명지산

가평터미널 031-582-2308
진흥여객 031-585-3555
가평군청 031-580-2346
백둔리 자연학교 031-582-9261
두밀수련원 031-581-1253
별을 헤는 마을 031-582-9869 / 011-306-8045
달빛사냥 031-582-3184
달빛고을 031-582-7074 / 011-276-3954
금자네집 031-582-5574
소나무집유원지 031-585-0466

25 지리산

서울 남부터미널 02-521-8550
용산역 02-3780-5408
구례구역 061-782-7788
구례 공용버스터미널 061-780-2731
연하천대피소 063-625-1586
장터목대피소 016-883-1750
지리산국립공원 055-972-7771

가을 _ 능선 따라 억새물결 일렁이는 하늘바다

26 천관산

서울 센트럴시티터미널 1544-5551
장흥 버스터미널 061-863-9036
천관산도립공원 061-860-0223
방촌유물전시관 061-860-0529
정남진천문과학관 061-860-0651
천관산자연휴양림 061-861-6974
담소원 061-867-0723
신녹원관 061-863-6622

27 내장산

서울 센트럴시티터미널 1544-5551
정읍고속버스터미널 063-535-4240
정읍시외버스터미널 063-535-6011
정읍역 063-531-0660
내장산국립공원 063-538-7875
삼일회관 063-538-8131
정촌 063-537-7900

28 속리산

속리산터미널 043-543-3613
동서울터미널 02-446-8000
청주가경동시외버스터미널 043-234-6543
대전동부터미널 042-624-4451
속리산국립공원 043-542-5267
평양식당 043-542-5252
레이크힐스 속리산호텔 043-542-5281
로얄호텔 043-543-3700
비로산장 043-543-4782

29 마이산

서울 센트럴시티터미널 1544-5551
전주 시외버스터미널 063-272-0109
진안 시외버스터미널 063-433-5282
마이산도립공원 063-433-3313
에덴장 063-433-9125
일품가든 063-433-0825
진안관 063-433-0651

30 영남알프스

밀양 시외버스터미널 055-354-2320
언양 버스터미널 052-262-1007
밀양역 055-352-7778 / 055-355-9229
신불재대피소 016-9218-1238
배내산장 055-387-3292 www.beanevill.com
지수화풍 055-353-1748 www.sajapeng.co.kr
운문산자연휴양림 054-371-1323
신불폭포자연휴양림 052-254-2123
선경이엄마네 010-4484-0602

31 무등산

서울 센트럴시티터미널 1544-5551
광주 종합버스터미널 062-360-8114
용산역 02-3780-5408
광주역 062-514-7788
무등산도립공원 062-365-1187
의재미술관 062-222-3040
충효동 도요지 062-266-4693
대지식당 062-227-2873

32 경주 남산

동서울터미널 02-446-8000
강남고속터미널 02-535-4151
경주 고속버스터미널 054-741-4000
경주 시외버스터미널 054-743-5599
서울역 02-392-1324
경주역 054-743-8848
국립경주박물관 054-740-7518
신라문화원의 달빛과 별빛 역사기행 054-774-1950
경주남산연구소 문화유적답사 054-771-7142

33 청량산

동서울터미널 02-446-8000
봉화 버스터미널 054-673-4400
안동 버스터미널 054-857-8298
청량산도립공원 054-679-6321
청량산 매표소 054-672-4994
농암 종택 054-843-1202
청량산박물관 054-672-6193
청량산식당 054-673-2560
청량산맛고을식당 054-673-2644
까치소리 054-673-9777
청량산휴게소 054-672-1447

34 대둔산

금산 시외버스터미널 041-754-2759
금산 시내버스 041-754-2830

논산역 041-733-6418
전주 시외버스터미널 063-270-1700
대전 서부시외버스터미널 042-584-1616
대둔산도립공원 063-263-9949
수락계곡 관리소 041-732-3568
태고사 앞 매표소 041-750-2937
대둔산케이블카 063-263-6621
진산자연휴양림 041-752-4138
산아래장승마을펜션 063-263-8694
대둔산온천관광호텔 063-263-1260

35 **마니산**
서울 신촌정류장 02-324-0611
함허동천 관리사무소 032-937-4797
강화운수 032-933-2533
마니산국민관광지 032-937-1624
강화문화관광해설사협의회 032-933-5441
강화갯벌센터 032-937-5057
신동진 민박 032-937-1521
심용식 민박 032-937-1132
단골식당 032-937-1131
파인힐모텔 032-937-9317
신선놀이펜션 032-937-6588

36 **소요산**
서울 수유시외버스터미널 02-994-0634
의정부역 031-872-7788
동두천시청 문화관광과 031-860-2066
소요산관리사무소 031-860-2065
소요소방파출소 031-865-0119
자유수호평화박물관 031-860-2058~9
소요단풍문화제 031-863-0351
신흥숯불갈비 031-865-1106

37 **강천산**
순창 시외버스터미널 063-653-2186
강천산군립공원 063-650-1533
회문산자연휴양림 063-653-4779
전통고추장민속마을 063-653-0703
수라상 063-653-8850
남원집 063-653-2376

38 **설악산**
동서울터미널 02-446-8000
속초 버스터미널 033-631-3181
설악산국립공원 033-636-7700
희운각산장 http://seorak.knps.or.kr/
설악워터피아 033-635-7700
설악파크호텔 033-636-7711
설악켄싱턴스타호텔 033-635-4001

39 **태백산**
청량리역 1544-7788
태백역 033-552-7788
동서울터미널 02-446-8000
태백터미널 033-552-3100
태백산도립공원 033-550-2741
태백산도립공원 민박촌 033-553-7460
길목기사식당 033-553-1147
태성실비집 033-553-5289
너와집식당 033-553-9922

40 **덕유산**
서울 남부터미널 02-521-8550
무주터미널 063-322-2245
안성면 버스정류장 063-323-0292
함양교통 055-963-3745
향적봉대피소 063-322-1614
삿갓재대피소 011-423-1452
덕유산국립공원 033-322-3174
무주리조트 063-322-9000
금강식당 063-322-0979
삼층집 민박 063-323-1638
산장 민박 063-323-2575

41 **백운산**
광주 종합버스터미널 062-360-8114
순천 고속버스터미널 061-752-2659
순천 시외버스터미널 061-751-2863
진주 시외버스터미널 055-741-6039
용산역 02-3780-5408
광양역 061-772-7788
광양시청 산림과 061-797-2423
백운산관리소 061-791-5031
백운산 자연휴양림 061-763-8615
백운산휴양타운 061-763-5599
청화대 061-732-6700

42 **관악산**
서울메트로 1577-1234
관악산관리소 02-880-3646

43 **남해 금산**
서울 남부터미널 02-521-8550
남해 공용여객터미널 055-864-7101
한려해상관리사무소 055-863-3522
보리암 종무소 055-862-6115
해오름예술촌 055-867-0706
편백자연휴양림 055-963-8112

가족휴양촌 055-863-0548
공주식당 055-867-6728
상주번영회 055-863-3573
전금열 민박 055-862-6066
김안민 민박 055-862-5842

44 오대산
진부터미널 033-335-6963
오대산국립공원 033-330-2541
오대산장 033-332-6694
청학산장 033-661-4837
오대산가는길 033-333-9982
노인봉산장 성량수 011-354-5579
방아다리약수 관리사무소 033-336-3145

45 팔영산
고흥여객 061-834-3641
고흥터미널 061-835-3772
녹동터미널 061-842-2706
과역터미널 061-832-9672
영남면 택시 061-833-4868
팔영산도립공원 061-830-5224
팔영산휴양림 061-830-5557, 833-8779
고흥군청 농림과 061-830-5422,5426
팔영산장가든 061-833-8080, 8070
영남사도어촌계 061-832-8900
고흥군 문화관광과 061-830-5224

46 모악산
동서울터미널 02-446-8000
강남고속터미널 02-535-4151
모악산도립공원 063-222-0024
귀신사 063-548-0917
금산사 템플스테이 010-6589-0108
벽골제수리민속유물전시관 063-540-3225
조정래아리랑문학관 063-540-3934
증산법종교와 오리알 터 063-543-0265
모악산유스호스텔 063-548-4401
모악산모텔 063-222-2023

47 가리왕산
동서울터미널 02-446-8000
정선 종합터미널 033-563-9265
정선 개인택시 033-563-4499
정선군시설관리공단 033-560-2578
정선군청 033-560-2361~3
가리왕산관리소 033-562-5833
가리왕산자연휴양림 033-562-5833
대림장 033-563-7555
동호호텔 033-562-9000

48 황악산
서울역 02-392-1324
강남고속터미널 02-535-4151
황악산관리소 054-420-6062
직지사 템플스테이 054-436-6174
성보박물관 054-436-6009
샤르망 모텔 054-431-6119
세림여관 054-436-6025
송학식당 054-436-6403

49 감악산
국철 가능역 031-842-7788
불광동 서부터미널 02-355-5103
감악산관리소 031-940-4621
임진각관광안내소 031-953-4744
자운서원 031-958-1749
전곡리선사유적지 031-832-2570

50 두륜산
서울 센트럴시티터미널 1544-5551
광주 종합버스터미널 062-360-8114
해남 버스터미널 061-534-0884
서울역 02-392-1324
용산역 02-3780-5408
광주역 062-514-7788
유스호스텔 061-533-0170
충남민박 061-535-1680
케이프 카페민박 061-532-5004
전주식당 061-532-7696
덕진식당 061-533-3897
민속황토집 061-535-3252

51 방장산
서울 센트럴시티터미널 1544-5551
광주 종합버스터미널 062-360-8114
백양관광호텔 061-392-0651
다래연민박 061-392-7947

52 한라산
제주시 종합시외버스터미널 064-753-1153
(주)트렉제주 064-759-9300
화천사 064-721-2755
도깨비공원 064-783-3013
유리네식당 064-748-0890
바스메식당 064-787-3930

주말이 기다려지는

행복한 산행

초판 발행 2007년 11월 5일
3쇄 발행 2008년 9월 25일

지은이 월간 MOUNTAIN
펴낸이 진영희
펴낸곳 (주)터치아트
출판등록 2005년 8월 4일 제406-2006-00063호
주소 413-841 경기도 파주시 탄현면 법흥리 1652-235
전화번호 031-949-9435 팩스 031-949-9439
전자우편 editor@touchart.co.kr

ISBN 978-89-92914-00-0 03980

*책값은 뒤표지에 표시되어 있습니다.

*이 도서의 국립중앙도서관 출판시도서목록(CIP)은
e-CIP 홈페이지(http://www.nl.go.kr/cip.php)에서
이용하실 수 있습니다. (CIP제어번호: CIP2007003311)